Finance Construction-8, *Tim Asikin, Steve Asikin, Indra Senihardja*

FINANCE

Construction-8

Corporate IFRS-GAAP (B/S-I/S) Engineering

Technologies No. 6,001-6,500 of 111,111 Laws

by

**Tim Asikin, Steve Asikin,
Indra Senihardja**

0
Corporate IFRS-GAAP (B/S-I/S), ISBN 13: **978-1718712300**, ISBN 10: **1718712308**

FINANCE CONSTRUCTION-8
Corporate IFRS-GAAP (B/S-I/S) Engineering
Technology No. 6,001-6,500 of 111,111 Laws
By Tim Asikin, Steve Asikin, Indra Senihardja

Creative Team:Steve Asikin
         & Asikin Business Quant, New York
An Amazon Paperback
First Published in United States 2018
By Amazon Createspace
This 1st edition published in 2018
AMZN, PO. Box 81226, Seattle
WA 98108-1226, United States

Copyright © 2018 by Steve Asikin,
gundul.ganesha@yahoo.com, indra.senihardja@yahoo.com
This book is sold subject to the condition
That it shall not, by the way of trade or otherwise,
Be lent, resold, hired out, or otherwise circulated
Without the publisher's prior consent in any form
Of binding and cover or other than that in which it
Is published and without a similar condition
Including this condition being imposed
On the subsequent purchaser.

ISBN-13: 978-1718712300
ISBN-10: 1718712308

Finance Construction-8, *Tim Asikin, Steve Asikin, Indra Senihardja*

PREFACE

This one is the only Real Finance Engineering Book, written by Engineering & Business Experts with strong Accounting Maths. It comes from a very long world wide experience, analyzing more than 100,000 Corporate Balancesheet and Income Statement reports, in conservative IFRS (International Finance Reporting Standard) and GAAP (Generally Accepted Accounting Principles) of 9,000 days works as Financing Banker, plus Business CEO expert & fresh Engineering views.

This is a manual for healthy Corporate Governance assurance dan practical business management. It is best for Government Authorities, Accounting Regulators, Business Owners & Small Public Investors (all majority & minority share holders as well).

This is not just a tool for making debt instrument unrelated to daily Corporate Finance. This only good for sincere Directors & Executive, and truly bad for the lazy and /or incapable one.

The nicest thing about it, is that only requires simple Junior Highschool Algebra. We just need to be consistent with its less number treatment of constellations. Its saddest part is that many professors and doctors are no longer able to und erstand Junior Highschool Algebra, and hiding in Accounting jargons. Please go back to its Introduction for glossary, at anywhere inside the book, so then we can still understand what are those mean with simple Algebraic Rule there. We try to avoid some sentences multiplied, added, eliminated divided, rooted or powered by another sentences, that make many traditional finance book successful (delivering few simple things, seen as difficult and scary), but less useful.

Finance Construction-8, *Tim Asikin, Steve Asikin, Indra Senihardja*

TABLE OF CONTENTS

Preface, p.002
Table of Contents, p.003
INTRODUCTION: The Math Fin Law Terminologies, p.004

Chapter-01: Growth of **S**= SALES, in Optimum Math Fin Law,
Chapter-02: Manageable **V**= VARIABLE COST, Optimization,
Chapter-03: **M**= MARGIN of CONTRIBUTION, Optimization,
Chapter-04: Manageable **F**= FIXED COST, Optimization,
Chapter-05: **O**= OPERATIONAL SURPLUS, Optimization,
Chapter-06: Manageable **I**= INTEREST COST, Optimization,
Chapter-07: **B**= BEFORE TAX INCOME, Optimization,
Chapter-08: Manageable **T**= TAX, Planning Optimization,
Chapter-09: **A**= AFTER TAX INCOME, Optimization,
Chapter-10: Manageable **D**= DIVIDEND, Optimization.
Chapter-11: Manageable **Y**= YIELDING TAX, Optimization,
Chapter-12: **H**= HOME TAKEN DIVIDEND, Optimization,
Chapter-13: **R**= RETAINED EARNINGS, Optimization,
Chapter-14: **E**= EQUITY, or Capital Optimization,
Chapter-15: **L**= LIABILITIES, or Debt Optimization,
Chapter-16: **W**= WEALTH, or Total Assets Optimization,
Chapter-17: **P**= PROCURED TRADE INVENTORY, Optimization,
Chapter-18: **X**= XPRESS or Current Debt Optimization,
Chapter-19: Q= QUOTED LONGTERM, Debt Optimization, p.6
Chapter-20: **G**= GOODS or Trade Payable Optimization,
Chapter-21: **Z**= ZERO TRADE or Current Debt Optimization,
Chapter-22: **J**= JOB or Trade Account Receivable Optimization,
Chapter-23: **C**= CURRENT ASSETS, Optimization,
Chapter-24: **K**=KIND of CASH, Optimization,
Chapter-25: **N**=NON CURRENT ASSETS, Optimization, p.006

Finance Construction-8, *Tim Asikin, Steve Asikin, Indra Senihardja*

INTRODUCTION:
The Math Fin Law Terminologies

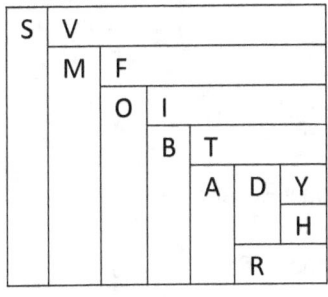

Income Statement

Balance Sheet

Please carefully look that all of 26 characters (**A** to **Z**) used once, except the **R**, that in Accountancy must be appeared in both diagrams at same identical value, with glossary (of well known abbreviations) in the next page. Only 2 (two) of them are historical as **U=E'** and **S'** means carried forward legal numbers from previous year.

The 13 (thirteen) common measures (**c, d, f, g, i, j, l, p, q, s, t, v,** and **y**), are put up front as desired criteria along the way, so then later analyst could be surprised.

In Balance Sheet, we found that **W= C+N= K+J+P+N= L+E= X+Q+U+R= G+Z+Q+U+R** as well, so then we put **W** in the middle of its T-Account balance.

In Income Statement, same applied as **S= V+F+I +T+Y+H+R= V+M= V+F+ O= V+F+I+B= V+F+I+T+A= V+F+I+B= V+F+I+T+D+R**.

Finance Construction-8, *Tim Asikin, Steve Asikin, Indra Senihardja*

A= After Tax Income;
B= Before Tax Income,
C= Current Assets, **c**= C/X= Current Ratio,
D= Dividend Paid, **d**= D/A=Dividend Portion or Payout,
E= Equity or Capital, **E'**= Equity of Past Year,
F= Fixed Cost, **f**= F/S=Fixed Portion,
G= Goods or Trade Payables,
    g= 360G/V= Goods Payable Days,
H= Home Taken Dividend,
I= Interest Expense, **i**= I/S= Interest Portion,
J= Jobs or Account Receivable,
    j= 360J/S= Jobs or Trade Account ReceivableDays,
K= Kind of Cash,
L= Liabilities or Debt, **l**= L/E= Leverage or Gearing Ratio,
M= Margin of Contribution,
N= Non Current Assets,
O= Operational Surplus,
P= Procured Inventories,
    p= 360P/V= Procured Inventory Days,
Q= Quoted Longterm Liabilities,
    q= [C-P]/X= Quick or Acid Test Ratio,
R= Retained Earnings,
S= Sales or Revenues, **S'**= Sales of Past Year,
    s= [S/S']-1= Sales Growth,
T= Tax Paid, **t**= T/B= Tax Rate,
U= Utilized or Starting Capital,
V= Variable Cost, **v**= V/S= Variable Portion,
W= Wealth or Total Assets,
X= Xpress or Current Debt,
Y= Yielding Tax of Dividend,
    y= Y/D= Yielding Tax Rate of Dividend,
Z= Zero Trade Current Debt.

Finance Construction-8, *Tim Asikin, Steve Asikin, Indra Senihardja*

CHAPTER-19:
Q= Quoted Longterm Debt Optimization

Based on 12/31/15 Pfizer Annual Report
(http://www.nasdaq.com/symbol/pfe/financials?query=income-statement)

Continuing the Laws No.1-6,000
at Finance Construction 1-7

Rule-6001:
If both (**D**= Dividend Paid= 2,370 millions USD), (**p**= 360 P/V= Procured Inventory Days= 240 Days), (**A**= After Tax Income= 7,899 millions USD), (**S'**= Sales of Past Year= 48,851 millions USD), (**q**= [C-P]/X= Quick or Acid Test Ratio= 1.01 times), (**s**= [S/S']-1= Sales Growth= 5.00%), (**U**= Utilized or Starting Capital= 64,720 millions USD), (**Q**= Quoted Longterm Liabilities= 35,351 millions USD), (**v**= V/S= Variable Portion= 19.00%), and (**l**= L/E= Leverage or Gearing Ratio= 99.00%), then it's (**c**= C/X= Current Ratio planned), is:

$$c = q + S'vp[1+s]/(360\{l\,[U+A-D]-Q\})$$
$$= 1.0100 + 48,851*0.1900*240[1+0.0500]/(360\{0.9900[64,720+7,899-2,370]-35,351\})$$
$$= 1.20 \text{ times}$$

Rule-6002:

If both (**D**= Dividend Paid= 2,370 millions USD), (**p**= 360 P/V= Procured Inventory Days= 240 Days), (**A**= After Tax Income= 7,899 millions USD), (**S'**= Sales of Past Year= 48,851 millions USD), (**c**= C/X= Current Ratio= 1.20 times), (**s**= [S/S']-1= Sales Growth= 5.00%), (**U**= Utilized or Starting Capital= 64,720 millions USD), (**Q**= Quoted Longterm Liabilities= 35,351 millions USD), (**v**= V/S= Variable Portion= 19.00%), and (**l**= L/E= Leverage or Gearing Ratio= 99.00%), then it's (**q**= [C-P]/X= Quick or Acid Test Ratio planned), is:

$$q = c - S'vp[1+s]/(360\{l\,[U+A-D]-Q\})$$
$$= 1.2000 - 48,851*0.1900*240$$
$$[1+0.0500]/(360\{0.9900$$
$$[64,720 + 7,899 - 2,370]$$
$$-35,351\})$$
$$= 1.01 \text{ times}$$

Rule-6003:

If both (**X**= Xpress or Current Debt= 34,196 millions USD), (**d**= D/A= Dividend Portion or Payout= 30.00%), (**A**= After Tax Income= 7,899 millions USD), (**U**= Utilized or Starting Capital= 64,720 millions USD), and (**l**= L/E= Leverage or Gearing Ratio= 99.00%), then it's (**Q**= Quoted Longterm Liabilities planned), is:

$$Q = l[U+A-Ad]-X = l\{U+A[1-d]\}-X$$
$$= 0.9900\{64,720 + 7,899[1-0.3000]\} - 34,196$$
$$= 35,351 \text{ millions USD}$$

Rule-6004:

If both (**X**= Xpress or Current Debt= 34,196 millions USD), (**d**= D/A= Dividend Portion or Payout= 30.00%), (**A**= After Tax Income= 7,899 millions USD), (**U**= Utilized or Starting Capital= 64,720 millions USD), and (**Q**= Quoted Longterm Liabilities= 35,351 millions USD), then it's (**l** = Leverage or Gearing Ratio planned), is:

$$l = [X+Q]/\{U+A[1-d]\}$$
$$= [34{,}196+35{,}351]/\{64{,}720 + 7{,}899[1-0.3000]\}$$
$$= 99.00\%$$

Finance Construction-8, *Tim Asikin, Steve Asikin, Indra Senihardja*

Rule-6005:

If both (**X**= Xpress or Current Debt= 34,196 millions USD), (**d**= D/A= Dividend Portion or Payout= 30.00%), (**A**= After Tax Income= 7,899 millions USD), (**l**= L/E= Leverage or Gearing Ratio= 99.00%), and (**Q**= Quoted Longterm Liabilities= 35,351 millions USD), then it's (**U**= Utilized or Starting Capital planned), is:

$$U = [X+Q]/l - A[1-d]$$
$$= [34,196+35,351]/0.9900 - 7,899[1-0.3000]$$
$$= 64,720 \text{ millions USD}$$

Finance Construction-8, *Tim Asikin, Steve Asikin, Indra Senihardja*

Rule-6006:

If both (**X**= Xpress or Current Debt= 34,196 millions USD), (**d**= D/A= Dividend Portion or Payout= 30.00%), (**U**= Utilized or Starting Capital= 64,720 millions USD), (**I**= L/E= Leverage or Gearing Ratio= 99.00%), and (**Q**= Quoted Longterm Liabilities= 35,351 millions USD), then it's (**U**= Utilized or Starting Capital planned), is:

$$A = \{[X+Q]/I - U\}/[1-d]$$
$$= \{[34{,}196 + 35{,}351]/0.9900 - 64{,}720\}/[1-0.3000]$$
$$= 7{,}899 \text{ millions USD}$$

Rule-6007:
If both (**X**= Xpress or Current Debt= 34,196 millions USD), (**A**= After Tax Income= 7,899 millions USD), (**U**= Utilized or Starting Capital= 64,720 millions USD), (**I**= L/E= Leverage or Gearing Ratio= 99.00%), and (**Q**= Quoted Longterm Liabilities= 35,351 millions USD), then it's (**d**= Dividend Portion planned), is:

$$d = 1 - \{[X+Q]/I - U\}/A$$
$$= \{[34,196+35,351]/0.9900 - 64,720\}/7,899$$
$$= \underline{30.00\%}$$

Rule-6008:

If both (**d**= D/A= Dividend Portion or Payout= 30.00%), (**A**= After Tax Income= 7,899 millions USD), (**U**= Utilized or Starting Capital= 64,720 millions USD), (**I**= L/E= Leverage or Gearing Ratio= 99.00%), and (**Q**= Quoted Longterm Liabilities= 35,351 millions USD), then it's (**X**= Xpress or Current Debt planned), is:

$$X = I\{U+A[1-d]\} - Q$$
$$= 0.9900\{64,720+7,899[1-0.3000]\} - 35,351$$
$$= \underline{34,196} \text{ millions USD}$$

Rule-6009:
If both (**c**= C/X= Current Ratio= 1.20 times), (**q**= [C-P]/X= Quick or Acid Test Ratio= 1.01 times), (**P**= Procured Inventories= 6,497 millions USD), (**d**= D/A= Dividend Portion or Payout= 30.00%), (**A**= After Tax Income= 7,899 millions USD), (**U**= Utilized or Starting Capital= 64,720 millions USD), and (**/**= L/E= Leverage or Gearing Ratio= 99.00%), then it's (**Q**= Quoted Longterm Liabilities planned), is:

$$Q = I\{U+A[1-d]\}-P/[c-q]$$
$$= 0.9900\{64,720+7,899$$
$$[1-0.3000]\}-6,497$$
$$/[1.2000-1.0100]\}$$
$$= 35,351 \text{ millions USD}$$

Rule-6010:

If both (**c**= C/X= Current Ratio= 1.20 times), (**q**= [C-P]/X= Quick or Acid Test Ratio= 1.01 times), (**P**= Procured Inventories= 6,497 millions USD), (**d**= D/A= Dividend Portion or Payout= 30.00%), (**A**= After Tax Income= 7,899 millions USD), (**U**= Utilized or Starting Capital= 64,720 millions USD), and (**Q**= Quoted Longterm Liabilities= 35,351 millions USD), then it's (**I** = Leverage or Gearing Ratio planned), is:

$$I = \{Q + P/[c-q]\}/\{U + A[1-d]\}$$
$$= \{35,351 + 6,497/[1.2000 - 1.0100]\}/\{64,720 + 7,899[1 - 0.3000]\}$$
$$= 99.00\%$$

Finance Construction-8, *Tim Asikin, Steve Asikin, Indra Senihardja*

<u>Rule-6011</u>:

If both (**c**= C/X= Current Ratio= <u>1.20</u> times), (**q**= [C-P]/X= Quick or Acid Test Ratio= <u>1.01</u> times), (**P**= Procured Inventories= <u>6,497</u> millions USD), (**d**= D/A= Dividend Portion or Payout= 30.00%), (**A**= After Tax Income= <u>7,899</u> millions USD), (**l**= L/E= Leverage or Gearing Ratio= <u>99.00</u>%), and (**Q**= Quoted Longterm Liabilities= <u>35,351</u> millions USD), then it's (**U** = Utilized or Gearing Ratio planned), is:

$$U = \{Q+P/[c-q]/l - A[1-d]$$
$$= \{35,351+6,497/[1.2000$$
$$-1.0100]/0.9900$$
$$-7,899[1-0.3000]$$
$$= \underline{64,720} \text{ millions USD}$$

Rule-6012:
If both (**c**= C/X= Current Ratio= 1.20 times), (**q**= [C-P]/X= Quick or Acid Test Ratio= 1.01 times), (**P**= Procured Inventories= 6,497 millions USD), (**d**= D/A= Dividend Portion or Payout= 30.00%), (**U**= Utilized or Starting Capital= 64,720 millions USD), (**l**= L/E= Leverage or Gearing Ratio= 99.00%), and (**Q**= Quoted Longterm Liabilities= 35,351 millions USD), then it's (**A**= After Tax Income planned), is:

$$A = (\{Q+P/[c-q]\}/l - U)/[1-d]$$
$$= (\{35,351+6,497/[1.2000 - 1.0100]\}/0.9900 - 64,720)/[1-0.3000]$$
$$= 7,899 \text{ millions USD}$$

Rule-6013:
If both (**c**= C/X= Current Ratio= 1.20 times), (**q**= [C-P]/X= Quick or Acid Test Ratio= 1.01 times), (**P**= Procured Inventories= 6,497 millions USD), (**A**= After Tax Income= 7,899 millions USD), (**U**= Utilized or Starting Capital= 64,720 millions USD), (**l**= L/E= Leverage or Gearing Ratio= 99.00%), and (**Q**= Quoted Longterm Liabilities= 35,351 millions USD), then it's (**d**= Dividend Portion or Payout planned), is:

$$d = 1-(\{Q+P/[c-q]\}/l - U)/A$$
$$= 1-(\{35,351+6,497/[1.2000 -1.0100]\}/0.9900 -64,720)/7,899$$
$$= \underline{30.00\%}$$

Rule-6014:

If both (**c**= C/X= Current Ratio= 1.20 times), (**q**= [C-P]/X= Quick or Acid Test Ratio= 1.01 times), (**d**= D/A= Dividend Portion or Payout= 30.00%), (**A**= After Tax Income= 7,899 millions USD), (**U**= Utilized or Starting Capital= 64,720 millions USD), (**l**= L/E= Leverage or Gearing Ratio= 99.00%), and (**Q**= Quoted Longterm Liabilities= 35,351 millions USD), then it's (**P**= Procured inventories planned), is:

$$P = [c-q](l\{U+A[1-d]\} - Q)$$
$$= [1.2000-1.0100](0.9900$$
$$\{64,720+7,899$$
$$[1-0.3000]\} - 35,351)$$
$$= 6,497 \text{ millions USD}$$

Rule-6015:

If both (q= [C-P]/X= Quick or Acid Test Ratio= 1.01 times), (d= D/A= Dividend Portion or Payout= 30.00%), (P= Procured Inventories= 6,497 millions USD), (A= After Tax Income= 7,899 millions USD), (U= Utilized or Starting Capital= 64,720 millions USD), (l= L/E= Leverage or Gearing Ratio= 99.00%), and (Q= Quoted Longterm Liabilities= 35,351 millions USD), then it's (c= Current Ratio planned), is:

$$c = q + P/(l\{U+A[1-d]\}-Q)$$
$$= 1.0100 + 6,497/(0.9900\{64,720 + 7,899[1-0.3000]\}-35,351)$$
$$= 1.20 \text{ times}$$

Rule-6016:
If both (**c**= C/X= Current Ratio= 1.20 times), (**d**= D/A= Dividend Portion or Payout= 30.00%), (**P**= Procured Inventories= 6,497 millions USD),(**A**= After Tax Income= 7,899 millions USD), (**U**= Utilized or Starting Capital= 64,720 millions USD), (**l**= L/E= Leverage or Gearing Ratio= 99.00%), and (**Q**= Quoted Longterm Liabilities= 35,351 millions USD), then it's (**q**= Quick or Acid Test Ratio planned), is:

$$q = c - P/(l\{U+A[1-d]\} - Q)$$
$$= 1.2000 - 6,497/(0.9900\{64,720 + 7,899[1-0.3000]\} - 35,351)$$
$$= 1.01 \text{ times}$$

Rule-6017:

If both (**c**= C/X= Current Ratio= 1.20 times), (**d**= D/A= Dividend Portion or Payout= 30.00%), (**p**= 360 P/V= Procured Inventory Days= 240 Days), (**V**= Variable Cost= 9,746 millions USD), (**A**= After Tax Income= 7,899 millions USD), (**U**= Utilized or Starting Capital= 64,720 millions USD), (**l**= L/E= Leverage or Gearing Ratio= 99.00%), and (**q**= [C-P]/X= Quick or Acid Test Ratio= 1.01 times), then it's (**Q**= Quoted Longterm Liabilities planned), is:

$$Q = l\{U+A[1-d]\} - Vp/\{360[c-q]\}$$
$$= 0.9900\{64,720+7,899[1-0.3000]\} - 9,746*240/\{360[1.2000-1.0100]\}$$
$$= 35,351 \text{ millions USD}$$

Finance Construction-8, *Tim Asikin, Steve Asikin, Indra Senihardja*

Law-6018:

If both (**q**= [C-P]/X= Quick or Acid Test Ratio= 1.01 times), (**A**= After Tax Income= 7,899 millions USD), (**c**= C/X= Current Ratio= 1.20 times), (**V**= Variable Cost= 9,746 millions USD), (**Q**= Quoted Longterm Liabilities= 35,351 millions USD), (**p**= 360P/V= Procured Inventory Days= 240 Days), (**d**= D/A= Dividend Portion or Payout= 30.00%), and (**U**= Utilized or Starting Capital= 64,720 millions USD), are known, then it's (**I** = Leverage or Gearing Ratio planned) is:

I = (**Q**+**Vp**/{360[**c**-**q**]})/{**U**+**A**[1-**d**]}
   = (35,351+9,746*240/{360[1.2000 -1.0100]})/{64,720+7,899[1-0.3000]}
   = 99.00%

Finance Construction-8, *Tim Asikin, Steve Asikin, Indra Senihardja*

Law-6019:

If both (q= [C-P]/X= Quick or Acid Test Ratio= 1.01 times), (A= After Tax Income= 7,899 millions USD), (c= C/X= Current Ratio= 1.20 times), (V= Variable Cost= 9,746 millions USD), (Q= Quoted Longterm Liabilities= 35,351 millions USD), (p= 360 P/V= Procured Inventory Days= 240 Days), (d= D/A= Dividend Portion or Payout= 30.00%), and (l= L/E= Leverage or Gearing Ratio= 99.00%), are known, then it's (U= Utilized or Starting Capital planned) is:

$$U = (Q+Vp/\{360[c-q]\})/l - A[1-d]$$
$$= (35,351+9,746*240/\{360[1.2000 -1.0100]\})/0.9900 - 7,899 [1-0.3000]$$
$$= \underline{64,720} \text{ millions USD}$$

Law-6020:

If both (**q**= [C-P]/X= Quick or Acid Test Ratio= 1.01 times), (**U**= Utilized or Starting Capital= 64,720 millions USD), (**c**= C/X= Current Ratio= 1.20 times), (**V**= Variable Cost= 9,746 millions USD), (**Q**= Quoted Longterm Liabilities= 35,351 millions USD), (**p**= 360 P/V= Procured Inventory Days= 240 Days), (**d**= D/A= Dividend Portion or Payout= 30.00%), and (**l**= L/E= Leverage or Gearing Ratio= 99.00%), are known, then it's (**A**= After Tax Income planned) is:

$$A = [(Q+Vp/\{360[c-q]\})/l - U]/[1-d]$$
$$= [(35,351+9,746*240/\{360[1.2000 -1.0100]\})/0.9900-64,720] /[1-0.3000]$$
$$= 7,899 \text{ millions USD}$$

Law-6021:
If both (**q**= [C-P]/X= Quick or Acid Test Ratio= 1.01 times), (**U**= Utilized or Starting Capital= 64,720 millions USD), (**c**= C/X= Current Ratio= 1.20 times), (**V**= Variable Cost= 9,746 millions USD), (**Q**= Quoted Longterm Liabilities= 35,351 millions USD), (**p**= 360 P/V= Procured Inventory Days= 240 Days), (**A**= After Tax Income= 7,899 millions USD), and (**l**= L/E= Leverage or Gearing Ratio= 99.00%), are known, then it's (**d**= Dividend Portion or Payout planned) is:

$$d = 1-[(Q+Vp/\{360[c-q]\})/l-U]/A$$
$$= 1-[(35,351+9,746*240/\{360[1.2000 -1.0100]\})/0.9900-64,720]/7,899$$
$$= 30.00\%$$

Law-6022:

If both (q= [C-P]/X= Quick or Acid Test Ratio= $\underline{1.01}$ times), (U= Utilized or Starting Capital= $\underline{64,720}$ millions USD), (c= C/X= Current Ratio= $\underline{1.20}$ times), (d= D/A= Dividend Portion or Payout= 30.00%), (Q= Quoted Longterm Liabilities= $\underline{35,351}$ millions USD), (p= 360 P/V= Procured Inventory Days= $\underline{240}$ Days), (A= After Tax Income= $\underline{7,899}$ millions USD), and (l= L/E= Leverage or Gearing Ratio= $\underline{99.00}$%), are known, then it's (V= Variable Cost planned) is:

V= 360[c-q](l {U+A[1-d]}-Q)/p
= 360[1.2000-1.0100](0.9900 {64,720+7,899[1-0.3000]}-35,351)/240
= $\underline{9,746}$ millions USD

Law-6023:

If both (q= [C-P]/X= Quick or Acid Test Ratio= 1.01 times), (U= Utilized or Starting Capital= 64,720 millions USD), (c= C/X= Current Ratio= 1.20 times), (d= D/A= Dividend Portion or Payout= 30.00%), (Q= Quoted Longterm Liabilities= 35,351 millions USD), (V= Variable Cost= 9,746 millions USD), (A= After Tax Income= 7,899 millions USD), and (l= L/E= Leverage or Gearing Ratio= 99.00%), are known, then it's (p= Procured Inventory Days planned) is:

p= 360[c-q](l {U+A[1-d]}-Q)/V
  = 360[1.2000-1.0100](0.9900
    {64,720+7,899[1-0.3000]}
    -35,351)/9,746
  = 240 days

Law-6024:

If both (q= [C-P]/X= Quick or Acid Test Ratio= 1.01 times), (p= 360 P/V= Procured Inventory Days= 240 Days), (U= Utilized or Starting Capital= 64,720 millions USD), (d= D/A= Dividend Portion or Payout= 30.00%), (Q= Quoted Longterm Liabilities= 35,351 millions USD), (V= Variable Cost= 9,746 millions USD), (A= After Tax Income= 7,899 millions USD), and (I= L/E= Leverage or Gearing Ratio= 99.00%), are known, then it's (c= Current Ratio planned) is:

$$c = q + Vp/[360(I\{U+A[1-d]\}-Q)]$$
$$= 1.0100 + 9{,}746*240/[360(0.9900\{64{,}720+7{,}899[1-0.3000]\}-35{,}351)]$$
$$= 1.20 \text{ times}$$

<u>Law-6025</u>:

If both (**c**= C/X= Current Ratio= <u>1.20</u> times), (**p**= 360 P/V= Procured Inventory Days= <u>240</u> Days), (**U**= Utilized or Starting Capital= <u>64,720</u> millions USD), (**d**= D/A= Dividend Portion or Payout= 30.00%), (**Q**= Quoted Longterm Liabilities= <u>35,351</u> millions USD), (**V**= Variable Cost= <u>9,746</u> millions USD), (**A**= After Tax Income= <u>7,899</u> millions USD), and (**l**= L/E= Leverage or Gearing Ratio= <u>99.00</u>%), are known, then it's (**q**= Quick or Acid Test Ratio planned) is:

$$q = c - Vp/[360(l\{U+A[1-d]\}-Q)]$$
$$= 1.2000 - 9{,}746*240/[360(0.9900\{64{,}720+7{,}899[1-0.3000]\}-35{,}351)]$$
$$= \underline{1.01} \text{ times}$$

Finance Construction-8, *Tim Asikin, Steve Asikin, Indra Senihardja*

Law-6026:

If both (**c**= C/X= Current Ratio= 1.20 times), (**p**= 360 P/V= Procured Inventory Days= 240 Days), (**U**= Utilized or Starting Capital= 64,720 millions USD), (**d**= D/A= Dividend Portion or Payout= 30.00%), (**q**= [C-P]/X= Quick or Acid Test Ratio= 1.01 times), (**$**= Sales or Revenues= 51,294 millions USD), (**v**= V/S= Variable Portion= 19.00%), (**A**= After Tax Income= 7,899 millions USD), and (**l**= L/E= Leverage or Gearing Ratio= 99.00%), are known, then it's (**Q**= Quoted Longterm Liabilities planned) is:

$$Q = l\{U+A[1-d]\} - \$vp/\{360[c-q]\}$$
$$= 0.9900\{64,720+7,899[1-0.3000]\}$$
$$-51,294*0.1900*240/\{360[1.2000-1.0100]\}$$
$$= \underline{35,351} \text{ millions USD}$$

Finance Construction-8, *Tim Asikin, Steve Asikin, Indra Senihardja*

Law-6027:

If both (**c**= C/X= Current Ratio= 1.20 times), (**p**= 360 P/V= Procured Inventory Days= 240 Days), (**U**= Utilized or Starting Capital= 64,720 millions USD), (**d**= D/A= Dividend Portion or Payout= 30.00%), (**q**= [C-P]/X= Quick or Acid Test Ratio= 1.01 times), (**$**= Sales or Revenues= 51,294 millions USD), (**v**= V/S= Variable Portion= 19.00%), (**A**= After Tax Income= 7,899 millions USD), and (**Q**= Quoted Longterm Liabilities= 35,351 millions USD), are known, then it's (**l** = Leverage or Gearing Ratio planned) is:

$$l = (Q+\$vp/\{360[c-q]\})/\{U+A[1-d]\}$$
$$= (35{,}351+51{,}294*0.1900*240/\{360[1.2000-1.0100]\})/\{64{,}720+7{,}899[1-0.3000]\}$$
$$= 99.00\%$$

Law-6028:

If both (**c**= C/X= Current Ratio= 1.20 times), (**p**= 360 P/V= Procured Inventory Days= 240 Days), (**l**= L/E= Leverage or Gearing Ratio= 99.00%), (**d**= D/A= Dividend Portion or Payout= 30.00%), (**q**= [C-P]/X= Quick or Acid Test Ratio= 1.01 times), (**S**= Sales or Revenues= 51,294 millions USD), (**v**= V/S= Variable Portion= 19.00%), (**A**= After Tax Income= 7,899 millions USD), and (**Q**= Quoted Longterm Liabilities= 35,351 millions USD), are known, then it's (**U**= Utilized or Starting Capital planned) is:

$$U = (Q + Svp/\{360[c-q]\})/l - A[1-d]$$
$$= (35,351 + 51,294 * 0.1900 * 240 / \{360[1.2000 - 1.0100]\}) / 0.9900 - 7,899[1 - 0.3000]$$
$$= 64,720 \text{ millions USD}$$

Finance Construction-8, *Tim Asikin, Steve Asikin, Indra Senihardja*

Law-6029:

If both (**c**= C/X= Current Ratio= 1.20 times), (**p**= 360 P/V= Procured Inventory Days= 240 Days), (**l**= L/E= Leverage or Gearing Ratio= 99.00%), (**d**= D/A= Dividend Portion or Payout= 30.00%), (**q**= [C-P]/X= Quick or Acid Test Ratio= 1.01 times), (**$**= Sales or Revenues= 51,294 millions USD), (**v**= V/S= Variable Portion= 19.00%), (**U**= Utilized or Starting Capital= 64,720 millions USD), and (**Q**= Quoted Longterm Liabilities= 35,351 millions USD), are known, then it's (**A**= After Tax Income planned) is:

$$A = [(Q+\$vp/\{360[c-q]\})/l - U]/[1-d]$$
$$= [(35,351+51,294*0.1900*240/\{360[1.2000-1.0100]\})/0.9900-64,720]/[1-0.3000]$$
$$= 7,899 \text{ millions USD}$$

Finance Construction-8, *Tim Asikin, Steve Asikin, Indra Senihardja*

Law-6030:

If both (**c**= C/X= Current Ratio= 1.20 times), (**p**= 360 P/V= Procured Inventory Days= 240 Days), (**l**= L/E= Leverage or Gearing Ratio= 99.00%), (**A**= After Tax Income= 7,899 millions USD), (**q**= [C-P]/X= Quick or Acid Test Ratio= 1.01 times), (**S**= Sales or Revenues= 51,294 millions USD), (**v**= V/S= Variable Portion= 19.00%), (**U**= Utilized or Starting Capital= 64,720 millions USD), and (**Q**= Quoted Longterm Liabilities= 35,351 millions USD), are known, then it's (**d**= Dividend Portion or Payout planned) is:

$$d = 1-[(Q+Svp/\{360[c-q]\})/l -U]/A$$
$$= 1-[(35,351+51,294*0.1900*240$$
$$/\{360[1.2000-1.0100]\})$$
$$/0.9900-64,720]/7,899$$
$$= 30.00\%$$

Law-6031:

If both (**c**= C/X= Current Ratio= 1.20 times), (**p**= 360 P/V= Procured Inventory Days= 240 Days), (**l**= L/E= Leverage or Gearing Ratio= 99.00%), (**A**= After Tax Income= 7,899 millions USD), (**q**= [C-P]/X= Quick or Acid Test Ratio= 1.01 times), (**d**= D/A= Dividend Portion or Payout= 30.00%), (**v**= V/S= Variable Portion= 19.00%), (**U**= Utilized or Starting Capital= 64,720 millions USD), and (**Q**= Quoted Longterm Liabilities= 35,351 millions USD), are known, then it's (**S**= Sales or Revenues planned) is:

$$S = 360[\mathbf{c-q}](\mathbf{l}\{\mathbf{U+A}[1-\mathbf{d}]\}-\mathbf{Q})/[\mathbf{vp}]$$
$$= 360[1.2000-1.0100](0.9900\{64,720+7,899[1-0.3000]\}-35,351)/[0.1900*240]$$
$$= \underline{51,294} \text{ millions USD}$$

Finance Construction-8, *Tim Asikin, Steve Asikin, Indra Senihardja*

Law-6032:

If both (**c**= C/X= Current Ratio= 1.20 times), (**p**= 360 P/V= Procured Inventory Days= 240 Days), (**l**= L/E= Leverage or Gearing Ratio= 99.00%), (**A**= After Tax Income= 7,899 millions USD), (**q**= [C-P]/X= Quick or Acid Test Ratio= 1.01 times), (**d**= D/A= Dividend Portion or Payout= 30.00%), (**$**= Sales or Revenues= 51,294 millions USD), (**U**= Utilized or Starting Capital= 64,720 millions USD), and (**Q**= Quoted Longterm Liabilities= 35,351 millions USD), are known, then it's (**v**= Variable Portion planned) is:

$$v = 360[c-q](l\{U+A[1-d]\}-Q)/[\$p]$$
$$= 360[1.2000-1.0100](0.9900$$
$$\{64,720+7,899[1-0.3000]\}$$
$$-35,351)/[51,294*240]$$
$$= 19.00\%$$

Finance Construction-8, *Tim Asikin, Steve Asikin, Indra Senihardja*

Law-6033:

If both (**c**= C/X= Current Ratio= 1.20 times), (**v**= V/S= Variable Portion= 19.00%), (**l**= L/E= Leverage or Gearing Ratio= 99.00%), (**A**= After Tax Income= 7,899 millions USD), (**q**= [C-P]/X= Quick or Acid Test Ratio= 1.01 times), (**d**= D/A= Dividend Portion or Payout= 30.00%), (**$**= Sales or Revenues= 51,294 millions USD), (**U**= Utilized or Starting Capital= 64,720 millions USD), and (**Q**= Quoted Longterm Liabilities= 35,351 millions USD), are known, then it's (**p**= Procured Inventory Days planned) is:

$$p = 360[c-q](l\{U+A[1-d]\}-Q)/[\$v]$$
$$= 360[1.2000-1.0100](0.9900$$
$$\{64,720+7,899[1-0.3000]\}$$
$$-35,351)/[51,294*0.1900]$$
$$= \underline{240} \text{ days}$$

Law-6034:

If both (**p**= 360 P/V= Procured Inventory Days= 240 Days), (**v**= V/S= Variable Portion= 19.00%), (**l**= L/E= Leverage or Gearing Ratio= 99.00%), (**A**= After Tax Income= 7,899 millions USD), (**q**= [C-P]/X= Quick or Acid Test Ratio= 1.01 times), (**d**= D/A= Dividend Portion or Payout= 30.00%), (**S**= Sales or Revenues= 51,294 millions USD), (**U**= Utilized or Starting Capital= 64,720 millions USD), and (**Q**= Quoted Longterm Liabilities= 35,351 millions USD), are known, then it's (**c**= Current Ratio planned) is:

$$c = q\text{-}Svp/[360(l\{U+A[1-d]\}-Q)]$$
$$= 1.0100 + 51{,}294*0.1900*240$$
$$/[(360\{0.9900\{64{,}720$$
$$+7{,}899[1-0.3000]\}$$
$$-35{,}351)]$$
$$= \underline{1.20} \text{ times}$$

Law-6035:

If both (**p**= 360 P/V= Procured Inventory Days= 240 Days), (**v**= V/S= Variable Portion= 19.00%), (**l**= L/E= Leverage or Gearing Ratio= 99.00%), (**A**= After Tax Income= 7,899 millions USD), (**c**= C/X= Current Ratio= 1.20 times), (**d**= D/A= Dividend Portion or Payout= 30.00%), (**$**= Sales or Revenues= 51,294 millions USD), (**U**= Utilized or Starting Capital= 64,720 millions USD), and (**Q**= Quoted Longterm Liabilities= 35,351 millions USD), are known, then it's (**q**= Quick or Acid Test Ratio planned) is:

$$q = c - \$vp/[360(l\{U+A[1-d]\}-Q)]$$
$$= 1.2000 - 51{,}294*0.1900*240 / [(360\{0.9900\{64{,}720 + 7{,}899[1-0.3000]\} - 35{,}351)]$$
$$= 1.01 \text{ times}$$

Law-6036:

If both (**p**= 360 P/V= Procured Inventory Days= 240 Days), (**v**= V/S= Variable Portion= 19.00%), (**l**= L/E= Leverage or Gearing Ratio= 99.00%), (**A**= After Tax Income= 7,899 millions USD), (**c**= C/X= Current Ratio= 1.20 times), (**d**= D/A= Dividend Portion or Payout= 30.00%), (**S'**= Sales of Past Year= 48,851 millions USD), (**s**= [S/S']-1= Sales Growth= 5.00%), (**U**= Utilized or Starting Capital= 64,720 millions USD), and (**q**= [C-P]/X= Quick or Acid Test Ratio= 1.01 times), are known, then it's (**Q**= Quoted Longterm Liabilities planned) is:

$$Q = l\{U+A[1-d]\} - S'vp[1+s]/\{360[c-q]\}$$
$$= 0.9900\{64,720+7,899[1-0.3000]\}$$
$$-48,851*0.1900*240$$
$$[1+0.0500]/\{360[1.2000$$
$$-1.0100]\}$$
$$= \underline{35,351} \text{ millions USD}$$

Finance Construction-8, *Tim Asikin, Steve Asikin, Indra Senihardja*

Law-6037:

If both (**p**= 360 P/V= Procured Inventory Days= 240 Days), (**v**= V/S= Variable Portion= 19.00%), (**Q**= Quoted Longterm Liabilities= 35,351 millions USD), (**A**= After Tax Income= 7,899 millions USD), (**c**= C/X= Current Ratio= 1.20 times), (**d**= D/A= Dividend Portion or Payout= 30.00%), (**S'**= Sales of Past Year= 48,851 millions USD), (**s**= [S/S']-1= Sales Growth= 5.00%), (**U**= Utilized or Starting Capital= 64,720 millions USD), and (**q**= [C-P]/X= Quick or Acid Test Ratio= 1.01 times), are known, then it's (**I** = Leverage or Gearing Ratio planned) is:

$$I = (Q+S'vp[1+s]/\{360[c-q]\})/\{U+A[1-d]\}$$
$$= (35{,}351+48{,}851*0.1900*240$$
$$[1+0.0500]/\{360[1.2000$$
$$-1.0100]\})/\{64{,}720+7{,}899$$
$$[1-0.3000]\}$$
$$= 99.00\%$$

Law-6038:

If both (**p**= 360 P/V= Procured Inventory Days= 240 Days), (**v**= V/S= Variable Portion= 19.00%), (**Q**= Quoted Longterm Liabilities= 35,351 millions USD), (**A**= After Tax Income= 7,899 millions USD), (**c**= C/X= Current Ratio= 1.20 times), (**d**= D/A= Dividend Portion or Payout= 30.00%),(**S'**= Sales of Past Year= 48,851 millions USD), (**s**= [S/S']-1= Sales Growth= 5.00%), (**l**= L/E= Leverage or Gearing Ratio= 99.00%), and (**q**= [C-P]/X= Quick or Acid Test Ratio= 1.01 times), are known, then it's (**U**= Utilized or Starting Capital planned) is:

$$U = (Q+S'vp[1+s]/\{360[c-q]\})/l-A[1-d]$$
$$= (35{,}351+48{,}851*0.1900*240$$
$$[1+0.0500]/\{360[1.2000$$
$$-1.0100]\})/0.9900-7{,}899$$
$$[1-0.3000]$$
$$= 64{,}720 \text{ millions USD}$$

Law-6039:
If both (**p**= 360 P/V= Procured Inventory Days= 240 Days), (**v**= V/S= Variable Portion= 19.00%), (**Q**= Quoted Longterm Liabilities= 35,351 millions USD), (**U**= Utilized or Starting Capital= 64,720 millions USD), (**c**= C/X= Current Ratio= 1.20 times), (**d**= D/A= Dividend Portion or Payout= 30.00%),(**S'**= Sales of Past Year= 48,851 millions USD), (**s**= [S/S']-1= Sales Growth= 5.00%), (**l**= L/E= Leverage or Gearing Ratio= 99.00%), and (**q**= [C-P]/X= Quick or Acid Test Ratio= 1.01 times), are known, then it's (**A**= After tax Income planned) is:

A= [(**Q**+**S'vp**[1+**s**]/{360[**c-q**]})/**l-U**]/[1-**d**]
= [(35,351+48,851*0.1900*240
    [1+0.0500]/{360[1.2000
    -1.0100]})/0.9900-64,720]
    /[1-0.3000]
= 7,899 millions USD

Law-6040:

If both (**p**= 360 P/V= Procured Inventory Days= 240 Days), (**v**= V/S= Variable Portion= 19.00%), (**Q**= Quoted Longterm Liabilities= 35,351 millions USD), (**U**= Utilized or Starting Capital= 64,720 millions USD), (**c**= C/X= Current Ratio= 1.20 times), (**A**= After Tax Income= 7,899 millions USD), (**S'**= Sales of Past Year= 48,851 millions USD), (**s**= [S/S']-1= Sales Growth= 5.00%), (**l**= L/E= Leverage or Gearing Ratio= 99.00%), and (**q**= [C-P]/X= Quick or Acid Test Ratio= 1.01 times), are known, then it's (**d**= Dividend Portion or Payout planned) is:

$$d = 1-[(Q+S'vp[1+s]/\{360[c-q]\})/l-U]/A$$
$$= 1-[(35,351+48,851*0.1900*240$$
$$[1+0.0500]/\{360[1.2000$$
$$-1.0100]\})/0.9900-64,720]$$
$$/7,899$$
$$= 30.00\%$$

Law-6041:

If both (**p**= 360 P/V= Procured Inventory Days= 240 Days), (**v**= V/S= Variable Portion= 19.00%), (**Q**= Quoted Longterm Liabilities= 35,351 millions USD), (**U**= Utilized or Starting Capital= 64,720 millions USD), (**c**= C/X= Current Ratio= 1.20 times), (**A**= After Tax Income= 7,899 millions USD), (**d**= D/A= Dividend Portion or Payout= 30.00%), (**s**= [S/S']-1= Sales Growth= 5.00%), (**l**= L/E= Leverage or Gearing Ratio= 99.00%), and (**q**= [C-P]/X= Quick or Acid Test Ratio= 1.01 times), are known, then it's (**S'**= Sales Past) must be:

$S' = 360[c-q](l\{U+A[1-d]\}-Q)/\{vp[1+s]\}$
$= 360[1.2000-1.0100](0.9900$
$\{64,720\}+7,899[1-0.3000]\}$
$-35,351)/\{0.1900*240$
$[1+0.0500]\}$
$= 48,851$ millions USD

Law-6042:

If both (**p**= 360 P/V= Procured Inventory Days= 240 Days), (**$**= Sales of Past Year= 48,851 millions USD), (**Q**= Quoted Longterm Liabilities= 35,351 millions USD), (**U**= Utilized or Starting Capital= 64,720 millions USD), (**c**= C/X= Current Ratio= 1.20 times), (**A**= After Tax Income= 7,899 millions USD), (**d**= D/A= Dividend Portion or Payout= 30.00%), (**s**= [S/S']-1= Sales Growth= 5.00%), (**l**= L/E= Leverage or Gearing Ratio= 99.00%), and (**q**= [C-P]/X= Quick or Acid Test Ratio= 1.01 times), are known, then it's (**v**= Variable Portion planned) is:

$$v = 360[c-q](l\{U+A[1-d]\}-Q)/\{\$'p[1+s]\}$$
$$= 360[1.2000-1.0100](0.9900\{64,720]+7,899[1-0.3000]\}$$
$$-35,351)/\{48,851*240[1+0.0500]\}$$
$$= \underline{19.00\%}$$

Law-6043:
If both (v= V/S= Variable Portion= 19.00%), (S'= Sales of Past Year= 48,851 millions USD), (Q= Quoted Longterm Liabilities= 35,351 millions USD), (U= Utilized or Starting Capital= 64,720 millions USD), (c= C/X= Current Ratio= 1.20 times), (A= After Tax Income= 7,899 millions USD), (d= D/A= Dividend Portion or Payout= 30.00%), (s= [S/S']-1= Sales Growth= 5.00%), (l= L/E= Leverage or Gearing Ratio= 99.00%), and (q= [C-P]/X= Quick or Acid Test Ratio= 1.01 times), are known, then it's (p= Procured Inventory Days planned) is:

$$p = 360[c-q](l\{U+A[1-d]\}-Q)/\{S'v[1+s]\}$$
$$= 360[1.2000-1.0100](0.9900$$
$$\{64,720\}+7,899[1-0.3000]\}$$
$$-35,351)/\{48,851*0.1900$$
$$[1+0.0500]\}$$
$$= \underline{240} \text{ days}$$

Law-6044:

If both (v= V/S= Variable Portion= 19.00%), ($'= Sales of Past Year= 48,851 millions USD), (Q= Quoted Longterm Liabilities= 35,351 millions USD), (U= Utilized or Starting Capital= 64,720 millions USD), (c= C/X= Current Ratio= 1.20 times), (A= After Tax Income= 7,899 millions USD), (d= D/A= Dividend Portion or Payout= 30.00%), (p= 360 P/V= Procured Inventory Days= 240 Days), (l= L/E= Leverage or Gearing Ratio= 99.00%), and (q= [C-P]/X= Quick or Acid Test Ratio= 1.01 times), are known, then it's (s= Sales Growth planned) is:

s= 360[c-q](l{U+A[1-d]}-Q)/[$'vp]-1
 = 360[1.2000-1.0100](0.9900
     {64,720]+7,899[1-0.3000]}
     -35,351)/[48,851*0.1900
     *240]-1
 = 5.00%

Law-6045:
If both (v= V/S= Variable Portion= 19.00%), (S'= Sales of Past Year= 48,851 millions USD), (Q= Quoted Longterm Liabilities= 35,351 millions USD), (U= Utilized or Starting Capital= 64,720 millions USD), (s= [S/S']-1= Sales Growth= 5.00%), (A= After Tax Income= 7,899 millions USD), (d= D/A= Dividend Portion or Payout= 30.00%), (p= 360 P/V= Procured Inventory Days= 240 Days), (l= L/E= Leverage or Gearing Ratio= 99.00%), and (q= [C-P]/X= Quick or Acid Test Ratio= 1.01 times), are known, then it's (c= Current Ratio planned) is:

$$c = q + S'vp[1+s]/[360(l\{U+A[1-d]\}-Q)]$$
$$= 1.0100 + 48,851*0.1900*240$$
$$[1+0.0500]/[360(0.9900$$
$$\{64,720\}+7,899$$
$$[1-0.3000]\}-35,351)]$$
$$= 1.20 \text{ times}$$

Law-6046:

If both (**v**= V/S= Variable Portion= 19.00%), (**S'**= Sales of Past Year= 48,851 millions USD), (**Q**= Quoted Longterm Liabilities= 35,351 millions USD), (**U**= Utilized or Starting Capital= 64,720 millions USD), (**s**= [S/S']-1= Sales Growth= 5.00%), (**A**= After Tax Income= 7,899 millions USD), (**d**= D/A= Dividend Portion or Payout= 30.00%), (**p**= 360 P/V= Procured Inventory Days= 240 Days), (**l**= L/E= Leverage or Gearing Ratio= 99.00%), and (**c**= C/X= Current Ratio= 1.20 times), are known, then it's (**q**= Quick or Acid Test Ratio planned) is:

$$q = c - S'vp[1+s]/[360(l\{U+A[1-d]\}-Q)]$$
$$= 1.2000 - 48,851*0.1900*240[1+0.0500]/[360(0.9900\{64,720\}+7,899[1-0.3000]\}-35,351)]$$
$$= \underline{1.01} \text{ times}$$

Law-6047:

If both (**T**= Tax Paid= 3,385 millions USD), (**D**= Dividend Paid= 2,370 millions USD), (**U**= Utilized or Starting Capital= 64,720 millions USD), (**B**= Before Tax Income= 11,285 millions USD), (**F**= L/E= Leverage or Gearing Ratio= 99.00%), and (**X**= Xpress or Current Debt= 34,196 millions USD), then it's (**Q**= Quoted or Longterm Liabilities planned) is:

$$Q = F[U+B-T-D]-X$$
$$= 0.9900[64,720+11,285-3,385 -2,370]-34,196$$
$$= \underline{35,351} \text{ millions USD}$$

Law-6048:

If both (**T**= Tax Paid= 3,385 millions USD), (**D**= Dividend Paid= 2,370 millions USD), (**U**= Utilized or Starting Capital= 64,720 millions USD), (**B**= Before Tax Income= 11,285 millions USD), (**Q**= Quoted Longterm Liabilities= 35,351 millions USD), and (**X**= Xpress or Current Debt= 34,196 millions USD), then it's (**I** = Leverage or Gearing Ratio planned) is:

I = [**X**+**Q**]/[**U**+**B**-**T**-**D**]
  = [34,146+35,351]/[64,720
       +11,285-3,385-2,370]
  = 99.00%

Law-6049:

If both (**T**= Tax Paid= 3,385 millions USD), (**D**= Dividend Paid= 2,370 millions USD), (**I**= L/E= Leverage or Gearing Ratio= 99.00%), (**B**= Before Tax Income= 11,285 millions USD), (**Q**= Quoted Longterm Liabilities= 35,351 millions USD), and (**X**= Xpress or Current Debt= 34,196 millions USD), then it's (**U**= Utilized or Starting Capital planned) is:

$$U = [X+Q]/I + D + T - B$$
$$= [34,146+35,351]/0.9900+2,370$$
$$+3,385-11,285$$
$$= \underline{64,720} \text{ millions USD}$$

<u>Law-6050</u>:

If both (**T**= Tax Paid= <u>3,385</u> millions USD), (**D**= Dividend Paid= <u>2,370</u> millions USD), (**I**= L/E= Leverage or Gearing Ratio= <u>99.00</u>%), (**U**= Utilized or Starting Capital= <u>64,720</u> millions USD), (**Q**= Quoted Longterm Liabilities= <u>35,351</u> millions USD), and (**X**= Xpress or Current Debt= <u>34,196</u> millions USD), then it's (**B**= Before Tax Income planned) is:

$$B = [X+Q]/I + D + T - U$$
$$= [34,146+35,351]/0.9900 + 2,370 + 3,385 - 64,720$$
$$= \underline{11,285} \text{ millions USD}$$

Law-6051:

If both (**B**= Before Tax Income= 11,285 millions USD), (**D**= Dividend Paid= 2,370 millions USD), (**I**= L/E= Leverage or Gearing Ratio= 99.00%), (**U**= Utilized or Starting Capital= 64,720 millions USD), (**Q**= Quoted Longterm Liabilities= 35,351 millions USD), and (**X**= Xpress or Current Debt= 34,196 millions USD), then it's (**T**= Tax Paid planned) is:

$$T = U+B-D-[X+Q]/I$$
$$= 64,720+11,285-2,370-34,146+35,351]/0.9900$$
$$= \underline{3,385} \text{ millions USD}$$

Finance Construction-8, *Tim Asikin, Steve Asikin, Indra Senihardja*

Law-6052:

If both (**B**= Before Tax Income= 11,285 millions USD), (**T**= Tax Paid= 3,385 millions USD), (**I**= L/E= Leverage or Gearing Ratio= 99.00%), (**U**= Utilized or Starting Capital= 64,720 millions USD), (**Q**= Quoted Longterm Liabilities= 35,351 millions USD), and (**X**= Xpress or Current Debt= 34,196 millions USD), then it's (**D**= Dividend Paid planned) is:

$$D = U+B-T-[X+Q]/I$$
$$= 64,720+11,285-3,385-[34,146+35,351]/0.9900$$
$$= 2,370 \text{ millions USD}$$

Finance Construction-8, *Tim Asikin, Steve Asikin, Indra Senihardja*

Law-6053:
If both (**B**= Before Tax Income= 11,285 millions USD), (**T**= Tax Paid= 3,385 millions USD), (**I**= L/E= Leverage or Gearing Ratio= 99.00%), (**U**= Utilized or Starting Capital= 64,720 millions USD), (**Q**= Quoted Longterm Liabilities= 35,351 millions USD), and (**D**= Dividend Paid= 2,370 millions USD), then it's (**X**= Xpress or Current Debt planned) is:

$$X = I[U+B-T-D]-Q$$
$$= 0.9900[64,720+11,285-3,385-2,370]-35,351$$
$$= \underline{34,196} \text{ millions USD}$$

Law-6054:

If both (**q**= [C-P]/X= Quick or Acid Test Ratio= 1.01 times), (**c**= C/X= Current Ratio= 1.20 times), (**B**= Before Tax Income= 11,285 millions USD), (**T**= Tax Paid= 3,385 millions USD), (**l**= L/E= Leverage or Gearing Ratio= 99.00%), (**U**= Utilized or Starting Capital= 64,720 millions USD), (**P**= Procured Inventories= 6,497 millions USD), and (**D**= Dividend Paid= 2,370 millions USD), then it's (**Q**= Quoted Longterm Liabilities planned) is:

$$Q = l\,[U+B-T-D]-P/[c-q]$$
$$= 0.9900[64,720+11,285-3,385$$
$$-2,370]-6,497$$
$$/[1.2000-1.0100]$$
$$= 35,351 \text{ millions USD}$$

Law-6055:

If both (q= [C-P]/X= Quick or Acid Test Ratio= 1.01 times), (c= C/X= Current Ratio= 1.20 times), (B= Before Tax Income= 11,285 millions USD), (T= Tax Paid= 3,385 millions USD), (Q= Quoted Longterm Liabilities= 35,351 millions USD), (U= Utilized or Starting Capital= 64,720 millions USD), (P= Procured Inventories= 6,497 millions USD), and (D= Dividend Paid= 2,370 millions USD), then it's (I= Leverage or Gearing Ratio planned) is:

$$I = \{Q+P/[c-q]\}/[U+B-T-D]$$
$$= \{35,351+6,497/[1.2000-1.0100]\}/[64,720+11,285-3,385-2,370]$$
$$= 99.00\%$$

Finance Construction-8, *Tim Asikin, Steve Asikin, Indra Senihardja*

Law-6056:
If both (q= [C-P]/X= Quick or Acid Test Ratio= 1.01 times), (c= C/X= Current Ratio= 1.20 times), (**B**= Before Tax Income= 11,285 millions USD), (**T**= Tax Paid= 3,385 millions USD), (**Q**= Quoted Longterm Liabilities= 35,351 millions USD), (**l**= L/E= Leverage or Gearing Ratio= 99.00%), (**P**= Procured Inventories= 6,497 millions USD), and (**D**= Dividend Paid= 2,370 millions USD), then it's (**U**= Utilized or Starting Capital planned) is:

$$U = \{Q+P/[c-q]\}/l + D + T - B$$
$$= \{35,351+6,497/[1.2000-1.0100]\}$$
$$/ 0.9900 + 3,385 + 2,370$$
$$- 11,285$$
$$= 64,720 \text{ millions USD}$$

Finance Construction-8, *Tim Asikin, Steve Asikin, Indra Senihardja*

Law-6057:
If both (q= [C-P]/X= Quick or Acid Test Ratio= 1.01 times), (c= C/X= Current Ratio= 1.20 times), (U= Utilized or Starting Capital= 64,720 millions USD), (T= Tax Paid= 3,385 millions USD), (Q= Quoted Longterm Liabilities= 35,351 millions USD), (l= L/E= Leverage or Gearing Ratio= 99.00%), (P= Procured Inventories= 6,497 millions USD), and (D= Dividend Paid= 2,370 millions USD), then it's (B= Before Tax Income planned) is:

$B = \{Q+P/[c-q]\}/l + D + T - U$
 = {35,351+6,497/[1.2000-1.0100]}
   / 0.9900+3,385+2,370
   -64,720
 = 11,285 millions USD

Law-6058:

If both (**q**= [C-P]/X= Quick or Acid Test Ratio= 1.01 times), (**c**= C/X= Current Ratio= 1.20 times), (**U**= Utilized or Starting Capital= 64,720 millions USD), (**B**= Before Tax Income= 11,285 millions USD), (**Q**= Quoted Longterm Liabilities= 35,351 millions USD), (**I**= L/E= Leverage or Gearing Ratio= 99.00%), (**P**= Procured Inventories= 6,497 millions USD), and (**D**= Dividend Paid= 2,370 millions USD), then it's (**T**= Tax Paid planned) is:

$$T = U+B-D-\{Q+P/[c-q]\}/I$$
$$= 64,720+11,285-2,370-\{35,351$$
$$+6,497/[1.2000-1.0100]\}$$
$$/0.9900$$
$$= 3,385 \text{ millions USD}$$

<u>Law-6059</u>:

If both (**q**= [C-P]/X= Quick or Acid Test Ratio= <u>1.01</u> times), (**c**= C/X= Current Ratio= <u>1.20</u> times), (**U**= Utilized or Starting Capital= <u>64,720</u> millions USD), (**B**= Before Tax Income= <u>11,285</u> millions USD), (**Q**= Quoted Longterm Liabilities= <u>35,351</u> millions USD), (**l**= L/E= Leverage or Gearing Ratio= <u>99.00</u>%), (**P**= Procured Inventories= <u>6,497</u> millions USD), and (**T**= Tax Paid= <u>3,385</u> millions USD), then it's (**D**= Dividend Paid planned) is:

$$D = U+B-T-\{Q+P/[c-q]\}/l$$
$$= 64,720+11,285-2,370-\{35,351 +6,497/[1.2000-1.0100]\} /0.9900$$
$$= \underline{2,370} \text{ millions USD}$$

Law-6060:

If both (**q**= [C-P]/X= Quick or Acid Test Ratio= 1.01 times), (**c**= C/X= Current Ratio= 1.20 times), (**U**= Utilized or Starting Capital= 64,720 millions USD), (**B**= Before Tax Income= 11,285 millions USD), (**Q**= Quoted Longterm Liabilities= 35,351 millions USD), (**l**= L/E= Leverage or Gearing Ratio= 99.00%), (**D**= Dividend Paid= 2,370 millions USD), and (**T**= Tax Paid= 3,385 millions USD), then it's (**P**= Procured Inventory planned) is:

$$P = [c-q]\{l\,[U+B-T-D]-Q\}$$
$$= [1.2000-1.0100]\{0.9900[64{,}720 +11{,}285-3{,}385-2{,}370] -35{,}351\}$$
$$= 6{,}497 \text{ millions USD}$$

Finance Construction-8, *Tim Asikin, Steve Asikin, Indra Senihardja*

Law-6061:

If both (q= [C-P]/X= Quick or Acid Test Ratio= 1.01 times), (P= Procured Inventories= 6,497 millions USD), (U= Utilized or Starting Capital= 64,720 millions USD), (B= Before Tax Income= 11,285 millions USD), (Q= Quoted Longterm Liabilities= 35,351 millions USD), (l= L/E= Leverage or Gearing Ratio= 99.00%), (D= Dividend Paid= 2,370 millions USD), and (T= Tax Paid= 3,385 millions USD), then it's (c= Current Ratio planned) is:

$c = q+P/\{l[U+B-T-D]-Q\}$
 = 1.0100+6,497/{0.9900[64,720
   +11,285-3,385-2,370]
   -35,351}
 = 1.20 times

<u>Law-6062</u>:

If both (**c**= C/X= Current Ratio= <u>1.20</u> times), (**P**= Procured Inventories= <u>6,497</u> millions USD), (**U**= Utilized or Starting Capital= <u>64,720</u> millions USD), (**B**= Before Tax Income= <u>11,285</u> millions USD), (**Q**= Quoted Longterm Liabilities= <u>35,351</u> millions USD), (**/**= L/E= Leverage or Gearing Ratio= <u>99.00</u>%), (**D**= Dividend Paid= <u>2,370</u> millions USD), and (**T**= Tax Paid= <u>3,385</u> millions USD), then it's (**q**= Quick or Acid Test Ratio planned) is:

$$q = c - P/\{I[U+B-T-D]-Q\}$$
$$= 1.2000 - 6{,}497/\{0.9900[64{,}720 + 11{,}285 - 3{,}385 - 2{,}370] - 35{,}351\}$$
$$= \underline{1.01} \text{ times}$$

Finance Construction-8, *Tim Asikin, Steve Asikin, Indra Senihardja*

Law-6063:
If both (**c**= C/X= Current Ratio= 1.20 times), (**V**= Variable Cost= 9,746 millions USD), (**p**= 360 P/V= Procured Inventory Days= 240 Days), (**U**= Utilized or Starting Capital= 64,720 millions USD), (**B**= Before Tax Income= 11,285 millions USD), (**q**= [C-P]/X= Quick or Acid Test Ratio= 1.01 times), (**l**= L/E= Leverage or Gearing Ratio= 99.00%), (**D**= Dividend Paid= 2,370 millions USD), and (**T**= Tax Paid= 3,385 millions USD), then it's (**Q**= Quoted Longterm Liabilities planned) is:

$$Q = l[U+B-T-D]-Vp/\{360[c-q]\}$$
$$= 0.9900[64{,}720+11{,}285-3{,}385-2{,}370]-9{,}746*240/\{360[1.2000-1.0100]\}$$
$$= 35{,}351 \text{ millions USD}$$

Finance Construction-8, *Tim Asikin, Steve Asikin, Indra Senihardja*

Law-6064:

If both (**c**= C/X= Current Ratio= 1.20 times), (**V**= Variable Cost= 9,746 millions USD), (**p**= 360P/V= Procured Inventory Days= 240 Days), (**U**= Utilized or Starting Capital= 64,720 millions USD), (**B**= Before Tax Income= 11,285 millions USD), (**q**= [C-P]/X= Quick or Acid Test Ratio= 1.01 times), (**Q**= Quoted Longterm Liabilities= 35,351 millions USD), (**D**= Dividend Paid= 2,370 millions USD), and (**T**= Tax Paid= 3,385 millions USD), then it's (**I** = Leverage or Gearing Ratio planned) is:

$$I = (Q+Vp/\{360[c-q]\})/[U+B-T-D]$$
$$= (35,351+9,746*240/\{360[1.2000-1.0100]\})/[64,720+11,285-3,385-2,370]$$
$$= 99.00\%$$

Finance Construction-8, *Tim Asikin, Steve Asikin, Indra Senihardja*

<u>Law-6065</u>:

If both (c= C/X= Current Ratio= <u>1.20</u> times), (V= Variable Cost= <u>9,746</u> millions USD), (p= 360 P/V= Procured Inventory Days= <u>240</u> Days), (l= L/E= Leverage or Gearing Ratio= <u>99.00</u>%), (B= Before Tax Income= <u>11,285</u> millions USD), (q= [C-P]/X= Quick or Acid Test Ratio= <u>1.01</u> times), (Q= Quoted Longterm Liabilities= <u>35,351</u> millions USD), (D= Dividend Paid= <u>2,370</u> millions USD), and (T= Tax Paid= <u>3,385</u> millions USD), then it's (U= Utilized or Starting Capital planned) is:

$$U = T+D-B+(Q+Vp/\{360[c-q]\})/l$$
$$= 3,385+2,370-11,285+(35,351$$
$$+9,746*240/\{360[1.2000$$
$$-1.0100]\})/0.9900$$
$$= \underline{64,720} \text{ millions USD}$$

Law-6066:

If both (**c**= C/X= Current Ratio= 1.20 times), (**V**= Variable Cost= 9,746 millions USD), (**p**= 360 P/V= Procured Inventory Days= 240 Days), (**l**= L/E= Leverage or Gearing Ratio= 99.00%), (**U**= Utilized or Starting Capital= 64,720 millions USD), (**q**= [C-P]/X= Quick or Acid Test Ratio= 1.01 times), (**Q**= Quoted Longterm Liabilities= 35,351 millions USD), (**D**= Dividend Paid= 2,370 millions USD), and (**T**= Tax Paid= 3,385 millions USD), then it's (**B**= Before Tax Income planned) is:

$$B = T+D-U+(Q+Vp/\{360[c-q]\})/l$$
$$= 3,385+2,370-64,720+(35,351+9,746*240/\{360[1.2000-1.0100]\})/0.9900$$
$$= \underline{11,285} \text{ millions USD}$$

Finance Construction-8, *Tim Asikin, Steve Asikin, Indra Senihardja*

Law-6067:

If both (**c**= C/X= Current Ratio= 1.20 times), (**V**= Variable Cost= 9,746 millions USD), (**p**= 360 P/V= Procured Inventory Days= 240 Days), (**l**= L/E= Leverage or Gearing Ratio= 99.00%), (**U**= Utilized or Starting Capital= 64,720 millions USD), (**q**= [C-P]/X= Quick or Acid Test Ratio= 1.01 times), (**Q**= Quoted Longterm Liabilities= 35,351 millions USD), (**D**= Dividend Paid= 2,370 millions USD), and (**B**= Before Tax Income= 11,285 millions USD), then it's (**T**= Tax Paid planned) is:

$$T = U+B-D-(Q+Vp/\{360[c-q]\})/l$$
$$= 64{,}720+11{,}285-2{,}370-(35{,}351$$
$$+9{,}746*240/\{360[1.2000$$
$$-1.0100]\})/0.9900$$
$$= \underline{3{,}385} \text{ millions USD}$$

Law-6068:

If both (**c**= C/X= Current Ratio= 1.20 times), (**V**= Variable Cost= 9,746 millions USD), (**p**= 360 P/V= Procured Inventory Days= 240 Days), (**I**= L/E= Leverage or Gearing Ratio= 99.00%), (**U**= Utilized or Starting Capital= 64,720 millions USD), (**q**= [C-P]/X= Quick or Acid Test Ratio= 1.01 times), (**Q**= Quoted Longterm Liabilities= 35,351 millions USD), (**T**= Tax Paid= 3,385 millions USD),and (**B**= Before Tax Income= 11,285 millions USD), then it's (**D**= Dividend Paid planned) is:

D= **U**+**B**-**T**-(**Q**+**Vp**/{360[**c**-**q**]})/**I**
   = 64,720+11,285-3,385-(35,351
        +9,746*240/{360[1.2000
        -1.0100]})/0.9900
   = 2,370 millions USD

Law-6069:

If both (**c**= C/X= Current Ratio= 1.20 times), (**D**= Dividend Paid= 2,370 millions USD), (**p**= 360 P/V= Procured Inventory Days= 240 Days), (**l**= L/E= Leverage or Gearing Ratio= 99.00%), (**U**= Utilized or Starting Capital= 64,720 millions USD), (**q**= [C-P]/X= Quick or Acid Test Ratio= 1.01 times), (**Q**= Quoted Longterm Liabilities= 35,351 millions USD), (**T**= Tax Paid= 3,385 millions USD),and (**B**= Before Tax Income= 11,285 millions USD), then it's (**V**= Variable Cost planned) is:

$$V = (360[c-q]\{l\,[U+B-T-D]-Q\})/p$$
$$= (360[1.2000-1.0100]\{0.9900$$
$$[64{,}720+11{,}285-3{,}385$$
$$-2{,}370]-35{,}351\})/240$$
$$= 9{,}746 \text{ millions USD}$$

Finance Construction-8, *Tim Asikin, Steve Asikin, Indra Senihardja*

<u>Law-6070</u>:

If both (**c**= C/X= Current Ratio= <u>1.20</u> times), (**D**= Dividend Paid= <u>2,370</u> millions USD), (**V**= Variable Cost= <u>9,746</u> millions USD), (**l**= L/E= Leverage or Gearing Ratio= <u>99.00</u>%), (**U**= Utilized or Starting Capital= <u>64,720</u> millions USD), (**q**= [C-P]/X= Quick or Acid Test Ratio= <u>1.01</u> times), (**Q**= Quoted Longterm Liabilities= <u>35,351</u> millions USD), (**T**= Tax Paid= <u>3,385</u> millions USD),and (**B**= Before Tax Income= <u>11,285</u> millions USD), then it's (**p**= Procured Inventory Days planned) is:

$$p = (360[c-q]\{l[U+B-T-D]-Q\})/V$$
$$= (360[1.2000-1.0100]\{0.9900[64,720+11,285-3,385-2,370]-35,351\})/9,746$$
$$= \underline{240} \text{ Days}$$

Law-6071:

If both (**p**= 360 P/V= Procured Inventory Days= 240 Days), (**D**= Dividend Paid= 2,370 millions USD), (**V**= Variable Cost= 9,746 millions USD), (**l**= L/E= Leverage or Gearing Ratio= 99.00%), (**U**= Utilized or Starting Capital= 64,720 millions USD), (**q**= [C-P]/X= Quick or Acid Test Ratio= 1.01 times), (**Q**= Quoted Longterm Liabilities= 35,351 millions USD), (**T**= Tax Paid= 3,385 millions USD),and (**B**= Before Tax Income= 11,285 millions USD), then it's (**c**= Current Ratio planned) is:

$$c = q + Vp/(360\{l\,[U+B-T-D]-Q\})$$
$$= 1.0100 + 9{,}746*240/(360\{0.9900\,[64{,}720+11{,}285-3{,}385-2{,}370]-35{,}351\})$$
$$= 1.20 \text{ times}$$

Finance Construction-8, *Tim Asikin, Steve Asikin, Indra Senihardja*

Law-6072:

If both (**p**= 360 P/V= Procured Inventory Days= 240 Days), (**D**= Dividend Paid= 2,370 millions USD), (**V**= Variable Cost= 9,746 millions USD), (**I**= L/E= Leverage or Gearing Ratio= 99.00%), (**U**= Utilized or Starting Capital= 64,720 millions USD), (**c**= C/X= Current Ratio= 1.20 times), (**Q**= Quoted Longterm Liabilities= 35,351 millions USD), (**T**= Tax Paid= 3,385 millions USD),and (**B**= Before Tax Income= 11,285 millions USD), then it's (**q**= Quick or Acid Test Ratio planned) is:

$$q = c\text{-}Vp/(360\{I[U+B-T-D]-Q\})$$
$$= 1.2000 - 9,746*240/(360\{0.9900[64,720+11,285-3,385-2,370]-35,351\})$$
$$= \underline{1.01} \text{ times}$$

Finance Construction-8, *Tim Asikin, Steve Asikin, Indra Senihardja*

Law-6073:

If both (**p**= 360 P/V= Procured Inventory Days= 240 Days), (**D**= Dividend Paid= 2,370 millions USD), (**$**= Sales or Revenues= 51,294 millions USD), (**v**= V/S= Variable Portion= 19.00%), (**l**= L/E= Leverage or Gearing Ratio= 99.00%), (**U**= Utilized or Starting Capital= 64,720 millions USD), (**c**= C/X= Current Ratio= 1.20 times), (**q**= [C-P]/X= Quick or Acid Test Ratio= 1.01 times), (**T**= Tax Paid= 3,385 millions USD),and (**B**= Before Tax Income= 11,285 millions USD), then it's (**Q**= Quoted Longterm Liabilities planned) is:

$$Q = l[U+B-T-D]-\$vp/\{360[c-q]\}$$
$$= 0.9900[64,720+11,285-3,385$$
$$-2,370]-51,294*0.1900$$
$$*240/\{360[1.2000-1.0100]\}$$
$$= 35,351 \text{ millions USD}$$

Finance Construction-8, *Tim Asikin, Steve Asikin, Indra Senihardja*

Law-6074:

If both (**p**= 360 P/V= Procured Inventory Days= 240 Days), (**D**= Dividend Paid= 2,370 millions USD), (**S**= Sales or Revenues= 51,294 millions USD), (**v**= V/S= Variable Portion= 19.00%), (**Q**= Quoted Longterm Liabilities= 35,351 millions USD), (**U**= Utilized or Starting Capital= 64,720 millions USD), (**c**= C/X= Current Ratio= 1.20 times), (**q**= [C-P]/X= Quick or Acid Test Ratio= 1.01 times), (**T**= Tax Paid= 3,385 millions USD),and (**B**= Before Tax Income= 11,285 millions USD), then it's (**I** = Leverage or Gearing Ratio planned) is:

$$I = (Q+Svp/\{360[c-q]\})/[U+B-T-D]$$
$$= (35,351+51,294*0.1900*240$$
$$/\{360[1.2000-1.0100]\}$$
$$/[64,720+11,285-3,385$$
$$-2,370]$$
$$= 99.00\%$$

Law-6075:

If both (**p**= 360 P/V= Procured Inventory Days= 240 Days), (**D**= Dividend Paid= 2,370 millions USD), (**S**= Sales or Revenues= 51,294 millions USD), (**v**= V/S= Variable Portion= 19.00%), (**Q**= Quoted Longterm Liabilities= 35,351 millions USD), (**l**= L/E= Leverage or Gearing Ratio= 99.00%), (**c**= C/X= Current Ratio= 1.20 times), (**q**= [C-P]/X= Quick or Acid Test Ratio= 1.01 times), (**T**= Tax Paid= 3,385 millions USD),and (**B**= Before Tax Income= 11,285 millions USD), then it's (**U**= Utilized or Starting Capital planned) is:

$$U = T+B-D+(Q+Svp/\{360[c-q]\})/l$$
$$= 3{,}385+2{,}370-11{,}285+(35{,}351$$
$$+51{,}294*0.1900*240$$
$$/\{360[1.2000-1.0100]\})$$
$$/0.9900$$
$$= \underline{64{,}720} \text{ millions USD}$$

Law-6076:

If both (**p**= 360 P/V= Procured Inventory Days= 240 Days), (**D**= Dividend Paid= 2,370 millions USD), (**$**= Sales or Revenues= 51,294 millions USD), (**v**= V/S= Variable Portion= 19.00%), (**Q**= Quoted Longterm Liabilities= 35,351 millions USD), (**l**= L/E= Leverage or Gearing Ratio= 99.00%), (**c**= C/X= Current Ratio= 1.20 times), (**q**= [C-P]/X= Quick or Acid Test Ratio= 1.01 times), (**T**= Tax Paid= 3,385 millions USD),and (**U**= Utilized or Starting Capital= 64,720 millions USD), then it's (**B**= Before Tax Income planned) is:

$$B = T+D-U+(Q+\$vp/\{360[c-q]\})/l$$
$$= 3,385+2,370-64,720+(35,351$$
$$+51,294*0.1900*240/\{360$$
$$[1.2000-1.0100]\})/0.9900$$
$$= \underline{11,285} \text{ millions USD}$$

Law-6077:

If both (**p**= 360 P/V= Procured Inventory Days= 240 Days), (**D**= Dividend Paid= 2,370 millions USD), (**S**= Sales or Revenues= 51,294 millions USD), (**v**= V/S= Variable Portion= 19.00%), (**Q**= Quoted Longterm Liabilities= 35,351 millions USD), (**l**= L/E= Leverage or Gearing Ratio= 99.00%), (**c**= C/X= Current Ratio= 1.20 times), (**q**= [C-P]/X= Quick or Acid Test Ratio= 1.01 times), (**B**= Before Tax Income= 11,285 millions USD), and (**U**= Utilized or Starting Capital= 64,720 millions USD), then it's (**T**= Tax paid planned) is:

$$T = U+B-D-(Q+Svp/\{360[c-q]\})/l$$
$$= 64{,}720+11{,}285-2{,}370-(35{,}351$$
$$+51{,}294*0.1900*240/\{360$$
$$[1.2000-1.0100]\})/0.9900$$
$$= 3{,}385 \text{ millions USD}$$

Law-6078:

If both (**p**= 360 P/V= Procured Inventory Days= 240 Days), (**T**= Tax Paid= 3,385 millions USD), (**S**= Sales or Revenues= 51,294 millions USD), (**v**= V/S= Variable Portion= 19.00%), (**Q**= Quoted Longterm Liabilities= 35,351 millions USD), (**l**= L/E= Leverage or Gearing Ratio= 99.00%), (**c**= C/X= Current Ratio= 1.20 times), (**q**= [C-P]/X= Quick or Acid Test Ratio= 1.01 times), (**B**= Before Tax Income= 11,285 millions USD), and (**U**= Utilized or Starting Capital= 64,720 millions USD), then it's (**D**= Dividend paid planned) is:

$$D = U+B-T-(Q+Svp/\{360[c-q]\})/l$$
$$= 64,720+11,285-3,385-(35,351$$
$$+51,294*0.1900*240/\{360$$
$$[1.2000-1.0100]\})/0.9900$$
$$= \underline{2,370} \text{ millions USD}$$

Law-6079:

If both (**p**= 360 P/V= Procured Inventory Days= 240 Days), (**T**= Tax Paid= 3,385 millions USD), (**D**= Dividend Paid= 2,370 millions USD), (**v**= V/S= Variable Portion= 19.00%), (**Q**= Quoted Longterm Liabilities= 35,351 millions USD), (**l**= L/E= Leverage or Gearing Ratio= 99.00%), (**c**= C/X= Current Ratio= 1.20 times), (**q**= [C-P]/X= Quick or Acid Test Ratio= 1.01 times), (**B**= Before Tax Income= 11,285 millions USD), and (**U**= Utilized or Starting Capital= 64,720 millions USD), then it's (**$**= Sales or Revenues planned) is:

$= 360[**c-q**]{**l** [**U+B-T-D**]-**Q**}/[**vp**]
   = 360[1.2000-1.0100]{0.9900
      [64,720+11,285-3,385
      -2,370]-35,351}
      /[0.1900*240]
   = 51,294 millions USD

Law-6080:

If both (**p**= 360 P/V= Procured Inventory Days= 240 Days), (**T**= Tax Paid= 3,385 millions USD), (**D**= Dividend Paid= 2,370 millions USD), (**$**= Sales or Revenues= 51,294 millions USD), (**Q**= Quoted Longterm Liabilities= 35,351 millions USD), (**l**= L/E= Leverage or Gearing Ratio= 99.00%), (**c**= C/X= Current Ratio= 1.20 times), (**q**= [C-P]/X= Quick or Acid Test Ratio= 1.01 times), (**B**= Before Tax Income= 11,285 millions USD), and (**U**= Utilized or Starting Capital= 64,720 millions USD), then it's (**v**= Variable Portion planned) is:

$$v = 360[c-q]\{l[U+B-T-D]-Q\}/[\$p]$$
$$= 360[1.2000-1.0100]\{0.9900[64,720+11,285-3,385-2,370]-35,351\}/[51,294*240]$$
$$= 19.00\%$$

Finance Construction-8, *Tim Asikin, Steve Asikin, Indra Senihardja*

Law-6081:
If both (**v**= V/S= Variable Portion= 19.00%), (**T**= Tax Paid= 3,385 millions USD), (**D**= Dividend Paid= 2,370 millions USD), (**$**= Sales or Revenues= 51,294 millions USD), (**Q**= Quoted Longterm Liabilities= 35,351 millions USD), (**F**= L/E= Leverage or Gearing Ratio= 99.00%), (**c**= C/X= Current Ratio= 1.20 times), (**q**= [C-P]/X= Quick or Acid Test Ratio= 1.01 times), (**B**= Before Tax Income= 11,285 millions USD), and (**U**= Utilized or Starting Capital= 64,720 millions USD), then it's (**p**= Procured Inventory Days planned) is:

$$p = 360[c-q]\{f[U+B-T-D]-Q\}/[\$v]$$
$$= 360[1.2000-1.0100]\{0.9900[64{,}720+11{,}285-3{,}385-2{,}370]-5{,}351\}/[51{,}294*0.1900]$$
$$= \underline{240} \text{ days}$$

Law-6082:

If both (v= V/S= Variable Portion= 19.00%), (T= Tax Paid= 3,385 millions USD), (D= Dividend Paid= 2,370 millions USD), ($= Sales or Revenues= 51,294 millions USD), (Q= Quoted Longterm Liabilities= 35,351 millions USD), (*I*= L/E= Leverage or Gearing Ratio= 99.00%), (p= 360 P/V= Procured Inventory Days= 240 Days), (q= [C-P]/X= Quick or Acid Test Ratio= 1.01 times), (B= Before Tax Income= 11,285 millions USD), and (U= Utilized or Starting Capital= 64,720 millions USD), then it's (c= Current Ratio planned) is:

$$c = q + \$vp/(360\{I[U+B-T-D]-Q\})$$
$$= 1.0100 + 51{,}294 * 0.1900 * 240 / (360\{0.9900[64{,}720 + 11{,}285 - 3{,}385 - 2{,}370] - 35{,}351\})$$
$$= 1.20 \text{ times}$$

Law-6083:

If both (**v**= V/S= Variable Portion= 19.00%), (**T**= Tax Paid= 3,385 millions USD), (**D**= Dividend Paid= 2,370 millions USD), (**S**= Sales or Revenues= 51,294 millions USD), (**Q**= Quoted Longterm Liabilities= 35,351 millions USD), (**l**= L/E= Leverage or Gearing Ratio= 99.00%), (**p**= 360P/V= Procured Inventory Days= 240 Days), (**c**= C/X= Current Ratio= 1.20 times), (**B**= Before Tax Income= 11,285 millions USD), and (**U**= Utilized or Starting Capital= 64,720 millions USD), then it's (**q**= Quick or Acid Test Ratio planned) is:

$$q = c\text{-}Svp/(360\{l\,[U+B-T-D]-Q\})$$
$$= 1.2000 - 51{,}294 * 0.1900 * 240$$
$$/(360\{0.9900[64{,}720$$
$$+11{,}285 - 3{,}385 - 2{,}370]$$
$$-35{,}351\})$$
$$= \underline{1.01} \text{ times}$$

Law-6084:

If both (**v**= V/S= Variable Portion= 19.00%), (**T**= Tax Paid= 3,385 millions USD), (**D**= Dividend Paid= 2,370 millions USD), (**$'**= Sales of Past Year= 48,851 millions USD), (**s**= [S/S']-1= Sales Growth= 5.00%), (**q**= [C-P]/X= Quick or Acid Test Ratio= 1.01 times), (**l**= L/E= Leverage or Gearing Ratio= 99.00%), (**p**= 360 P/V= Procured Inventory Days= 240 Days), (**c**= C/X= Current Ratio= 1.20 times), (**B**= Before Tax Income= 11,285 millions USD), and (**U**= Utilized or Starting Capital= 64,720 millions USD), then it's (**Q**= Quoted Longterm Liabilities planned) is:

$$Q = l\,[U+B-T-D] - \$'vp[1+s]/\{360[c-q]\}$$
$$= 0.9900[64{,}720+11{,}285-3{,}385$$
$$\quad -2{,}370] - 48{,}851*0.1900*240$$
$$\quad [1+0.0500]/\{360[1.2000$$
$$\quad -1.0100]\}$$
$$= \underline{35{,}351} \text{ millions USD}$$

Law-6085:

If both (v= V/S= Variable Portion= 19.00%), (T= Tax Paid= 3,385 millions USD), (D= Dividend Paid= 2,370 millions USD), (S'= Sales of Past Year= 48,851 millions USD), (s= [S/S']-1= Sales Growth= 5.00%), (q= [C-P]/X= Quick or Acid Test Ratio= 1.01 times), (Q= Quoted Longterm Liabilities= 35,351 millions USD), (p= 360 P/V= Procured Inventory Days= 240 Days), (c= C/X= Current Ratio= 1.20 times), (B= Before Tax Income= 11,285 millions USD), and (U= Utilized or Starting Capital= 64,720 millions USD), then it's (l = Leverage or Gearing Ratio planned) is:

l = (Q+$S'vp$[1+s]/{360[c-q]})/[U+B-T-D]
 = (35,351+48,851*0.1900*240
  [1+0.0500]/(360{[1.2000
  -1.0100]})/[64,720+11,285
  -3,385-2,370]
 = 99.00%

Law-6086:

If both (**v**= V/S= Variable Portion= 19.00%), (**T**= Tax Paid= 3,385 millions USD), (**D**= Dividend Paid= 2,370 millions USD), (**S'**= Sales of Past Year= 48,851 millions USD), (**s**= [S/S']-1= Sales Growth= 5.00%), (**q**= [C-P]/X= Quick or Acid Test Ratio= 1.01 times), (**Q**= Quoted Longterm Liabilities= 35,351 millions USD), (**p**= 360 P/V= Procured Inventory Days= 240 Days), (**c**= C/X= Current Ratio= 1.20 times), (**B**= Before Tax Income= 11,285 millions USD), and (**l**= L/E= Leverage or Gearing Ratio= 99.00%), then it's (**U**= Utilized or Gearing Ratio planned) is:

$$U = T+D-B+(Q+S'vp[1+s]/\{360[c-q]\})/l$$
$$= 3,385+2,370-11,285+(35,351$$
$$+48,851*0.1900*240$$
$$[1+0.0500]/(360$$
$$[1.2000-1.0100]\})$$
$$/0.9900$$
$$= 64,720 \text{ millions USD}$$

Law-6087:

If both (v= V/S= Variable Portion= 19.00%), (T= Tax Paid= 3,385 millions USD), (D= Dividend Paid= 2,370 millions USD), (S'= Sales of Past Year= 48,851 millions USD), (s= [S/S']-1= Sales Growth= 5.00%), (q= [C-P]/X= Quick or Acid Test Ratio= 1.01 times), (Q= Quoted Longterm Liabilities= 35,351 millions USD), (p= 360 P/V= Procured Inventory Days= 240 Days), (c= C/X= Current Ratio= 1.20 times), (U= Utilized or Starting Capital= 64,720 millions USD), and (l= L/E= Leverage or Gearing Ratio= 99.00%), then it's (B = Before Tax Income planned) is:

$$B = T+D-U+(Q+S'vp[1+s]/\{360[c-q]\})/l$$
$$= 3,385+2,370-64,720+(35,351$$
$$+48,851*0.1900*240$$
$$[1+0.0500]/(360[1.2000$$
$$-1.0100]\})/0.9900$$
$$= 11,285 \text{ millions USD}$$

Finance Construction-8, *Tim Asikin, Steve Asikin, Indra Senihardja*

Law-6088:

If both (**v**= V/S= Variable Portion= 19.00%), (**B**= Before Tax Income= 11,285 millions USD), (**D**= Dividend Paid= 2,370 millions USD), (**S'**= Sales of Past Year= 48,851 millions USD), (**s**= [S/S']-1= Sales Growth= 5.00%), (**q**= [C-P]/X= Quick or Acid Test Ratio= 1.01 times), (**Q**= Quoted Longterm Liabilities= 35,351 millions USD), (**p**= 360 P/V= Procured Inventory Days= 240 Days), (**c**= C/X= Current Ratio= 1.20 times), (**U**= Utilized or Starting Capital= 64,720 millions USD), and (**l**= L/E= Leverage or Gearing Ratio= 99.00%), then it's (**T**= Tax Paid planned) is:

T= **U**+**B**-**D**-(**Q**+**S'vp**[1+**s**]/{360[**c**-**q**]})/**l**
= 64,720+11,285-2,370-(35,351
+48,851*0.1900*240
[1+0.0500]/(360{[1.2000
-1.0100]})/0.9900

= 3,385 millions USD

Law-6089:

If both (**v**= V/S= Variable Portion= 19.00%), (**B**= Before Tax Income= 11,285 millions USD), (**T**= Tax Paid= 3,385 millions USD), (**S'**= Sales of Past Year= 48,851 millions USD), (**s**= [S/S']-1= Sales Growth= 5.00%), (**q**= [C-P]/X= Quick or Acid Test Ratio= 1.01 times), (**Q**= Quoted Longterm Liabilities= 35,351 millions USD), (**p**= 360 P/V= Procured Inventory Days= 240 Days), (**c**= C/X= Current Ratio= 1.20 times), (**U**= Utilized or Starting Capital= 64,720 millions USD), and (**l**= L/E= Leverage or Gearing Ratio= 99.00%), then it's (**D**= Dividend Paid planned) is:

$$D = U+B-T-(Q+S'vp[1+s]/\{360[c-q]\})/l$$
$$= 64,720+11,285-3,385-(35,351$$
$$+48,851*0.1900*240$$
$$[1+0.0500]/(360\{[1.2000$$
$$-1.0100]\})/0.9900$$
$$= 2,370 \text{ millions USD}$$

Finance Construction-8, *Tim Asikin, Steve Asikin, Indra Senihardja*

<u>Law-6090</u>:

If both (**v**= V/S= Variable Portion= <u>19.00</u>%), (**B**= Before Tax Income= <u>11,285</u> millions USD), (**T**= Tax Paid= <u>3,385</u> millions USD), (**D**= Dividend Paid= <u>2,370</u> millions USD), (**s**= [S/S']-1= Sales Growth= <u>5.00</u>%), (**q**= [C-P]/X= Quick or Acid Test Ratio= <u>1.01</u> times), (**Q**= Quoted Longterm Liabilities= <u>35,351</u> millions USD), (**p**= 360 P/V= Procured Inventory Days= <u>240</u> Days), (**c**= C/X= Current Ratio= <u>1.20</u> times), (**U**= Utilized or Starting Capital= <u>64,720</u> millions USD), and (**l**= L/E= Leverage or Gearing Ratio= <u>99.00</u>%), then it's (**S'**= Sales Past) must be:

S' = 360[**c-q**]{**l** [**U+B-T-D**]-**Q**}/{**vp**[1+**s**]}
    = 360[1.2000-1.0100]{0.9900
       [64,720+11,285-3,385
       -2,370]-35,351}/{0.1900
       *240[1+0.0500]}
    = <u>48,851</u> millions USD

Finance Construction-8, *Tim Asikin, Steve Asikin, Indra Senihardja*

Law-6091:
If both (**$'**= Sales of Past Year= 48,851 millions USD), (**B**= Before Tax Income= 11,285 millions USD), (**T**= Tax Paid= 3,385 millions USD), (**D**= Dividend Paid= 2,370 millions USD), (**s**= [S/S']-1= Sales Growth= 5.00%), (**q**= [C-P]/X= Quick or Acid Test Ratio= 1.01 times), (**Q**= Quoted Longterm Liabilities= 35,351 millions USD), (**p**= 360 P/V= Procured Inventory Days= 240 Days), (**c**= C/X= Current Ratio= 1.20 times), (**U**= Utilized or Starting Capital= 64,720 millions USD), and (**l**= L/E= Leverage or Gearing Ratio= 99.00%), then it's (**v**= Variable Portion planned) is:

v = 360[**c-q**]{**l**[**U+B-T-D**]-**Q**}/{**$'p**[1+**s**]}
= 360[1.2000-1.0100]{0.9900
[64,720+11,285-3,385
-2,370]-35,351}/{48,851
*240[1+0.0500]}
= 19.00%

Law-6092:

If both ($\mathsf{S'}$= Sales of Past Year= 48,851 millions USD), (B= Before Tax Income= 11,285 millions USD), (T= Tax Paid= 3,385 millions USD), (D= Dividend Paid= 2,370 millions USD), (s= [S/S']-1= Sales Growth= 5.00%), (q= [C-P]/X= Quick or Acid Test Ratio= 1.01 times), (Q= Quoted Longterm Liabilities= 35,351 millions USD), (v= V/S= Variable Portion= 19.00%), (c= C/X= Current Ratio= 1.20 times), (U= Utilized or Starting Capital= 64,720 millions USD), and (l= L/E= Leverage or Gearing Ratio= 99.00%), then it's (p= Procured Inventory Days planned) is:

p = 360[c-q]{l [U+B-T-D]-Q}/{$\mathsf{S'v}$[1+s]}
= 360[1.2000-1.0100]{0.9900
[64,720+11,285-3,385
-2,370]-35,351}/{48,851
*0.1900[1+0.0500]}
= 240 days

Law-6093:

If both (S'= Sales of Past Year= 48,851 millions USD), (**B**= Before Tax Income= 11,285 millions USD), (**T**= Tax Paid= 3,385 millions USD), (**D**= Dividend Paid= 2,370 millions USD), (**p**= 360 P/V= Procured Inventory Days= 240 Days), (**q**= [C-P]/X= Quick or Acid Test Ratio= 1.01 times), (**Q**= Quoted Longterm Liabilities= 35,351 millions USD), (**v**= V/S= Variable Portion= 19.00%), (**c**= C/X= Current Ratio= 1.20 times), (**U**= Utilized or Starting Capital= 64,720 millions USD), and (**F**= L/E= Leverage or Gearing Ratio= 99.00%), then it's (**s**= Sales Growth planned) is:

$$s = 360[\mathbf{c\text{-}q}]\{\mathbf{F}[\mathbf{U+B\text{-}T\text{-}D}]\text{-}\mathbf{Q}\}/[\mathbf{S'vp}]\text{-}1$$
$$= 360\{[1.2000\text{-}1.0100]\{0.9900$$
$$[64,720+11,285\text{-}3,385$$
$$\text{-}2,370]\text{-}35,351\}/[48,851$$
$$*0.1900*240]\text{-}1$$
$$= \underline{5.00}\%$$

Finance Construction-8, *Tim Asikin, Steve Asikin, Indra Senihardja*

<u>Law-6094</u>:

If both (**$'**= Sales of Past Year= <u>48,851</u> millions USD), (**B**= Before Tax Income= <u>11,285</u> millions USD), (**T**= Tax Paid= <u>3,385</u> millions USD), (**D**= Dividend Paid= <u>2,370</u> millions USD), (**p**= 360 P/V= Procured Inventory Days= <u>240</u> Days), (**s**= [S/S']-1= Sales Growth= <u>5.00</u>%), (**q**= [C-P]/X= Quick or Acid Test Ratio= <u>1.01</u> times), (**Q**= Quoted Longterm Liabilities= <u>35,351</u> millions USD), (**v**= V/S= Variable Portion= <u>19.00</u>%), (**U**= Utilized or Starting C apital= <u>64,720</u> millions USD), and (**l**= L/E= Leverage or Gearing Ratio= <u>99.00</u>%), then it's (**c**= Current Ratio planned) is:

$$c = q + \{S'vp[1+s]\}/(360[c-q]\{l[U+B-T-D]-Q\})$$

$$= 1.0100 + \{48,851*0.1900*240[1+0.0500]\}/(360\{[1.2000-1.0100]\{0.9900[64,720+11,285-3,385-2,370]-35,351\})$$

$$= \underline{1.20} \text{ times}$$

Finance Construction-8, *Tim Asikin, Steve Asikin, Indra Senihardja*

Law-6095:
If both ($\textbf{S'}$= Sales of Past Year= 48,851 millions USD), ($\textbf{B}$= Before Tax Income= 11,285 millions USD), ($\textbf{T}$= Tax Paid= 3,385 millions USD), ($\textbf{D}$= Dividend Paid= 2,370 millions USD), ($\textbf{p}$= 360 P/V= Procured Inventory Days= 240 Days), ($\textbf{s}$= [S/S']-1= Sales Growth= 5.00%), ($\textbf{c}$= C/X= Current Ratio= 1.20 times), ($\textbf{Q}$= Quoted Longterm Liabilities= 35,351 millions USD), ($\textbf{v}$= V/S= Variable Portion= 19.00%), ($\textbf{U}$= Utilized or Starting Capital= 64,720 millions USD), and ($\textbf{l}$= L/E= Leverage or Gearing Ratio= 99.00%), then it's ($\textbf{q}$= Quick or Acid Test Ratio planned) is:

$$q = c - \{S'vp[1+s]\}/(360[c-q]\{l[U+B-T-D]-Q\})$$

$$= 1.2000 - \{48,851*0.1900*240[1+0.0500]\}/(360\{[1.2000-1.0100]\{0.9900[64,720+11,285-3,385-2,370]-35,351\})$$

$$= 1.01 \text{ times}$$

Law-6096:

If both (**B**= Before Tax Income= 11,285 millions USD), (**T**= Tax Paid= 3,385 millions USD), (**d**= D/A= Dividend Portion or Payout= 30.00%), (**A**= After Tax Income= 7,899 millions USD), (**X**= Xpress or Current Debt= 34,196 millions USD), (**U**= Utilized or Starting Capital= 64,720 millions USD), and (**l**= L/E= Leverage or Gearing Ratio= 99.00%), then it's (**Q**= Quoted Longterm Liabilities planned) is:

$$Q = l[U+B-T-Ad]-X$$
$$= 0.9900[64,720+11,285-3,385 -7,899*0.3000]-34,196$$
$$= 35,351 \text{ millions USD}$$

Law-6097:

If both (**B**= Before Tax Income= 11,285 millions USD), (**T**= Tax Paid= 3,385 millions USD), (**d**= D/A= Dividend Portion or Payout= 30.00%), (**A**= After Tax Income= 7,899 millions USD), (**X**= Xpress or Current Debt= 34,196 millions USD), (**U**= Utilized or Starting Capital= 64,720 millions USD), and (**Q**= Quoted Longterm Liabilities= 35,351 millions USD), then it's (**I** = Leverage or Gearing Ratio planned) is:

$$I = [X+Q]/[U+B-T-Ad]$$
$$= [34,196+35,351]/[64,720+11,285$$
$$-3,385-7,899*0.3000]$$
$$= \underline{99.00}\%$$

Finance Construction-8, *Tim Asikin, Steve Asikin, Indra Senihardja*

Law-6098:
If both (**B**= Before Tax Income= 11,285 millions USD), (**T**= Tax Paid= 3,385 millions USD), (**d**= D/A= Dividend Portion or Payout= 30.00%), (**A**= After Tax Income= 7,899 millions USD), (**X**= Xpress or Current Debt= 34,196 millions USD), (***l***= L/E= Leverage or Gearing Ratio= 99.00%), and (**Q**= Quoted Longterm Liabilities= 35,351 millions USD), then it's (**U**= Utilized or Starting Capital planned) is:

$$U = Ad + T - B + [X+Q]/l$$
$$= 7,899*0.3000 + 3,385 - 11,285$$
$$+ [34,196 + 35,351]/0.9900$$
$$= \underline{64,720} \text{ millions USD}$$

Law-6099:

If both (**U**= Utilized or Starting Capital= 64,720 millions USD), (**T**= Tax Paid= 3,385 millions USD), (**d**= D/A= Dividend Portion or Payout= 30.00%), (**A**= After Tax Income= 7,899 millions USD), (**X**= Xpress or Current Debt= 34,196 millions USD), (**l**= L/E= Leverage or Gearing Ratio= 99.00%), and (**Q**= Quoted Longterm Liabilities= 35,351 millions USD), then it's (**B**= Before Tax Income planned) is:

$$B = Ad + T - U + [X+Q]/l$$
$$= 7{,}899*0.3000 + 3{,}385 - 64{,}720$$
$$+ [34{,}196 + 35{,}351]/0.9900$$
$$= \underline{11{,}285} \text{ millions USD}$$

Law-6100:

If both (**U**= Utilized or Starting Capital= 64,720 millions USD), (**B**= Before Tax Income= 11,285 millions USD), (**d**= D/A= Dividend Portion or Payout= 30.00%), (**A**= After Tax Income= 7,899 millions USD), (**X**= Xpress or Current Debt= 34,196 millions USD), (**l**= L/E= Leverage or Gearing Ratio= 99.00%), and (**Q**= Quoted Longterm Liabilities= 35,351 millions USD), then it's (**T**= Tax Paid planned) is:

T= **U**+**B**-**Ad**-[**X**+**Q**]/**l**
= 64,720+11,285-7,899*0.3000
-[34,196+35,351]/0.9900
= 3,385 millions USD

Law-6101:

If both (**U**= Utilized or Starting Capital= <u>64,720</u> millions USD), (**B**= Before Tax Income= <u>11,285</u> millions USD), (**d**= D/A= Dividend Portion or Payout= 30.00%), (**T**= Tax Paid= <u>3,385</u> millions USD), (**X**= Xpress or Current Debt= <u>34,196</u> millions USD), (***I***= L/E= Leverage or Gearing Ratio= <u>99.00</u>%), and (**Q**= Quoted Longterm Liabilities= <u>35,351</u> millions USD), then it's (**A**= After Tax Income planned) is:

$$A = \{U+B-T-[X+Q]/I\}/d$$
$$= \{64,720+11,285-3,385-[34,196+35,351]/0.9900\}/0.3000$$
$$= \underline{7,899} \text{ millions USD}$$

Law-6102:

If both (**U**= Utilized or Starting Capital= 64,720 millions USD), (**B**= Before Tax Income= 11,285 millions USD), (**A**= After Tax Income= 7,899 millions USD), (**T**= Tax Paid= 3,385 millions USD), (**X**= Xpress or Current Debt= 34,196 millions USD), (**I**= L/E= Leverage or Gearing Ratio= 99.00%), and (**Q**= Quoted Longterm Liabilities= 35,351 millions USD), then it's (**d**= Dividend Portion or Payout planned) is:

$$d = \{U+B-T-[X+Q]/I\}/A$$
$$= \{64{,}720 + 11{,}285 - 3{,}385 - [34{,}196 + 35{,}351]/0.9900\}/7{,}899$$
$$= \underline{30.00\%}$$

Finance Construction-8, *Tim Asikin, Steve Asikin, Indra Senihardja*

Law-6103:
If both (**U**= Utilized or Starting Capital= 64,720 millions USD), (**B**= Before Tax Income= 11,285 millions USD), (**A**= After Tax Income= 7,899 millions USD), (**T**= Tax Paid= 3,385 millions USD), (**d**= D/A= Dividend Portion or Payout= 30.00%), (**l**= L/E= Leverage or Gearing Ratio= 99.00%), and (**Q**= Quoted Longterm Liabilities= 35,351 millions USD), then it's (**X**= Xpress or Current Debt planned) is:

$$X = l[U+B-T-Ad] - Q$$
$$= 0.9900[64,720+11,285-3,385$$
$$-7,899*0.3000]-35,351$$
$$= \underline{34,196} \text{ millions USD}$$

Law-6104:

If both (**U**= Utilized or Starting Capital= 64,720 millions USD), (**B**= Before Tax Income= 11,285 millions USD), (**q**= [C-P]/X= Quick or Acid Test Ratio= 1.01 times), (**c**= C/X= Current Ratio= 1.20 times), (**A**= After Tax Income= 7,899 millions USD), (**T**= Tax Paid= 3,385 millions USD), (**d**= D/A= Dividend Portion or Payout= 30.00%), (**l**= L/E= Leverage or Gearing Ratio= 99.00%), and (**P**= Procured Inventories= 6,497 millions USD), then it's (**Q**= Quoted Longterm Liabilities planned) is:

$$Q = l\,[U+B-T-Ad] - P/[c-q]$$
$$= 0.9900[64,720+11,285-3,385$$
$$-7,899*0.3000]-6,497$$
$$/[1.2000-1.0100]$$
$$= 35,351 \text{ millions USD}$$

Law-6105:

If both (**U**= Utilized or Starting Capital= 64,720 millions USD), (**B**= Before Tax Income= 11,285 millions USD), (**q**= [C-P]/X= Quick or Acid Test Ratio= 1.01 times), (**c**= C/X= Current Ratio= 1.20 times), (**A**= After Tax Income= 7,899 millions USD), (**T**= Tax Paid= 3,385 millions USD), (**d**= D/A= Dividend Portion or Payout= 30.00%), (**Q**= Quoted Longterm Liabilities= 35,351 millions USD), and (**P**= Procured Inventories= 6,497 millions USD), then it's (**I** = Leverage or Gearing Ratio planned) is:

$$I = \{Q+P/[c-q]\}/[U+B-T-Ad]$$
$$= \{35,351+6,497/[1.2000-1.0100]\}/[64,720+11,285-3,385-7,899*0.3000]$$
$$= 99.00\%$$

Law-6106:

If both (I= L/E= Leverage or Gearing Ratio= 99.00%), (B= Before Tax Income= 11,285 millions USD), (q= [C-P]/X= Quick or Acid Test Ratio= 1.01 times), (c= C/X= Current Ratio= 1.20 times), (A= After Tax Income= 7,899 millions USD), (T= Tax Paid= 3,385 millions USD), (d= D/A= Dividend Portion or Payout= 30.00%), (Q= Quoted Longterm Liabilities= 35,351 millions USD), and (P= Procured Inventories= 6,497 millions USD), then it's (U= Utilized or Starting Capital planned) is:

$$U = Ad + T - B + \{Q + P/[c-q]\}/I$$

$$= 7,899*0.3000 + 3,385 - 11,285$$
$$+ \{35,351 + 6,497/[1.2000 - 1.0100]\}/0.9900$$

$$= \underline{64,720} \text{ millions USD}$$

Finance Construction-8, *Tim Asikin, Steve Asikin, Indra Senihardja*

Law-6107:

If both (**I**= L/E= Leverage or Gearing Ratio= 99.00%), (**U**= Utilized or Starting Capital= 64,720 millions USD), (**q**= [C-P]/X= Quick or Acid Test Ratio= 1.01 times), (**c**= C/X= Current Ratio= 1.20 times), (**A**= After Tax Income= 7,899 millions USD), (**T**= Tax Paid= 3,385 millions USD), (**d**= D/A= Dividend Portion or Payout= 30.00%), (**Q**= Quoted Longterm Liabilities= 35,351 millions USD), and (**P**= Procured Inventories= 6,497 millions USD), then it's (**B**= Before Tax Income planned) is:

$$B = Ad+T-U+\{Q+P/[c-q]\}/I$$
$$= 7,899*0.3000+3,385-64,720$$
$$+\{35,351+6,497/[1.2000$$
$$-1.0100]\}/0.9900$$
$$= 11,285 \text{ millions USD}$$

Law-6108:

If both (**I**= L/E= Leverage or Gearing Ratio= 99.00%), (**U**= Utilized or Starting Capital= 64,720 millions USD), (**q**= [C-P]/X= Quick or Acid Test Ratio= 1.01 times), (**c**= C/X= Current Ratio= 1.20 times), (**A**= After Tax Income= 7,899 millions USD), (**B**= Before Tax Income= 11,285 millions USD), (**d**= D/A= Dividend Portion or Payout= 30.00%), (**Q**= Quoted Longterm Liabilities= 35,351 millions USD), and (**P**= Procured Inventories= 6,497 millions USD), then it's (**T**= Tax Paid planned) is:

T= **U**+**B**-**Ad**-{**Q**+**P**/[**c**-**q**]}/**I**
= 64,720+11,285-7,899*0.3000
   -{35,351+6,497/[1.2000
   -1.0100]}/0.9900
= 3,385 millions USD

Law-6109:

If both (**l**= L/E= Leverage or Gearing Ratio= 99.00%), (**U**= Utilized or Starting Capital= 64,720 millions USD), (**q**= [C-P]/X= Quick or Acid Test Ratio= 1.01 times), (**c**= C/X= Current Ratio= 1.20 times), (**T**= Tax Paid= 3,385 millions USD), (**B**= Before Tax Income= 11,285 millions USD), (**d**= D/A= Dividend Portion or Payout= 30.00%), (**Q**= Quoted Longterm Liabilities= 35,351 millions USD), and (**P**= Procured Inventories= 6,497 millions USD), then it's (**A**= After Tax Income planned) is:

$$A = (U+B-T-\{Q+P/[c-q]\}/l)/d$$
$$= (64{,}720+11{,}285-3{,}385-\{35{,}351+6{,}497/[1.2000-1.0100]\}/0.9900)/0.3000$$
$$= \underline{7{,}899} \text{ millions USD}$$

Law-6110:

If both (l= L/E= Leverage or Gearing Ratio= 99.00%), (U= Utilized or Starting Capital= 64,720 millions USD), (q= [C-P]/X= Quick or Acid Test Ratio= 1.01 times), (c= C/X= Current Ratio= 1.20 times), (T= Tax Paid= 3,385 millions USD), (B= Before Tax Income= 11,285 millions USD), (A= After Tax Income= 7,899 millions USD), (Q= Quoted Longterm Liabilities= 35,351 millions USD), and (P= Procured Inventories= 6,497 millions USD), then it's (d= Dividend Portion or Payout planned) is:

$$d = (U+B-T-\{Q+P/[c-q]\}/l)/A$$
$$= (64{,}720+11{,}285-3{,}385-\{35{,}351+6{,}497/[1.2000-1.0100]\}/0.9900)/7{,}899$$
$$= 30.00\%$$

Law-6111:

If both (l= L/E= Leverage or Gearing Ratio= 99.00%), (**U**= Utilized or Starting Capital= 64,720 millions USD), (**q**= [C-P]/X= Quick or Acid Test Ratio= 1.01 times), (**c**= C/X= Current Ratio= 1.20 times), (**T**= Tax Paid= 3,385 millions USD), (**B**= Before Tax Income= 11,285 millions USD), (**A**= After Tax Income= 7,899 millions USD), (**Q**= Quoted Longterm Liabilities= 35,351 millions USD), and (**d**= D/A= Dividend Portion or Payout= 30.00%), then it's (**P**= Procured Inventory planned) is:

$$P = [c-q]\{l\,[U+B-T-Ad]-Q\}$$
$$= [1.2000-1.0100]\{0.9900[64,720+11,285-3,385-7,899*0.3000]-35,351\}$$
$$= 6,497 \text{ millions USD}$$

Finance Construction-8, *Tim Asikin, Steve Asikin, Indra Senihardja*

Law-6112:

If both (l= L/E= Leverage or Gearing Ratio= 99.00%), (U= Utilized or Starting Capital= 64,720 millions USD), (q= [C-P]/X= Quick or Acid Test Ratio= 1.01 times), (P= Procured Inventories= 6,497 millions USD), (T= Tax Paid= 3,385 millions USD), (B= Before Tax Income= 11,285 millions USD), (A= After Tax Income= 7,899 millions USD), (Q= Quoted Longterm Liabilities= 35,351 millions USD), and (d= D/A= Dividend Portion or Payout= 30.00%), then it's (c= Current Ratio planned) is:

$c = q + P/\{l[U+B-T-Ad]-Q\}$
   = 1.0100+6,497/{0.9900[64,720
       +11,285-3,385-7,899
       *0.3000]-35,351}
   = 1.20 times

Finance Construction-8, *Tim Asikin, Steve Asikin, Indra Senihardja*

Law-6113:

If both (f= L/E= Leverage or Gearing Ratio= 99.00%), (U= Utilized or Starting Capital= 64,720 millions USD), (c= C/X= Current Ratio= 1.20 times), (P= Procured Inventories= 6,497 millions USD), (T= Tax Paid= 3,385 millions USD), (B= Before Tax Income= 11,285 millions USD), (A= After Tax Income= 7,899 millions USD), (Q= Quoted Longterm Liabilities= 35,351 millions USD), and (d= D/A= Dividend Portion or Payout= 30.00%), then it's (q= Quick or Acid Test Ratio planned) is:

$$q = c - P/\{f[U+B-T-Ad]-Q\}$$
$$= 1.2000 - 6{,}497/\{0.9900[64{,}720 + 11{,}285 - 3{,}385 - 7{,}899 *0.3000] - 35{,}351\}$$
$$= \underline{1.01} \text{ times}$$

Finance Construction-8, *Tim Asikin, Steve Asikin, Indra Senihardja*

Law-6114:

If both (**l**= L/E= Leverage or Gearing Ratio= 99.00%), (**U**= Utilized or Starting Capital= 64,720 millions USD), (**c**= C/X= Current Ratio= 1.20 times), (**V**= Variable Cost= 9,746 millions USD), (**p**= 360 P/V= Procured Inventory Days= 240 Days), (**T**= Tax Paid= 3,385 millions USD), (**B**= Before Tax Income= 11,285 millions USD), (**A**= After Tax Income= 7,899 millions USD), (**q**= [C-P]/X= Quick or Acid Test Ratio= 1.01 times), and (**d**= D/A= Dividend Portion or Payout= 30.00%), then it's (**Q**= Quoted Longterm Liabilities planned) is:

$$Q = l[U+B-T-Ad]-Vp/\{360[c-q]\}$$
$$= 0.9900[64,720+11,285-3,385$$
$$-7,899*0.3000]-9,746*240$$
$$/\{360[1.2000-1.0100]\}$$
$$= \underline{35,351} \text{ millions USD}$$

Law-6115:

If both (**U**= Utilized or Starting Capital= 64,720 millions USD), (**Q**= Quoted Longterm Liabilities= 35,351 millions USD), (**c**= C/X= Current Ratio= 1.20 times), (**V**= Variable Cost= 9,746 millions USD), (**p**= 360 P/V= Procured Inventory Days= 240 Days), (**T**= Tax Paid= 3,385 millions USD), (**B**= Before Tax Income= 11,285 millions USD), (**A**= After Tax Income= 7,899 millions USD), (**q**= [C-P]/X= Quick or Acid Test Ratio= 1.01 times), and (**d**= D/A= Dividend Portion or Payout= 30.00%), then it's (**l** = Leverage or Gearing Ratio planned) is:

$$l = (Q+Vp/\{360[c-q]\}/[U+B-T-Ad]$$
$$= (35,351+9,746*240/\{360[1.2000$$
$$-1.0100]\}/[64,720+11,285$$
$$-3,385-7,899*0.3000]$$
$$= 99.00\%$$

Law-6116:

If both (**l**= L/E= Leverage or Gearing Ratio= 99.00%), (**Q**= Quoted Longterm Liabilities= 35,351 millions USD), (**c**= C/X= Current Ratio= 1.20 times), (**V**= Variable Cost= 9,746 millions USD), (**p**= 360 P/V= Procured Inventory Days= 240 Days), (**T**= Tax Paid= 3,385 millions USD), (**B**= Before Tax Income= 11,285 millions USD), (**A**= After Tax Income= 7,899 millions USD), (**q**= [C-P]/X= Quick or Acid Test Ratio= 1.01 times), and (**d**= D/A= Dividend Portion or Payout= 30.00%), then it's (**U**= Utilized or Starting Capital planned) is:

$$U = Ad+T-B+(Q+Vp/\{360[c-q]\})/l$$
$$= 7,899*0.3000+3,385-11,285$$
$$+(35,351+9,746*240$$
$$/\{360[1.2000-1.0100]\})$$
$$/0.9900$$
$$= \underline{64,720} \text{ millions USD}$$

Finance Construction-8, *Tim Asikin, Steve Asikin, Indra Senihardja*

Law-6117:

If both (l= L/E= Leverage or Gearing Ratio= 99.00%), (Q= Quoted Longterm Liabilities= 35,351 millions USD), (c= C/X= Current Ratio= 1.20 times), (V= Variable Cost= 9,746 millions USD), (p= 360 P/V= Procured Inventory Days= 240 Days), (T= Tax Paid= 3,385 millions USD), (U= Utilized or Starting Capital= 64,720 millions USD), (A= After Tax Income= 7,899 millions USD), (q= [C-P]/X= Quick or Acid Test Ratio= 1.01 times), and (d= D/A= Dividend Portion or Payout= 30.00%), then it's (B= Before Tax Income planned) is:

B= Ad+T-U+(Q+Vp/{360[c-q]})/l
= 7,899*0.3000+3,385-64,720
+(35,351+9,746*240
/{360[1.2000-1.0100]})
/0.9900
= 11,285 millions USD

Law-6118:

If both (**I**= L/E= Leverage or Gearing Ratio= 99.00%), (**Q**= Quoted Longterm Liabilities= 35,351 millions USD), (**c**= C/X= Current Ratio= 1.20 times), (**V**= Variable Cost= 9,746 millions USD), (**p**= 360 P/V= Procured Inventory Days= 240 Days), (**B**= Before Tax Income= 11,285 millions USD), (**U**= Utilized or Starting Capital= 64,720 millions USD), (**A**= After Tax Income= 7,899 millions USD), (**q**= [C-P]/X= Quick or Acid Test Ratio= 1.01 times), and (**d**= D/A= Dividend Portion or Payout= 30.00%), then it's (**T**= Tax Paid planned) is:

$$T = U+B-Ad-(Q+Vp/\{360[c-q]\})/I$$
$$= 64{,}720+11{,}285-7{,}899*0.3000$$
$$-(35{,}351+9{,}746*240$$
$$/\{360[1.2000-1.0100]\})$$
$$/0.9900$$
$$= 3{,}385 \text{ millions USD}$$

Law-6119:

If both (l= L/E= Leverage or Gearing Ratio= 99.00%), (Q= Quoted Longterm Liabilities= 35,351 millions USD), (c= C/X= Current Ratio= 1.20 times), (V= Variable Cost= 9,746 millions USD), (p= 360 P/V= Procured Inventory Days= 240 Days), (B= Before Tax Income= 11,285 millions USD), (U= Utilized or Starting Capital= 64,720 millions USD), (T= Tax Paid= 3,385 millions USD), (q= [C-P]/X= Quick or Acid Test Ratio= 1.01 times), and (d= D/A= Dividend Portion or Payout= 30.00%), then it's (A= After Tax Income planned) is:

$$A = [U+B-T-(Q+Vp/\{360[c-q]\})/l]/d$$
$$= [64,720+11,285-3,385-(35,351$$
$$+9,746*240/\{360[1.2000$$
$$-1.0100]\})/0.9900]/0.3000$$
$$= 7,899 \text{ millions USD}$$

Law-6120:

If both (I= L/E= Leverage or Gearing Ratio= 99.00%), (Q= Quoted Longterm Liabilities= 35,351 millions USD), (c= C/X= Current Ratio= 1.20 times), (V= Variable Cost= 9,746 millions USD), (p= 360 P/V= Procured Inventory Days= 240 Days), (B= Before Tax Income= 11,285 millions USD), (U= Utilized or Starting Capital= 64,720 millions USD), (T= Tax Paid= 3,385 millions USD), (q= [C-P]/X= Quick or Acid Test Ratio= 1.01 times), and (A= After Tax Income= 7,899 millions USD), then it's (d= Dividend Portion or Payout planned) is:

d= [U+B-T-(Q+Vp/{360[c-q]})/I]/A
  = [64,720+11,285-3,385-(35,351
      +9,746*240/{360[1.2000
      -1.0100]})/0.9900]/7,899
  = 30.00%

Law-6121:

If both (I= L/E= Leverage or Gearing Ratio= 99.00%), (Q= Quoted Longterm Liabilities= 35,351 millions USD), (c= C/X= Current Ratio= 1.20 times), (d= D/A= Dividend Portion or Payout= 30.00%), (p= 360 P/V= Procured Inventory Days= 240 Days), (B= Before Tax Income= 11,285 millions USD), (U= Utilized or Starting Capital= 64,720 millions USD), (T= Tax Paid= 3,385 millions USD), (q= [C-P]/X= Quick or Acid Test Ratio= 1.01 times), and (A= After Tax Income= 7,899 millions USD), then it's (V= Variable Cost planned) is:

V= 360[c-q]{I [U+B-T-Ad]-Q}/p
= 360[1.2000-1.0100]{0.9900
[64,720+11,285-3,385
-7,899*0.3000]-35,351}
/240
= 9,746 millions USD

Law-6122:

If both (**l**= L/E= Leverage or Gearing Ratio= 99.00%), (**Q**= Quoted Longterm Liabilities= 35,351 millions USD), (**c**= C/X= Current Ratio= 1.20 times), (**d**= D/A= Dividend Portion or Payout= 30.00%), (**V**= Variable Cost= 9,746 millions USD), (**B**= Before Tax Income= 11,285 millions USD), (**U**= Utilized or Starting Capital= 64,720 millions USD), (**T**= Tax Paid= 3,385 millions USD), (**q**= [C-P]/X= Quick or Acid Test Ratio= 1.01 times), and (**A**= After Tax Income= 7,899 millions USD), then it's (**p**= Procured Inventory Days planned) is:

$$p = 360[c-q]\{l\,[U+B-T-Ad]-Q\}/V$$
$$= 360[1.2000-1.0100]\{0.9900\,[64,720+11,285-3,385-7,899*0.3000]-35,351\}/9,746$$
$$= \underline{240} \text{ days}$$

Finance Construction-8, *Tim Asikin, Steve Asikin, Indra Senihardja*

Law-6123:

If both (l= L/E= Leverage or Gearing Ratio= 99.00%), (Q= Quoted Longterm Liabilities= 35,351 millions USD), (p= 360 P/V= Procured Inventory Days= 240 Days), (d= D/A= Dividend Portion or Payout= 30.00%), (V= Variable Cost= 9,746 millions USD), (B= Before Tax Income= 11,285 millions USD), (U= Utilized or Starting Capital= 64,720 millions USD), (T= Tax Paid= 3,385 millions USD), (q= [C-P]/X= Quick or Acid Test Ratio= 1.01 times), and (A= After Tax Income= 7,899 millions USD), then it's (c= Current Ratio planned) is:

c= q+Vp/(360{l [U+B-T-Ad]-Q})
= 1.0100+9,746*240/(360{0.9900
[64,720+11,285-3,385
-7,899*0.3000]-35,351})
= 1.20 times

Law-6124:

If both (I= L/E= Leverage or Gearing Ratio= 99.00%), (Q= Quoted Longterm Liabilities= 35,351 millions USD), (p= 360 P/V= Procured Inventory Days= 240 Days), (d= D/A= Dividend Portion or Payout= 30.00%), (V= Variable Cost= 9,746 millions USD), (B= Before Tax Income= 11,285 millions USD), (U= Utilized or Starting Capital= 64,720 millions USD), (T= Tax Paid= 3,385 millions USD), (c= C/X= Current Ratio= 1.20 times), and (A= After Tax Income= 7,899 millions USD), then it's (q= Quick or Acid Test Ratio planned) is:

q= c-Vp/(360{I [U+B-T-Ad]-Q})
= 1.2000-9,746*240/(360{0.9900
[64,720+11,285-3,385
-7,899*0.3000]-35,351})
= 1.01 times

Finance Construction-8, *Tim Asikin, Steve Asikin, Indra Senihardja*

Law-6125:

If both (l= L/E= Leverage or Gearing Ratio= 99.00%), (q= [C-P]/X= Quick or Acid Test Ratio= 1.01 times), (p= 360P/V= Procured Inventory Days= 240 Days), (d= D/A= Dividend Portion or Payout= 30.00%), (v= V/S= Variable Portion= 19.00%), (S= Sales or Revenues= 51,294 millions USD), (B= Before Tax Income= 11,285 millions USD), (U= Utilized or Starting Capital= 64,720 millions USD), (T= Tax Paid= 3,385 millions USD), (c= C/X= Current Ratio= 1.20 times), and (A= After Tax Income= 7,899 millions USD), then it's (Q= Quoted Longterm Liabilities planned) is:

$Q = l\,[U+B-T-Ad]-Svp/\{360[c-q]\}$
= 0.9900 [64,720+11,285-3,385
-7,899*0.3000]-51,294
*0.1900*240/{360[1.2000
-1.0100]}
= 35,351 millions USD

Law-6126:

If both (**Q**= Quoted Longterm Liabilities= 35,351 millions USD), (**q**= [C-P]/X= Quick or Acid Test Ratio= 1.01 times), (**p**= 360 P/V= Procured Inventory Days= 240 Days), (**d**= D/A= Dividend Portion or Payout= 30.00%), (**v**= V/S= Variable Portion= 19.00%), (**$**= Sales or Revenues= 51,294 millions USD), (**B**= Before Tax Income= 11,285 millions USD), (**U**= Utilized or Starting Capital= 64,720 millions USD), (**T**= Tax Paid= 3,385 millions USD), (**c**= C/X= Current Ratio= 1.20 times), and (**A**= After Tax Income= 7,899 millions USD), then it's (**l** = Leverage or Gearing Ratio planned) is:

$$l = (Q+\$vp/\{360[c-q]\})/[U+B-T-Ad]$$
$$= (35,351+51,294*0.1900*240$$
$$/\{360[1.2000-1.0100]\})$$
$$/[64,720+11,285-3,385$$
$$-7,899*0.3000]$$
$$= \underline{99.00\%}$$

Law-6127:

If both (**Q**= Quoted Longterm Liabilities= 35,351 millions USD), (**q**= [C-P]/X= Quick or Acid Test Ratio= 1.01 times), (**p**= 360 P/V= Procured Inventory Days= 240 Days), (**d**= D/A= Dividend Portion or Payout= 30.00%), (**v**= V/S= Variable Portion= 19.00%), (**$**= Sales or Revenues= 51,294 millions USD), (**B**= Before Tax Income= 11,285 millions USD), (**⊩**= L/E= Leverage or Gearing Ratio= 99.00%), (**T**= Tax Paid= 3,385 millions USD), (**c**= C/X= Current Ratio= 1.20 times), and (**A**= After Tax Income= 7,899 millions USD), then it's (**U**= Utilized or Starting Capital planned) is:

$$U = T+Ad-B+(Q+\$vp/\{360[c-q]\})/\mathit{I}$$
$$= 3,385+7,899*0.3000-11,285$$
$$+ (35,351+51,294*0.1900$$
$$*240/\{360[1.2000-1.0100]\})$$
$$/0.9900$$
$$= \underline{64,720} \text{ millions USD}$$

Finance Construction-8, *Tim Asikin, Steve Asikin, Indra Senihardja*

<u>Law-6128</u>:

If both (**Q**= Quoted Longterm Liabilities= <u>35,351</u> millions USD), (**q**= [C-P]/X= Quick or Acid Test Ratio= <u>1.01</u> times), (**p**= 360 P/V= Procured Inventory Days= <u>240</u> Days), (**d**= D/A= Dividend Portion or Payout= 30.00%), (**v**= V/S= Variable Portion= <u>19.00</u>%), (**S**= Sales or Revenues= <u>51,294</u> millions USD), (**U**= Utilized or Starting Capital= <u>64,720</u> millions USD), (**l**= L/E= Leverage or Gearing Ratio= <u>99.00</u>%), (**T**= Tax Paid= <u>3,385</u> millions USD), (**c**= C/X= Current Ratio= <u>1.20</u> times), and (**A**= After Tax Income= <u>7,899</u> millions USD), then it's (**B**= Before Tax Income planned) is:

B= **T**+**Ad**-**U**+(**Q**+**Svp**/{360[**c**-**q**]})/**l**
= 3,385+7,899*0.3000-64,720
  + (35,351+51,294*0.1900
  *240/{360[1.2000-1.0100]})
  /0.9900
= <u>11,285</u> millions USD

Law-6129:

If both (Q= Quoted Longterm Liabilities= 35,351 millions USD), (q= [C-P]/X= Quick or Acid Test Ratio= 1.01 times), (p= 360 P/V= Procured Inventory Days= 240 Days), (d= D/A= Dividend Portion or Payout= 30.00%), (v= V/S= Variable Portion= 19.00%), (S= Sales or Revenues= 51,294 millions USD), (U= Utilized or Starting Capital= 64,720 millions USD), (l= L/E= Leverage or Gearing Ratio= 99.00%), (B= Before Tax Income= 11,285 millions USD), (c= C/X= Current Ratio= 1.20 times), and (A= After Tax Income= 7,899 millions USD), then it's (T= Tax Paid planned) is:

$T = U+B-Ad-(Q+Svp/\{360[c-q]\})/l$
= 64,720+11,285-7,899*0.3000
 - (35,351+51,294*0.1900
  *240/{360[1.2000-1.0100]})
 /0.9900
= 3,385 millions USD

Finance Construction-8, *Tim Asikin, Steve Asikin, Indra Senihardja*

Law-6130:

If both (**Q**= Quoted Longterm Liabilities= 35,351 millions USD), (**q**= [C-P]/X= Quick or Acid Test Ratio= 1.01 times), (**p**= 360 P/V= Procured Inventory Days= 240 Days), (**d**= D/A= Dividend Portion or Payout= 30.00%), (**v**= V/S= Variable Portion= 19.00%), (**S**= Sales or Revenues= 51,294 millions USD), (**U**= Utilized or Starting Capital= 64,720 millions USD), (**l**= L/E= Leverage or Gearing Ratio= 99.00%), (**B**= Before Tax Income= 11,285 millions USD), (**c**= C/X= Current Ratio= 1.20 times), and (**T**= Tax Paid= 3,385 millions USD), then it's (**A**= After Tax Income planned) is:

A= [**U**+**B**-**T**-(**Q**+**Svp**/{360[**c**-**q**]})/**l**]/**d**
 = [64,720+11,285-3,385- (35,351
   +51,294*0.1900*240
   /{360[1.2000-1.0100]})
   /0.9900]/0.3000
 = 7,899 millions USD

Finance Construction-8, *Tim Asikin, Steve Asikin, Indra Senihardja*

Law-6131:

If both (**Q**= Quoted Longterm Liabilities= 35,351 millions USD), (**q**= [C-P]/X= Quick or Acid Test Ratio= 1.01 times), (**p**= 360 P/V= Procured Inventory Days= 240 Days), (**A**= After Tax Income= 7,899 millions USD), (**v**= V/S= Variable Portion= 19.00%), (**S**= Sales or Revenues= 51,294 millions USD), (**U**= Utilized or Starting Capital= 64,720 millions USD), (**l**= L/E= Leverage or Gearing Ratio= 99.00%), (**B**= Before Tax Income= 11,285 millions USD), (**c**= C/X= Current Ratio= 1.20 times), and (**T**= Tax Paid= 3,385 millions USD), then it's (**d**= Dividend Portion or Payout planned) is:

$$d = [U+B-T-(Q+Svp/\{360[c-q]\})/l\,]/A$$
$$= [64{,}720+11{,}285-3{,}385- (35{,}351$$
$$+51{,}294*0.1900*240$$
$$/\{360[1.2000-1.0100]\})$$
$$/0.9900]/7{,}899$$
$$= \underline{30.00\%}$$

Law-6132:

If both (**Q**= Quoted Longterm Liabilities= 35,351 millions USD), (**q**= [C-P]/X= Quick or Acid Test Ratio= 1.01 times), (**p**= 360 P/V= Procured Inventory Days= 240 Days), (**A**= After Tax Income= 7,899 millions USD), (**v**= V/S= Variable Portion= 19.00%), (**d**= D/A= Dividend Portion or Payout= 30.00%), (**U**= Utilized or Starting Capital= 64,720 millions USD), (**l**= L/E= Leverage or Gearing Ratio= 99.00%), (**B**= Before Tax Income= 11,285 millions USD), (**c**= C/X= Current Ratio= 1.20 times), and (**T**= Tax Paid= 3,385 millions USD), then it's (**S**= Sales or Revenues planned) is:

$$S = 360[c-q]\{l[U+B-T-Ad]-Q\}/[vp]$$
$$= 360[1.2000-1.0100]\{0.9900$$
$$[64,720+11,285-3,385$$
$$-7,899*0.3000]-35,351\}$$
$$/[0.1900*240]$$
$$= \underline{51,294} \text{ millions USD}$$

Law-6133:

If both (**Q**= Quoted Longterm Liabilities= 35,351 millions USD), (**q**= [C-P]/X= Quick or Acid Test Ratio= 1.01 times), (**p**= 360 P/V= Procured Inventory Days= 240 Days), (**A**= After Tax Income= 7,899 millions USD), (**S**= Sales or Revenues= 51,294 millions USD), (**d**= D/A= Dividend Portion or Payout= 30.00%), (**U**= Utilized or Starting Capital= 64,720 millions USD), (**l**= L/E= Leverage or Gearing Ratio= 99.00%), (**B**= Before Tax Income= 11,285 millions USD), (**c**= C/X= Current Ratio= 1.20 times), and (**T**= Tax Paid= 3,385 millions USD), then it's (**v**= Variable Portion planned) is:

$$v = 360[c-q]\{l\,[U+B-T-Ad]-Q\}/[Sp]$$
$$= 360[1.2000-1.0100]\{0.9900\,[64,720+11,285-3,385-7,899*0.3000]-35,351\}/[51,294*240]$$
$$= \underline{19.00\%}$$

Law-6134:

If both (**Q**= Quoted Longterm Liabilities= 35,351 millions USD), (**q**= [C-P]/X= Quick or Acid Test Ratio= 1.01 times), (**v**= V/S= Variable Portion= 19.00%), (**A**= After Tax Income= 7,899 millions USD), (**S**= Sales or Revenues= 51,294 millions USD), (**d**= D/A= Dividend Portion or Payout= 30.00%), (**U**= Utilized or Starting Capital= 64,720 millions USD), (**l**= L/E= Leverage or Gearing Ratio= 99.00%), (**B**= Before Tax Income= 11,285 millions USD), (**c**= C/X= Current Ratio= 1.20 times), and (**T**= Tax Paid= 3,385 millions USD), then it's (**p**= Procured Inventory Days planned) is:

$$p = 360[c-q]\{l[U+B-T-Ad]-Q\}/[Sv]$$
$$= 360[1.2000-1.0100]\{0.9900$$
$$[64,720+11,285-3,385$$
$$-7,899*0.3000]-35,351\}$$
$$/[51,294*0.1900]$$
$$= \underline{240} \text{ days}$$

Finance Construction-8, *Tim Asikin, Steve Asikin, Indra Senihardja*

<u>Law-6135</u>:

If both (**Q**= Quoted Longterm Liabilities= <u>35,351</u> millions USD), (**q**= [C-P]/X= Quick or Acid Test Ratio= <u>1.01</u> times), (**v**= V/S= Variable Portion= <u>19.00</u>%), (**A**= After Tax Income= <u>7,899</u> millions USD), (**S**= Sales or Revenues= <u>51,294</u> millions USD), (**d**= D/A= Dividend Portion or Payout= 30.00%), (**U**= Utilized or Starting Capital= <u>64,720</u> millions USD), (**l**= L/E= Leverage or Gearing Ratio= <u>99.00</u>%), (**B**= Before Tax Income= <u>11,285</u> millions USD), (**p**= 360 P/V= Procured Inventory Days= <u>240</u> Days), and (**T**= Tax Paid= <u>3,385</u> millions USD), then it's (**c**= Current Ratio planned) is:

$$c = q + Svp/(360\{l[U+B-T-Ad]-Q\})$$
$$= 1.0100 + 51{,}294 * 0.1900 * 240$$
$$/(360\{0.9900[64{,}720$$
$$+11{,}285 - 3{,}385 - 7{,}899$$
$$*0.3000] - 35{,}351\})$$
$$= \underline{1.20} \text{ times}$$

Law-6136:

If both (**Q**= Quoted Longterm Liabilities= 35,351 millions USD), (**c**= C/X= Current Ratio= 1.20 times), (**v**= V/S= Variable Portion= 19.00%), (**A**= After Tax Income= 7,899 millions USD), (**S**= Sales or Revenues= 51,294 millions USD), (**d**= D/A= Dividend Portion or Payout= 30.00%), (**U**= Utilized or Starting Capital= 64,720 millions USD), (**l**= L/E= Leverage or Gearing Ratio= 99.00%), (**B**= Before Tax Income= 11,285 millions USD), (**p**= 360 P/V= Procured Inventory Days= 240 Days), and (**T**= Tax Paid= 3,385 millions USD), then it's (**q**= Quick or Acid Test Ratio planned) is:

$$q = c\text{-}Svp/(360\{l[U+B-T-Ad]-Q\})$$
$$= 1.2000 - 51{,}294*0.1900*240$$
$$/(360\{0.9900[64{,}720 + 11{,}285 - 3{,}385 - 7{,}899 *0.3000] - 35{,}351\})$$
$$= \underline{1.01} \text{ times}$$

Finance Construction-8, *Tim Asikin, Steve Asikin, Indra Senihardja*

Law-6137:

If both (**q**= [C-P]/X= Quick or Acid Test Ratio= 1.01 times), (**c**= C/X= Current Ratio= 1.20 times), (**v**= V/S= Variable Portion= 19.00%), (**A**= After Tax Income= 7,899 millions USD), (**S**= Sales or Revenues= 51,294 millions USD), (**d**= D/A= Dividend Portion or Payout= 30.00%), (**U**= Utilized or Starting Capital= 64,720 millions USD), (**l**= L/E= Leverage or Gearing Ratio= 99.00%), (**B**= Before Tax Income= 11,285 millions USD), (**p**= 360P/V= Procured Inventory Days= 240 Days), and (**T**= Tax Paid= 3,385 millions USD), then it's (**Q**= Quoted Longterm Liabilities planned) is:

Q= **l** [**U**+**B**-**T**-**Ad**]-**S'vp**[1+**s**]/{360[**c**-**q**]}
= 0.9900[64,720+11,285-3,385
-7,899*0.3000]-48,851
*0.1900*240[1+0.0500]
/{360[1.2000-1.0100]}
= 35,351 millions USD

Law-6138:

If both (**q**= [C-P]/X= Quick or Acid Test Ratio= 1.01 times), (**c**= C/X= Current Ratio= 1.20 times), (**v**= V/S= Variable Portion= 19.00%), (**A**= After Tax Income= 7,899 millions USD), (**S'**= Sales of Past Year= 48,851 millions USD), (**s**= [S/S']-1= Sales Growth= 5.00%), (**d**= D/A= Dividend Portion or Payout= 30.00%), (**U**= Utilized or Starting Capital= 64,720 millions USD), (**Q**= Quoted Longterm Liabilities= 35,351 millions USD), (**B**= Before Tax Income= 11,285 millions USD), (**p**= 360 P/V= Procured Inventory Days= 240 Days), and (**T**= Tax Paid= 3,385 millions USD), then it's (**l** = Leverage or Gearing Ratio planned) is:

$$l = (Q+S'vp[1+s]/\{360[c-q]\})/[U+B-T-Ad]$$
$$= (35,351+48,851*0.1900*240$$
$$[1+0.0500]/\{360[1.2000$$
$$-1.0100]\})/[64,720+11,285$$
$$-3,385-7,899*0.3000]$$
$$= 99.00\%$$

Finance Construction-8, *Tim Asikin, Steve Asikin, Indra Senihardja*

Law-6139:

If both (**q**= [C-P]/X= Quick or Acid Test Ratio= 1.01 times), (**c**= C/X= Current Ratio= 1.20 times), (**v**= V/S= Variable Portion= 19.00%), (**A**= After Tax Income= 7,899 millions USD), (**S'**= Sales of Past Year= 48,851 millions USD), (**s**= [S/S']-1= Sales Growth= 5.00%), (**d**= D/A= Dividend Portion or Payout= 30.00%), (**l**= L/E= Leverage or Gearing Ratio= 99.00%), (**Q**= Quoted Longterm Liabilities= 35,351 millions USD), (**B**= Before Tax Income= 11,285 millions USD), (**p**= 360 P/V= Procured Inventory Days= 240 Days), and (**T**= Tax Paid= 3,385 millions USD), then it's (**U**= Utilized or Starting Capital planned) is:

$$U = T+Ad-B+(Q+S'vp[1+s]/\{360[c-q]\})/l$$
$$= 3,385+7,899*0.3000-11,285$$
$$+(35,351+48,851*0.1900$$
$$*240[1+0.0500]/\{360$$
$$[1.2000-1.0100]\})/0.9900$$
$$= 64,720 \text{ millions USD}$$

Law-6140:

If both (**q**= [C-P]/X= Quick or Acid Test Ratio= 1.01 times), (**c**= C/X= Current Ratio= 1.20 times), (**v**= V/S= Variable Portion= 19.00%), (**A**= After Tax Income= 7,899 millions USD), (**S'**= Sales of Past Year= 48,851 millions USD), (**s**= [S/S']-1= Sales Growth= 5.00%), (**d**= D/A= Dividend Portion or Payout= 30.00%), (**l**= L/E= Leverage or Gearing Ratio= 99.00%), (**Q**= Quoted Longterm Liabilities= 35,351 millions USD), (**U**= Utilized or Starting Capital= 64,720 millions USD), (**p**= 360 P/V= Procured Inventory Days= 240 Days), and (**T**= Tax Paid= 3,385 millions USD), then it's (**B**= Before Tax Income planned) is:

B= **T**+**Ad**-**U**+(**Q**+**S'vp**[1+**s**]/{360[**c**-**q**]})/**l**
= 3,385+7,899*0.3000-64,720
+(35,351+48,851*0.1900
*240[1+0.0500]/{360
[1.2000-1.0100]})/0.9900
= 11,285 millions USD

Law-6141:

If both (**q**= [C-P]/X= Quick or Acid Test Ratio= 1.01 times), (**c**= C/X= Current Ratio= 1.20 times), (**v**= V/S= Variable Portion= 19.00%), (**A**= After Tax Income= 7,899 millions USD), (**$'**= Sales of Past Year= 48,851 millions USD), (**s**= [S/S']-1= Sales Growth= 5.00%), (**d**= D/A= Dividend Portion or Payout= 30.00%), (**l**= L/E= Leverage or Gearing Ratio= 99.00%), (**Q**= Quoted Longterm Liabilities= 35,351 millions USD), (**U**= Utilized or Starting Capital= 64,720 millions USD), (**p**= 360 P/V= Procured Inventory Days= 240 Days), and (**B**= Before Tax Income= 11,285 millions USD), then it's (**T**= Tax Paid planned) is:

$$T = U+B-Ad-(Q+\$'vp[1+s]/\{360[c-q]\})/l$$
$$= 64,720+11,285-7,899*0.3000$$
$$-35,351+48,851*0.1900$$
$$*240[1+0.0500]/\{360$$
$$[1.2000-1.0100]\})/0.9900$$
$$= 3,385 \text{ millions USD}$$

Law-6142:

If both (**q**= [C-P]/X= Quick or Acid Test Ratio= 1.01 times), (**c**= C/X= Current Ratio= 1.20 times), (**v**= V/S= Variable Portion= 19.00%), (**T**= Tax Paid= 3,385 millions USD), (**S'**= Sales of Past Year= 48,851 millions USD), (**s**= [S/S']-1= Sales Growth= 5.00%), (**d**= D/A= Dividend Portion or Payout= 30.00%), (**l**= L/E= Leverage or Gearing Ratio= 99.00%), (**Q**= Quoted Longterm Liabilities= 35,351 millions USD), (**U**= Utilized or Starting Capital= 64,720 millions USD), (**p**= 360 P/V= Procured Inventory Days= 240 Days), and (**B**= Before Tax Income= 11,285 millions USD), then it's (**A**= After Tax Income planned) is:

A= [**U**+**B**-**T**-(**Q**+**S'vp**[1+**s**]/{360[**c**-**q**]})/**l**]/**d**

= [64,720+11,285-3,385-(35,351
  +48,851*0.1900*240
  [1+0.0500]/{360[1.2000
  -1.0100]})/0.9900]/0.3000

= 7,899 millions USD

Finance Construction-8, *Tim Asikin, Steve Asikin, Indra Senihardja*

Law-6143:

If both (**q**= [C-P]/X= Quick or Acid Test Ratio= 1.01 times), (**c**= C/X= Current Ratio= 1.20 times), (**v**= V/S= Variable Portion= 19.00%), (**T**= Tax Paid= 3,385 millions USD), (**S'**= Sales of Past Year= 48,851 millions USD), (**s**= [S/S']-1= Sales Growth= 5.00%), (**A**= After Tax Income= 7,899 millions USD), (**l**= L/E= Leverage or Gearing Ratio= 99.00%), (**Q**= Quoted Longterm Liabilities= 35,351 millions USD), (**U**= Utilized or Starting Capital= 64,720 millions USD), (**p**= 360 P/V= Procured Inventory Days= 240 Days), and (**B**= Before Tax Income= 11,285 millions USD), then it's (**d**= Dividend Portion or Payout planned) is:

$$d= [U+B-T-(Q+S'vp[1+s]/\{360[c-q]\})/l\,]/A$$
$$= [64,720+11,285-3,385-(35,351$$
$$+48,851*0.1900*240$$
$$[1+0.0500]/\{360[1.2000$$
$$-1.0100]\})/0.9900]/7,899$$
$$= 30.00\%$$

Law-6144:

If both (**q**= [C-P]/X= Quick or Acid Test Ratio= 1.01 times), (**c**= C/X= Current Ratio= 1.20 times), (**v**= V/S= Variable Portion= 19.00%), (**T**= Tax Paid= 3,385 millions USD), (**d**= D/A= Dividend Portion or Payout= 30.00%), (**s**= [S/S']-1= Sales Growth= 5.00%), (**A**= After Tax Income= 7,899 millions USD), (**l**= L/E= Leverage or Gearing Ratio= 99.00%), (**Q**= Quoted Longterm Liabilities= 35,351 millions USD), (**U**= Utilized or Starting Capital= 64,720 millions USD), (**p**= 360 P/V= Procured Inventory Days= 240 Days), and (**B**= Before Tax Income= 11,285 millions USD), then it's (**S'**= Sales Past) must be:

$$S' = 360[c-q]\{l[U+B-T-Ad]-Q\}/\{vp[1+s]\}$$
$$= 360[1.2000-1.0100]\{0.9900$$
$$[64,720+11,285-3,385$$
$$-7,899*0.3000]-35,351\}$$
$$/\{0.1900*240[1+0.0500]\}$$
$$= \underline{48,851} \text{ millions USD}$$

Finance Construction-8, *Tim Asikin, Steve Asikin, Indra Senihardja*

<u>Law-6145</u>:
If both (**q**= [C-P]/X= Quick or Acid Test Ratio= <u>1.01</u> times), (**c**= C/X= Current Ratio= <u>1.20</u> times), (**S'**= Sales of Past Year= <u>48,851</u> millions USD), (**T**= Tax Paid= <u>3,385</u> millions USD), (**d**= D/A= Dividend Portion or Payout= 30.00%), (**s**= [S/S']-1= Sales Growth= <u>5.00</u>%), (**A**= After Tax Income= <u>7,899</u> millions USD), (**l**= L/E= Leverage or Gearing Ratio= <u>99.00</u>%), (**Q**= Quoted Longterm Liabilities= <u>35,351</u> millions USD), (**U**= Utilized or Starting Capital= <u>64,720</u> millions USD), (**p**= 360 P/V= Procured Inventory Days= <u>240</u> Days), and (**B**= Before Tax Income= <u>11,285</u> millions USD), then it's (**v**= Variable Portion planned) is:

$$v= 360[c-q]\{l[U+B-T-Ad]-Q\}/\{S'p[1+s]\}$$
$$= 360[1.2000-1.0100]\{0.9900$$
$$[64,720+11,285-3,385$$
$$-7,899*0.3000]-35,351\}$$
$$/\{48,851*240[1+0.0500]\}$$
$$= \underline{19.00}\%$$

Law-6146:

If both (**q**= [C-P]/X= Quick or Acid Test Ratio= 1.01 times), (**c**= C/X= Current Ratio= 1.20 times), (**$'**= Sales of Past Year= 48,851 millions USD), (**T**= Tax Paid= 3,385 millions USD), (**d**= D/A= Dividend Portion or Payout= 30.00%), (**s**= [S/S']-1= Sales Growth= 5.00%), (**A**= After Tax Income= 7,899 millions USD), (**⌐**= L/E= Leverage or Gearing Ratio= 99.00%), (**Q**= Quoted Longterm Liabilities= 35,351 millions USD), (**U**= Utilized or Starting Capital= 64,720 millions USD), (**v**= V/S= Variable Portion= 19.00%), and (**B**= Before Tax Income= 11,285 millions USD), then it's (**p**= Procured Inventory Days planned) is:

$$p = 360[c-q]\{I[U+B-T-Ad]-Q\}/\{\$'v[1+s]\}$$
$$= 360[1.2000-1.0100]\{0.9900$$
$$[64,720+11,285-3,385$$
$$-7,899*0.3000]-35,351\}/$$
$$\{48,851*0.1900$$
$$[1+0.0500]\}$$
$$= \underline{240} \text{ days}$$

Finance Construction-8, *Tim Asikin, Steve Asikin, Indra Senihardja*

Law-6147:
If both (**q**= [C-P]/X= Quick or Acid Test Ratio= 1.01 times), (**c**= C/X= Current Ratio= 1.20 times), (**$'**= Sales of Past Year= 48,851 millions USD), (**T**= Tax Paid= 3,385 millions USD), (**d**= D/A= Dividend Portion or Payout= 30.00%), (**p**= 360 P/V= Procured Inventory Days= 240 Days), (**A**= After Tax Income= 7,899 millions USD), (**⌿**= L/E= Leverage or Gearing Ratio= 99.00%), (**Q**= Quoted Longterm Liabilities= 35,351 millions USD), (**U**= Utilized or Starting Capital= 64,720 millions USD), (**v**= V/S= Variable Portion= 19.00%), and (**B**= Before Tax Income= 11,285 millions USD), then it's (**s**= Sales Growth planned) is:

s= 360[**c-q**]{**⌿**[**U+B-T-Ad**]-**Q**}/[**$'vp**]-1
= 360[1.2000-1.0100]{0.9900
[64,720+11,285-3,385
-7,899*0.3000]-35,351}
/{48,851*0.1900*240]-1
= 5.00%

Law-6148:

If both (**q**= [C-P]/X= Quick or Acid Test Ratio= 1.01 times), (**s**= [S/S']-1= Sales Growth= 5.00%), (**S'**= Sales of Past Year= 48,851 millions USD), (**T**= Tax Paid= 3,385 millions USD), (**d**= D/A= Dividend Portion or Payout= 30.00%), (**p**= 360 P/V= Procured Inventory Days= 240 Days), (**A**= After Tax Income= 7,899 millions USD), (**l**= L/E= Leverage or Gearing Ratio= 99.00%), (**Q**= Quoted Longterm Liabilities= 35,351 millions USD), (**U**= Utilized or Starting Capital= 64,720 millions USD), (**v**= V/S= Variable Portion= 19.00%), and (**B**= Before Tax Income= 11,285 millions USD), then it's (**c**= Current Ratio planned) is:

$$c= q+\{S'vp[1+s]\}/(360\{l[U+B-T-Ad]-Q\})$$
$$= 1.0100+\{48,851*0.1900*240[1+0.0500]\}/(360\{0.9900[64,720+11,285-3,385-7,899*0.3000]-35,351\})$$
$$= 1.20 \text{ times}$$

Finance Construction-8, *Tim Asikin, Steve Asikin, Indra Senihardja*

Law-6149:

If both (**c**= C/X= Current Ratio= 1.20 times), (**s**= [S/S']-1= Sales Growth= 5.00%), (**S'**= Sales of Past Year= 48,851 millions USD), (**T**= Tax Paid= 3,385 millions USD), (**d**= D/A= Dividend Portion or Payout= 30.00%), (**p**= 360 P/V= Procured Inventory Days= 240 Days), (**A**= After Tax Income= 7,899 millions USD), (**l**= L/E= Leverage or Gearing Ratio= 99.00%), (**Q**= Quoted Longterm Liabilities= 35,351 millions USD), (**U**= Utilized or Starting Capital= 64,720 millions USD), (**v**= V/S= Variable Portion= 19.00%), and (**B**= Before Tax Income= 11,285 millions USD), then it's (**q**= Quick or Acid Test Ratio planned) is:

$$q = c - \{S'vp[1+s]\}/(360\{l[U+B-T-Ad]-Q\})$$
$$= 1.2000 - \{48,851*0.1900*240$$
$$[1+0.0500]\}/(360\{0.9900$$
$$[64,720+11,285-3,385$$
$$-7,899*0.3000]-35,351\})$$
$$= \underline{1.01} \text{ times}$$

Law-6150:

If both (**X**= Xpress or Current Debt= 34,196 millions USD), (**T**= Tax Paid= 3,385 millions USD), (**d**= D/A= Dividend Portion or Payout= 30.00%), (**l**= L/E= Leverage or Gearing Ratio= 99.00%), (**U**= Utilized or Starting Capital= 64,720 millions USD), and (**B**= Before Tax Income= 11,285 millions USD), then it's (**Q**= Quoted Longterm Liabilities planned) is:

$$Q = l\{U+[B-T][1-d]\}-X$$
$$= 0.9900\{64,720+[11,285-3,385][1-0.3000]\}-34,196$$
$$= \underline{35,351} \text{ milllions USD}$$

Law-6151:

If both (**X**= Xpress or Current Debt= 34,196 millions USD), (**T**= Tax Paid= 3,385 millions USD), (**d**= D/A= Dividend Portion or Payout= 30.00%), (**U**= Utilized or Starting Capital= 64,720 millions USD), and (**B**= Before Tax Income= 11,285 millions USD), then it's (***I*** = Leverage or Gearing Ratio planned) is:

$$I = [X+Q]/\{U+[B-T][1-d]\}$$
$$= [34,196+35,351]/\{64,720$$
$$+[11,285-3,385]$$
$$[1-0.3000]\}$$
$$= 99.00\%$$

Law-6152:

If both (**X**= Xpress or Current Debt= 34,196 millions USD), (**T**= Tax Paid= 3,385 millions USD), (**d**= D/A= Dividend Portion or Payout= 30.00%), (**Q**= Quoted Longterm Liabilities= 35,351 millions USD), (**I**= L/E= Leverage or Gearing Ratio= 99.00%), and (**B**= Before Tax Income= 11,285 millions USD), then it's (**U**= Utilized or Starting Capital planned) is:

$$U = [X+Q]/I - [B-T][1-d]$$
$$= [34,196+35,351]/0.9900$$
$$-[11,285-3,385]$$
$$[1-0.3000]\}$$
$$= \underline{64,720} \text{ millions USD}$$

Finance Construction-8, *Tim Asikin, Steve Asikin, Indra Senihardja*

Law-6153:
If both (**X**= Xpress or Current Debt= 34,196 millions USD), (**T**= Tax Paid= 3,385 millions USD), (**d**= D/A= Dividend Portion or Payout= 30.00%), (**Q**= Quoted Longterm Liabilities= 35,351 millions USD), (**I**= L/E= Leverage or Gearing Ratio= 99.00%), and (**U**= Utilized or Starting Capital= 64,720 millions USD), then it's (**B**= Before Tax Income planned) is:

$$B = T + \{[X+Q]/I - U\}/[1-d]$$
$$= 3,385 + \{[34,196+35,351]$$
$$/0.9900 - 64,720\}$$
$$/[1-0.3000]$$
$$= 11,285 \text{ millions USD}$$

Law-6154:

If both (**X**= Xpress or Current Debt= 34,196 millions USD), (**B**= Before Tax Income= 11,285 millions USD), (**d**= D/A= Dividend Portion or Payout= 30.00%), (**Q**= Quoted Longterm Liabilities= 35,351 millions USD), (**I**= L/E= Leverage or Gearing Ratio= 99.00%), and (**U**= Utilized or Starting Capital= 64,720 millions USD), then it's (**T**= Tax Paid planned) is:

$$T = B - \{[X+Q]/I - U\}/[1-d]$$
$$= 11,285 - \{[34,196+35,351]/0.9900 - 64,720\}/[1-0.3000]$$
$$= 3,385 \text{ millions USD}$$

Law-6155:

If both (**X**= Xpress or Current Debt= 34,196 millions USD), (**B**= Before Tax Income= 11,285 millions USD), (**T**= Tax Paid= 3,385 millions USD), (**Q**= Quoted Longterm Liabilities= 35,351 millions USD), (**$\digamma$**= L/E= Leverage or Gearing Ratio= 99.00%), and (**U**= Utilized or Starting Capital= 64,720 millions USD), then it's (**d**= Dividend Portion or Payout planned) is:

$$d = 1-\{[\mathbf{X}+\mathbf{Q}]/\mathbf{\digamma}-\mathbf{U}\}/[\mathbf{B}-\mathbf{T}]$$
$$= 1-\{[34,196+35,351]/0.9900-64,720\}/[11,285-3,385]$$
$$= \underline{30.00\%}$$

Law-6156:

If both (**d**= D/A= Dividend Portion or Payout= 30.00%), (**B**= Before Tax Income= 11,285 millions USD), (**T**= Tax Paid= 3,385 millions USD), (**Q**= Quoted Longterm Liabilities= 35,351 millions USD), (**I**= L/E= Leverage or Gearing Ratio= 99.00%), and (**U**= Utilized or Starting Capital= 64,720 millions USD), then it's (**X**= Xpress or current Debt planned) is:

$$X = I\{U+[B-T][1-d]\} - Q$$
$$= 0.9900\{64,720+[11,285-3,385][1-0.3000]\} - 35,351$$
$$= 34,196 \text{ millions USD}$$

Law-6157:

If both (**d**= D/A= Dividend Portion or Payout= 30.00%), (**B**= Before Tax Income= 11,285 millions USD), (**T**= Tax Paid= 3,385 millions USD), (**P**= Procured Inventories= 6,497 millions USD), (**q**= [C-P]/X= Quick or Acid Test Ratio= 1.01 times), (**c**= C/X= Current Ratio= 1.20 times), (**f**= L/E= Leverage or Gearing Ratio= 99.00%), and (**U**= Utilized or Starting Capital= 64,720 millions USD), then it's (**Q**= Quoted Longterm Liabilities planned) is:

$$Q = f\{U+[B-T][1-d]\}-P/[c-q]$$
$$= 0.9900\{64,720+[11.285$$
$$-3,385][1-0.3000]\}-6,497$$
$$/[1.2000-1.0100]$$
$$= \underline{35,351} \text{ millions USD}$$

Law-6158:

If both (**d**= D/A= Dividend Portion or Payout= 30.00%), (**B**= Before Tax Income= 11,285 millions USD), (**T**= Tax Paid= 3,385 millions USD), (**P**= Procured Inventories= 6,497 millions USD), (**q**= [C-P]/X= Quick or Acid Test Ratio= 1.01 times), (**c**= C/X= Current Ratio= 1.20 times), (**Q**= Quoted Longterm Liabilities= 35,351 millions USD),and (**U**= Utilized or Starting Capital= 64,720 millions USD), then it's (**l** = Leverage or Gearing Ratio planned) is:

l = {**Q**+**P**/[**c**-**q**]}/{**U**+[**B**-**T**][1-**d**]}
　　= {35,351+6,497/[1.2000-1.0100]}
　　　/{64,720+[11.285-3,385]
　　　[1-0.3000]}
　　= 99.00%

Finance Construction-8, *Tim Asikin, Steve Asikin, Indra Senihardja*

Law-6159:
If both (**d**= D/A= Dividend Portion or Payout= 30.00%), (**B**= Before Tax Income= 11,285 millions USD), (**T**= Tax Paid= 3,385 millions USD), (**P**= Procured Inventories= 6,497 millions USD), (**q**= [C-P]/X= Quick or Acid Test Ratio= 1.01 times), (**c**= C/X= Current Ratio= 1.20 times), (**Q**= Quoted Longterm Liabilities= 35,351 millions USD),and (**I**= L/E= Leverage or Gearing Ratio= 99.00%), then it's (**U**= Utilized or Starting Capital planned) is:

$$U = \{Q+P/[c-q]\}/I - [B-T][1-d]$$
$$= \{35,351+6,497/[1.2000 -1.0100]\}/0.9900$$
$$-[11.285-3.385]$$
$$[1-0.3000]$$
$$= 64,720 \text{ millions USD}$$

Law-6160:

If both (**d**= D/A= Dividend Portion or Payout= 30.00%), (**U**= Utilized or Starting Capital= 64,720 millions USD), (**T**= Tax Paid= 3,385 millions USD), (**P**= Procured Inventories= 6,497 millions USD), (**q**= [C-P]/X= Quick or Acid Test Ratio= 1.01 times), (**c**= C/X= Current Ratio= 1.20 times), (**Q**= Quoted Longterm Liabilities= 35,351 millions USD), and (**l**= L/E= Leverage or Gearing Ratio= 99.00%), then it's (**B**= Before Tax Income planned) is:

$$B = T + (\{Q+P/[c-q]\}/l - U)/[1-d]$$
$$= 3,385 + (\{35,351+6,497\\ /[1.2000-1.0100]\}/0.9900\\ -64,720)/[1-0.3000]$$
$$= 11,285 \text{ millions USD}$$

Law-6161:

If both (**d**= D/A= Dividend Portion or Payout= 30.00%), (**U**= Utilized or Starting Capital= 64,720 millions USD), (**P**= Procured Inventories= 6,497 millions USD), (**q**= [C-P]/X= Quick or Acid Test Ratio= 1.01 times), (**c**= C/X= Current Ratio= 1.20 times), (**B**= Before Tax Income= 11,285 millions USD), (**Q**= Quoted Longterm Liabilities= 35,351 millions USD),and (**l**= L/E= Leverage or Gearing Ratio= 99.00%), then it's (**T**= Tax Paid planned) is:

$$T = B - (\{Q+P/[c-q]\}/l - U)/[1-d]$$
$$= 11,285 - (\{35,351+6,497/[1.2000 - 1.0100]\}/0.9900 - 64,720)/[1-0.3000]$$
$$= \underline{3,385} \text{ millions USD}$$

Law-6162:
If both (**T**= Tax Paid= 3,385 millions USD), (**U**= Utilized or Starting Capital= 64,720 millions USD), (**P**= Procured Inventories= 6,497 millions USD), (**q**= [C-P]/X= Quick or Acid Test Ratio= 1.01 times), (**c**= C/X= Current Ratio= 1.20 times), (**B**= Before Tax Income= 11,285 millions USD), (**Q**= Quoted Longterm Liabilities= 35,351 millions USD),and (**l**= L/E= Leverage or Gearing Ratio= 99.00%), then it's (**d**= Dividend Portion or Payout planned) is:

$$d = 1-(\{Q+P/[c-q]\}/l-U)/[B-T]$$
$$= 1-(\{35,351+6,497/[1.2000 -1.0100]\}/0.9900-64,720) /[11,285-3,385]$$
$$= 30.00\%$$

Finance Construction-8, *Tim Asikin, Steve Asikin, Indra Senihardja*

Law-6163:

If both (**T**= Tax Paid= 3,385 millions USD), (**U**= Utilized or Starting Capital= 64,720 millions USD), (**d**= D/A= Dividend Portion or Payout= 30.00%), (**q**= [C-P]/X= Quick or Acid Test Ratio= 1.01 times), (**c**= C/X= Current Ratio= 1.20 times), (**B**= Before Tax Income= 11,285 millions USD), (**Q**= Quoted Longterm Liabilities= 35,351 millions USD),and (**l**= L/E= Leverage or Gearing Ratio= 99.00%), then it's (**P**= Procured Inventory planned) is:

$$P = [c-q](l\{U+[B-T][1-d]\} - Q)$$
$$= [1.2000-1.0100](0.9900\{64,720$$
$$+[11,285-3,385][1-0.3000]\}$$
$$-35,351)$$
$$= 6,497 \text{ millions USD}$$

Law-6164:

If both (**T**= Tax Paid= 3,385 millions USD), (**U**= Utilized or Starting Capital= 64,720 millions USD), (**d**= D/A= Dividend Portion or Payout= 30.00%), (**q**= [C-P]/X= Quick or Acid Test Ratio= 1.01 times), (**P**= Procured Inventories= 6,497 millions USD), (**B**= Before Tax Income= 11,285 millions USD), (**Q**= Quoted Longterm Liabilities= 35,351 millions USD),and (**l**= L/E= Leverage or Gearing Ratio= 99.00%), then it's (**c**= Current Ratio planned) is:

$$c = q + P/(l\{U+[B-T][1-d]\}-Q)$$
$$= 1.0100 + 6,497/(0.9900\{64,720 \\ +[11,285-3,385] \\ [1-0.3000]\}-35,351)$$
$$= 1.20 \text{ times}$$

Law-6165:
If both (**T**= Tax Paid= 3,385 millions USD), (**U**= Utilized or Starting Capital= 64,720 millions USD), (**d**= D/A= Dividend Portion or Payout= 30.00%), (**c**= C/X= Current Ratio= 1.20 times), (**P**= Procured Inventories= 6,497 millions USD), (**B**= Before Tax Income= 11,285 millions USD), (**Q**= Quoted Longterm Liabilities= 35,351 millions USD), and (**l**= L/E= Leverage or Gearing Ratio= 99.00%), then it's (**q**= Quick or Acid Test Ratio planned) is:

$$q = c - P/(l\{U+[B-T][1-d]\} - Q)$$
$$= 1.2000 - 6,497/(0.9900\{64,720 + [11,285-3,385][1-0.3000]\} - 35,351)$$
$$= 1.01 \text{ times}$$

Law-6166:

If both (**T**= Tax Paid= 3,385 millions USD), (**U**= Utilized or Starting Capital= 64,720 millions USD), (**d**= D/A= Dividend Portion or Payout= 30.00%), (**c**= C/X= Current Ratio= 1.20 times), (**P**= Procured Inventories= 6,497 millions USD), (**B**= Before Tax Income= 11,285 millions USD), (**q**= [C-P]/X= Quick or Acid Test Ratio= 1.01 times), and (**l**= L/E= Leverage or Gearing Ratio= 99.00%), then it's (**Q**= Quoted Longterm Liabilities planned) is:

$$Q = l\{U+[B-T][1-d]\}-Vp/\{360[c-q]\}$$
$$= 0.9900\{64,720+[11,285-3,385]$$
$$[1-0.3000]\}-9,746*240$$
$$/\{360[1.2000-1.0100]\}$$
$$= \underline{35,531} \text{ millions USD}$$

Finance Construction-8, *Tim Asikin, Steve Asikin, Indra Senihardja*

Law-6167:
If both (**T**= Tax Paid= 3,385 millions USD), (**U**= Utilized or Starting Capital= 64,720 millions USD), (**d**= D/A= Dividend Portion or Payout= 30.00%), (**c**= C/X= Current Ratio= 1.20 times), (**P**= Procured Inventories= 6,497 millions USD), (**B**= Before Tax Income= 11,285 millions USD), (**q**= [C-P]/X= Quick or Acid Test Ratio= 1.01 times), and (**Q**= Quoted Longterm Liabilities= 35,351 millions USD), then it's (**I** = Leverage or Gearing Ratio planned) is:

$$I = (Q+Vp/\{360[c-q]\})/\{U+[B-T][1-d]\}$$
$$= (35,531+9,746*240/\{360[1.2000-1.0100]\})/\{64,720+[11,285-3,385][1-0.3000]\}$$
$$= 99.00\%$$

Law-6168:

If both (**T**= Tax Paid= 3,385 millions USD), (**I**= L/E= Leverage or Gearing Ratio= 99.00%), (**d**= D/A= Dividend Portion or Payout= 30.00%), (**c**= C/X= Current Ratio= 1.20 times), (**P**= Procured Inventories= 6,497 millions USD), (**B**= Before Tax Income= 11,285 millions USD), (**q**= [C-P]/X= Quick or Acid Test Ratio= 1.01 times), and (**Q**= Quoted Longterm Liabilities= 35,351 millions USD), then it's (**U**= Utilized or Starting Capital planned) is:

$$U = (Q+Vp/\{360[c-q]\})/I - [B-T][1-d]$$
$$= (35,531+9,746*240/\{360[1.2000$$
$$-1.0100]\})/0.9900-[11,285$$
$$-3,385][1-0.3000]\}$$
$$= \underline{64,720} \text{ millions USD}$$

Law-6169:

If both (**T**= Tax Paid= 3,385 millions USD), (**/**= L/E= Leverage or Gearing Ratio= 99.00%), (**d**= D/A= Dividend Portion or Payout= 30.00%), (**c**= C/X= Current Ratio= 1.20 times), (**P**= Procured Inventories= 6,497 millions USD), (**U**= Utilized or Starting Capital= 64,720 millions USD), (**q**= [C-P]/X= Quick or Acid Test Ratio= 1.01 times), and (**Q**= Quoted Longterm Liabilities= 35,351 millions USD), then it's (**B**= Before Tax Income planned) is:

$$B = T+[(Q+Vp/\{360[c-q]\})/\text{/} -U]/[1-d]$$
$$= 3,385+[(35,531+9,746*240$$
$$/\{360[1.2000-1.0100]\}$$
$$/0.9900-64,720]$$
$$/[1-0.3000]\}$$
$$= \underline{11,285} \text{ millions USD}$$

Law-6170:

If both (**B**= Before Tax Income= 11,285 millions USD), (**l**= L/E= Leverage or Gearing Ratio= 99.00%), (**d**= D/A= Dividend Portion or Payout= 30.00%), (**c**= C/X= Current Ratio= 1.20 times), (**P**= Procured Inventories= 6,497 millions USD), (**U**= Utilized or Starting Capital= 64,720 millions USD), (**q**= [C-P]/X= Quick or Acid Test Ratio= 1.01 times), and (**Q**= Quoted Longterm Liabilities= 35,351 millions USD), then it's (**T**= Tax Paid planned) is:

$$T = B - [(Q + Vp / \{360[c-q]\}) / l - U] / [1-d]$$
$$= 11,285 - [(35,531 + 9,746 * 240 / \{360[1.2000 - 1.0100]\}) / 0.9900 - 64,720] / [1 - 0.3000]\}$$
$$= 3,385 \text{ millions USD}$$

Law-6171:

If both (**B**= Before Tax Income= 11,285 millions USD), (**I**= L/E= Leverage or Gearing Ratio= 99.00%), (**T**= Tax Paid= 3,385 millions USD), (**c**= C/X= Current Ratio= 1.20 times), (**P**= Procured Inventories= 6,497 millions USD), (**U**= Utilized or Starting Capital= 64,720 millions USD), (**q**= [C-P]/X= Quick or Acid Test Ratio= 1.01 times), and (**Q**= Quoted Longterm Liabilities= 35,351 millions USD), then it's (**d**= Dividend Portion or Payout planned) is:

$$d = 1-[(\mathbf{Q}+\mathbf{Vp}/\{360[\mathbf{c}\text{-}\mathbf{q}]\})/\mathbf{I}\text{-}\mathbf{U}]/[\mathbf{B}\text{-}\mathbf{T}]$$
$$= 1-[(35,531+9,746*240$$
$$/\{360[1.2000\text{-}1.0100]\})$$
$$/0.9900\text{-}64,720]$$
$$/[11,285\text{-}3,385]$$
$$= 30.00\%$$

Law-6172:

If both (**B**= Before Tax Income= 11,285 millions USD), (**I**= L/E= Leverage or Gearing Ratio= 99.00%), (**T**= Tax Paid= 3,385 millions USD), (**c**= C/X= Current Ratio= 1.20 times), (**d**= D/A= Dividend Portion or Payout= 30.00%), (**p**= 360 P/V= Procured Inventory Days= 240 Days), (**U**= Utilized or Starting Capital= 64,720 millions USD), (**q**= [C-P]/X= Quick or Acid Test Ratio= 1.01 times), and (**Q**= Quoted Longterm Liabilities= 35,351 millions USD), then it's (**V**= Variable Cost planned) is:

$$V = 360[c-q](I\{U+[B-T][1-d]\}-Q)/p$$
$$= 360[1.2000-1.0100](0.9900$$
$$\{64,720\}+[11,285-3,385]$$
$$[1-0.3000]\}-35,531)/240$$
$$= 9,746 \text{ millions USD}$$

Finance Construction-8, *Tim Asikin, Steve Asikin, Indra Senihardja*

<u>Law-6173</u>:
If both (**B**= Before Tax Income= 11,285 millions USD), (**l**= L/E= Leverage or Gearing Ratio= 99.00%), (**T**= Tax Paid= 3,385 millions USD), (**c**= C/X= Current Ratio= 1.20 times), (**d**= D/A= Dividend Portion or Payout= 30.00%), (**V**= Variable Cost= 9,746 millions USD), (**U**= Utilized or Starting Capital= 64,720 millions USD), (**q**= [C-P]/X= Quick or Acid Test Ratio= 1.01 times), and (**Q**= Quoted Longterm Liabilities= 35,351 millions USD), then it's (**p**= Procured Inventory Days planned) is:

p= 360[**c-q**](**l** {**U**+[**B-T**][1-**d**]}-**Q**)/**V**
= 360[1.2000-1.0100](0.9900
{64,720]+[11,285-3,385]
[1-0.3000]}-35,531)
/9,746
= 240 days

Law-6174:

If both (**B**= Before Tax Income= 11,285 millions USD), (**l**= L/E= Leverage or Gearing Ratio= 99.00%), (**T**= Tax Paid= 3,385 millions USD), (**p**= 360 P/V= Procured Inventory Days= 240 Days), (**d**= D/A= Dividend Portion or Payout= 30.00%), (**V**= Variable Cost= 9,746 millions USD), (**U**= Utilized or Starting Capital= 64,720 millions USD), (**q**= [C-P]/X= Quick or Acid Test Ratio= 1.01 times), and (**Q**= Quoted Longterm Liabilities= 35,351 millions USD), then it's (**c**= Current Ratio planned) is:

$$c = q+Vp/[360(\mathit{l}\{U+[B-T][1-d]\}-Q)]$$
$$= 1.0100+9,746*240/[360(0.9900\{64,720]+[11,285-3,385][1-0.3000]\}-35,531)]$$
$$= \underline{1.20} \text{ times}$$

Law-6175:

If both (**B**= Before Tax Income= 11,285 millions USD), (**l**= L/E= Leverage or Gearing Ratio= 99.00%), (**T**= Tax Paid= 3,385 millions USD), (**p**= 360 P/V= Procured Inventory Days= 240 Days), (**d**= D/A= Dividend Portion or Payout= 30.00%), (**V**= Variable Cost= 9,746 millions USD), (**U**= Utilized or Starting Capital= 64,720 millions USD), (**c**= C/X= Current Ratio= 1.20 times), and (**Q**= Quoted Longterm Liabilities= 35,351 millions USD), then it's (**q**= Quick or Acid Test Ratio planned) is:

q= **c**-**Vp**/[360(**l** {**U**+[**B**-**T**][1-**d**]}-**Q**)]
= 1.2000-9,746*240/[360(0.9900
{64,720}+[11,285-3,385]
[1-0.3000]}-35,531)]
= 1.01 times

Law-6176:

If both (**B**= Before Tax Income= 11,285 millions USD), (**l**= L/E= Leverage or Gearing Ratio= 99.00%), (**T**= Tax Paid= 3,385 millions USD), (**p**= 360 P/V= Procured Inventory Days= 240 Days), (**d**= D/A= Dividend Portion or Payout= 30.00%), (**S**= Sales or Revenues= 51,294 millions USD), (**v**= V/S= Variable Portion= 19.00%), (**U**= Utilized or Starting Capital= 64,720 millions USD), (**c**= C/X= Current Ratio= 1.20 times), and (**q**= [C-P]/X= Quick or Acid Test Ratio= 1.01 times), then it's (**Q**= Quoted Longterm Liabilities planned) is:

$$Q = l\{U+[B-T][1-d]\}-Svp/\{360[c-q]\}$$
$$= 0.9900\{64{,}720]+[11{,}285-3{,}385]$$
$$[1-0.3000]\}-51{,}294*0.1900$$
$$*240/\{360[1.2000-1.0100]\}$$
$$= \underline{35{,}351} \text{ millions USD}$$

Law-6177:

If both (**B**= Before Tax Income= 11,285 millions USD), (**Q**= Quoted Longterm Liabilities= 35,351 millions USD), (**T**= Tax Paid= 3,385 millions USD), (**p**= 360 P/V= Procured Inventory Days= 240 Days), (**d**= D/A= Dividend Portion or Payout= 30.00%), (**$**= Sales or Revenues= 51,294 millions USD), (**v**= V/S= Variable Portion= 19.00%), (**U**= Utilized or Starting Capital= 64,720 millions USD), (**c**= C/X= Current Ratio= 1.20 times), and (**q**= [C-P]/X= Quick or Acid Test Ratio= 1.01 times), then it's (***I*** = Leverage or Gearing Ratio planned) is:

$$I = (Q+\$vp/\{360[c-q]\})/\{U+[B-T][1-d]\}$$
$$= (35{,}351+51{,}294*0.1900*240$$
$$/\{360[1.2000-1.0100]\})$$
$$/\{64{,}720]+[11{,}285-3{,}385]$$
$$[1-0.3000]\}$$
$$= \underline{99.00\%}$$

Law-6178:

If both (**B**= Before Tax Income= 11,285 millions USD), (**Q**= Quoted Longterm Liabilities= 35,351 millions USD), (**T**= Tax Paid= 3,385 millions USD), (**p**= 360 P/V= Procured Inventory Days= 240 Days), (**d**= D/A= Dividend Portion or Payout= 30.00%), (**$**= Sales or Revenues= 51,294 millions USD), (**v**= V/S= Variable Portion= 19.00%), (**l**= L/E= Leverage or Gearing Ratio= 99.00%), (**c**= C/X= Current Ratio= 1.20 times), and (**q**= [C-P]/X= Quick or Acid Test Ratio= 1.01 times), then it's (**U**= Utilized or Starting Capital planned) is:

$$U = (Q + \$vp/\{360[c-q]\})/l - [B-T][1-d]\}$$
$$= (35{,}351 + 51{,}294 * 0.1900 * 240$$
$$/\{360[1.2000-1.0100]\})$$
$$/0.9900 - [11{,}285-3{,}385]$$
$$[1-0.3000]\}$$
$$= 64{,}720 \text{ millions USD}$$

Finance Construction-8, *Tim Asikin, Steve Asikin, Indra Senihardja*

Law-6179:
If both (**U**= Utilized or Starting Capital= 64,720 millions USD), (**Q**= Quoted Longterm Liabilities= 35,351 millions USD), (**T**= Tax Paid= 3,385 millions USD), (**p**= 360 P/V= Procured Inventory Days= 240 Days), (**S**= Sales or Revenues= 51,294 millions USD), (**d**= D/A= Dividend Portion or Payout= 30.00%), (**v**= V/S= Variable Portion= 19.00%), (**l**= L/E= Leverage or Gearing Ratio= 99.00%), (**c**= C/X= Current Ratio= 1.20 times), and (**q**= [C-P]/X= Quick or Acid Test Ratio= 1.01 times), then it's (**B**= Before Tax Income planned) is:

$$B = T+[(Q+Svp/\{360[c-q]\})/l -U]/[1-d]$$
$$= 3,385+[(35,351+51,294*0.1900$$
$$*240/\{360[1.2000-1.0100]\})$$
$$/0.9900-64,720]/[1-0.3000]$$
$$= 11,285 \text{ millions USD}$$

Finance Construction-8, *Tim Asikin, Steve Asikin, Indra Senihardja*

Law-6180:

If both (**U**= Utilized or Starting Capital= 64,720 millions USD), (**Q**= Quoted Longterm Liabilities= 35,351 millions USD), (**B**= Before Tax Income= 11,285 millions USD), (**p**= 360 P/V= Procured Inventory Days= 240 Days), (**$**= Sales or Revenues= 51,294 millions USD), (**d**= D/A= Dividend Portion or Payout= 30.00%), (**v**= V/S= Variable Portion= 19.00%), (**l**= L/E= Leverage or Gearing Ratio= 99.00%), (**c**= C/X= Current Ratio= 1.20 times), and (**q**= [C-P]/X= Quick or Acid Test Ratio= 1.01 times), then it's (**T**= Tax paid planned) is:

$$T = B - [(Q + \$vp/\{360[c-q]\})/l - U]/[1-d]$$
$$= 11{,}285 - [(35{,}351 + 51{,}294 * 0.1900$$
$$* 240/\{360[1.2000 - 1.0100]\})$$
$$/0.9900 - 64{,}720]/[1 - 0.3000]$$
$$= 3{,}385 \text{ millions USD}$$

Finance Construction-8, *Tim Asikin, Steve Asikin, Indra Senihardja*

Law-6181:
If both (**U**= Utilized or Starting Capital= 64,720 millions USD), (**Q**= Quoted Longterm Liabilities= 35,351 millions USD), (**B**= Before Tax Income= 11,285 millions USD), (**p**= 360 P/V= Procured Inventory Days= 240 Days), (**S**= Sales or Revenues= 51,294 millions USD), (**T**= Tax Paid= 3,385 millions USD), (**v**= V/S= Variable Portion= 19.00%), (**l**= L/E= Leverage or Gearing Ratio= 99.00%), (**c**= C/X= Current Ratio= 1.20 times), and (**q**= [C-P]/X= Quick or Acid Test Ratio= 1.01 times), then it's (**d**= Dividend Portion or Payout planned) is:

$$d = 1-[(Q+Svp/\{360[c-q]\})/l-U]/[B-T]$$
$$= 1-[(35{,}351+51{,}294*0.1900*240$$
$$/\{360[1.2000-1.0100]\})$$
$$/0.9900-64{,}720]$$
$$/[11{,}285-3{,}385]$$
$$= 30.00\%$$

Finance Construction-8, *Tim Asikin, Steve Asikin, Indra Senihardja*

Law-6182:
If both (**U**= Utilized or Starting Capital= 64,720 millions USD), (**Q**= Quoted Longterm Liabilities= 35,351 millions USD), (**B**= Before Tax Income= 11,285 millions USD), (**p**= 360 P/V= Procured Inventory Days= 240 Days), (**d**= D/A= Dividend Portion or Payout= 30.00%), (**T**= Tax Paid= 3,385 millions USD), (**v**= V/S= Variable Portion= 19.00%), (**l**= L/E= Leverage or Gearing Ratio= 99.00%), (**c**= C/X= Current Ratio= 1.20 times), and (**q**= [C-P]/X= Quick or Acid Test Ratio= 1.01 times), then it's (**$**= Sales or Revenues planned) is:

$$\$= 360[\mathbf{c\text{-}q}](\mathbf{\mathit{l}}\text{-}\{\mathbf{U}+[\mathbf{B\text{-}T}][1\text{-}\mathbf{d}]\}\text{-}\mathbf{Q})/[\mathbf{vp}]$$
$$= (360[1.2000\text{-}1.0100](0.9900$$
$$-\{64,720+[11,285\text{-}3,385]$$
$$[1\text{-}0.3000]\}\text{-}35,351)$$
$$/[0.1900*240]$$
$$= \underline{51,294} \text{ milions USD}$$

Law-6183:

If both (**U**= Utilized or Starting Capital= 64,720 millions USD), (**Q**= Quoted Longterm Liabilities= 35,351 millions USD), (**B**= Before Tax Income= 11,285 millions USD), (**p**= 360 P/V= Procured Inventory Days= 240 Days), (**d**= D/A= Dividend Portion or Payout= 30.00%), (**T**= Tax Paid= 3,385 millions USD), (**S**= Sales or Revenues= 51,294 millions USD), (**l**= L/E= Leverage or Gearing Ratio= 99.00%), (**c**= C/X= Current Ratio= 1.20 times), and (**q**= [C-P]/X= Quick or Acid Test Ratio= 1.01 times), then it's (**v** = Variable Portion planned) is:

$$v = 360[c-q](l - \{U+[B-T][1-d]\} - Q)/[Sp]$$
$$= (360[1.2000-1.0100](0.9900$$
$$\quad -\{64,720+[11,285-3,385]$$
$$\quad [1-0.3000]\}-35,351)$$
$$\quad /[51,294*240]$$
$$= \underline{19.00\%}$$

Law-6184:

If both (**U**= Utilized or Starting Capital= 64,720 millions USD), (**Q**= Quoted Longterm Liabilities= 35,351 millions USD), (**B**= Before Tax Income= 11,285 millions USD), (**v**= V/S= Variable Portion= 19.00%), (**d**= D/A= Dividend Portion or Payout= 30.00%), (**T**= Tax Paid= 3,385 millions USD), (**$**= Sales or Revenues= 51,294 millions USD), (**l**= L/E= Leverage or Gearing Ratio= 99.00%), (**c**= C/X= Current Ratio= 1.20 times), and (**q**= [C-P]/X= Quick or Acid Test Ratio= 1.01 times), then it's (**p**= Procured Inventory Days planned) is:

$$p = 360[\textbf{c-q}](\textbf{l} - \{\textbf{U}+[\textbf{B-T}][1-\textbf{d}]\} - \textbf{Q})/[\textbf{\$v}]$$
$$= (360[1.2000-1.0100](0.9900$$
$$-\{64,720+[11,285-3,385]$$
$$[1-0.3000]\}-35,351)$$
$$/[51,294*0.1900]$$
$$= \underline{240} \text{ days}$$

Law-6185:
If both (**U**= Utilized or Starting Capital= 64,720 millions USD), (**Q**= Quoted Longterm Liabilities= 35,351 millions USD), (**B**= Before Tax Income= 11,285 millions USD), (**v**= V/S= Variable Portion= 19.00%), (**d**= D/A= Dividend Portion or Payout= 30.00%), (**T**= Tax Paid= 3,385 millions USD), (**$**= Sales or Revenues= 51,294 millions USD), (**/**= L/E= Leverage or Gearing Ratio= 99.00%), (**p**= 360 P/V= Procured Inventory Days= 240 Days), and (**q**= [C-P]/X= Quick or Acid Test Ratio= 1.01 times), then it's (**c**= Current Ratio planned) is:

$$c = q + \$vp/[360(/\{U+[B-T][1-d]\}-Q)]$$
$$= 1.0100 + 51,294*0.1900*240$$
$$/[360(0.9900\{64,720$$
$$+[11,285-3,385]$$
$$[1-0.3000]\}-35,351)]$$
$$= 1.20 \text{ times}$$

Law-6186:

If both (**U**= Utilized or Starting Capital= 64,720 millions USD), (**Q**= Quoted Longterm Liabilities= 35,351 millions USD), (**B**= Before Tax Income= 11,285 millions USD), (**v**= V/S= Variable Portion= 19.00%), (**d**= D/A= Dividend Portion or Payout= 30.00%), (**T**= Tax Paid= 3,385 millions USD), (**$**= Sales or Revenues= 51,294 millions USD), (**l**= L/E= Leverage or Gearing Ratio= 99.00%), (**p**= 360 P/V= Procured Inventory Days= 240 Days), and (**c**= C/X= Current Ratio= 1.20 times), then it's (**q**= Quick or Acid Test Ratio planned) is:

$$q = c\text{-}\$vp/[360\{\textit{l}\{U+[B-T][1-d]\}-Q)]$$
$$= 1.2000 - 51{,}294 * 0.1900 * 240$$
$$/[360(0.9900\{64{,}720$$
$$+[11{,}285 - 3{,}385]$$
$$[1 - 0.3000]\} - 35{,}351)]$$
$$= \underline{1.01} \text{ times}$$

Finance Construction-8, *Tim Asikin, Steve Asikin, Indra Senihardja*

<u>Law-6187</u>:
If both (**U**= Utilized or Starting Capital= <u>64,720</u> millions USD), (**q**= [C-P]/X= Quick or Acid Test Ratio= <u>1.01</u> times), (**B**= Before Tax Income= <u>11,285</u> millions USD), (**v**= V/S= Variable Portion= <u>19.00</u>%), (**d**= D/A= Dividend Portion or Payout= 30.00%), (**T**= Tax Paid= <u>3,385</u> millions USD), (**S'**= Sales of Past Year= <u>48,851</u> millions USD), (**s**= [S/S']-1= Sales Growth= <u>5.00</u>%), (**l**= L/E= Leverage or Gearing Ratio= <u>99.00</u>%), (**p**= 360 P/V= Procured Inventory Days= <u>240</u> Days), and (**c**= C/X= Current Ratio= <u>1.20</u> times), then it's (**Q**= Quoted Longterm Liabilities planned) is:

$$Q= l\{U+[B-T][1-d]-S'vp[1+s]\}/\{360[c-q]\}$$
$$= 0.9900\{64,720+[11,285-3,385]$$
$$[1-0.3000]\}-48,851*0.1900$$
$$*240[1+0.0500]\}/\{360$$
$$[1.2000-1.0100]\}$$
$$= \underline{35,351} \text{ millions USD}$$

Law-6188:

If both (**U**= Utilized or Starting Capital= 64,720 millions USD), (**q**= [C-P]/X= Quick or Acid Test Ratio= 1.01 times), (**B**= Before Tax Income= 11,285 millions USD), (**v**= V/S= Variable Portion= 19.00%), (**d**= D/A= Dividend Portion or Payout= 30.00%), (**T**= Tax Paid= 3,385 millions USD, (**$'**= Sales of Past Year= 48,851 millions USD), (**s**= [S/S']-1= Sales Growth= 5.00%), (**Q**= Quoted Longterm Liabilities= 35,351 millions USD), (**p**= 360 P/V= Procured Inventory Days= 240 Days), and (**c**= C/X= Current Ratio= 1.20 times), then it's (**l**= Leverage or Gearing Ratio planned) is:

$$l = (Q + \$'vp[1+s]/\{360[c-q]\})/\{U+[B-T][1-d]\}$$
$$= (35{,}351 + 48{,}851 * 0.1900 * 240[1+0.0500]/\{360[1.2000 - 1.0100]\})/\{64{,}720 + [11{,}285 - 3{,}385][1 - 0.3000]\}$$
$$= \underline{99.00}\%$$

Law-6189:

If both (**l**= L/E= Leverage or Gearing Ratio= 99.00%), (**q**= [C-P]/X= Quick or Acid Test Ratio= 1.01 times), (**B**= Before Tax Income= 11,285 millions USD), (**v**= V/S= Variable Portion= 19.00%), (**d**= D/A= Dividend Portion or Payout= 30.00%), (**T**= Tax Paid= 3,385 millions USD, (**S'**= Sales of Past Year= 48,851 millions USD), (**s**= [S/S']-1= Sales Growth= 5.00%), (**Q**= Quoted Longterm Liabilities= 35,351 millions USD), (**p**= 360 P/V= Procured Inventory Days= 240 Days), and (**c**= C/X= Current Ratio= 1.20 times), then it's (**U**= Utilized Or Starting Capital planned) is:

$$U= (Q+S'vp[1+s]/\{360[c-q]\})/l-[B-T][1-d]$$
$$= (35,351+48,851*0.1900*240$$
$$[1+0.0500]/\{360[1.2000$$
$$-1.0100]\})/0.9900-[11,285$$
$$-3,385][1-0.3000]\}$$
$$= 64,720 \text{ millions USD}$$

Finance Construction-8, *Tim Asikin, Steve Asikin, Indra Senihardja*

Law-6190:

If both (l= L/E= Leverage or Gearing Ratio= 99.00%), (q= [C-P]/X= Quick or Acid Test Ratio= 1.01 times), (U= Utilized or Starting Capital= 64,720 millions USD), (v= V/S= Variable Portion= 19.00%), (d= D/A= Dividend Portion or Payout= 30.00%), (T= Tax Paid= 3,385 millions USD, (S'= Sales of Past Year= 48,851 millions USD), (s= [S/S']-1= Sales Growth= 5.00%), (Q= Quoted Longterm Liabilities= 35,351 millions USD), (p= 360 P/V= Procured Inventory Days= 240 Days), and (c= C/X= Current Ratio= 1.20 times), then it's (B= Before Tax Income planned) is:

$B = T+[(Q+S'vp[1+s]/\{360[c-q]\})/l -U]/[1-d]$
  = 3,385+[(35,351+48,851*0.1900
      *240[1+0.0500]/{360
      [1.2000-1.0100]})/0.9900
      -64,720]/[1-0.3000]}
  = 11,285 millions USD

Finance Construction-8, *Tim Asikin, Steve Asikin, Indra Senihardja*

Law-6191:

If both (l= L/E= Leverage or Gearing Ratio= 99.00%), (q= [C-P]/X= Quick or Acid Test Ratio= 1.01 times), (U= Utilized or Starting Capital= 64,720 millions USD), (v= V/S= Variable Portion= 19.00%), (d= D/A= Dividend Portion or Payout= 30.00%), (B= Before Tax Income= 11,285 millions USD), (S'= Sales of Past Year= 48,851 millions USD), (s= [S/S']-1= Sales Growth= 5.00%), (Q= Quoted Longterm Liabilities= 35,351 millions USD), (p= 360 P/V= Procured Inventory Days= 240 Days), and (c= C/X= Current Ratio= 1.20 times), then it's (T= Tax Paid planned) is:

T= B-[(Q+$S'vp$[1+s]/{360[c-q]})/l-U]/[1-d]
= 11,285-[(35,351+48,851*0.1900
*240[1+0.0500] /{360
[1.2000-1.0100]})
/0.9900-64,720]/[1-0.3000]
= 3,385 millions USD

Law-6192:

If both (l= L/E= Leverage or Gearing Ratio= 99.00%), (q= [C-P]/X= Quick or Acid Test Ratio= 1.01 times), (**U**= Utilized or Starting Capital= 64,720 millions USD), (v= V/S= Variable Portion= 19.00%), (**T**= Tax Paid= 3,385 millions USD), (**B**= Before Tax Income= 11,285 millions USD), (S'= Sales of Past Year= 48,851 millions USD), (s= [S/S']-1= Sales Growth= 5.00%), (**Q**= Quoted Longterm Liabilities= 35,351 millions USD), (**p**= 360 P/V= Procured Inventory Days= 240 Days), and (c= C/X= Current Ratio= 1.20 times), then it's (**d**= Dividend Portion or Payout planned) is:

$$d = 1-[\mathbf{B}-(\mathbf{Q}+S'vp[1+s]/\{360[c-q]\})/l - \mathbf{U}]/[\mathbf{B}-\mathbf{T}]$$
$$= 1-[(35,351+48,851*0.1900*240$$
$$[1+0.0500]/\{360[1.2000$$
$$-1.0100]\})/0.9900-64,720]$$
$$/[11,285-3,385]$$
$$= 30.00\%$$

Finance Construction-8, *Tim Asikin, Steve Asikin, Indra Senihardja*

Law-6193:

If both (l= L/E= Leverage or Gearing Ratio= 99.00%), (q= [C-P]/X= Quick or Acid Test Ratio= 1.01 times), (U= Utilized or Starting Capital= 64,720 millions USD), (v= V/S= Variable Portion= 19.00%), (T= Tax Paid= 3,385 millions USD), (B= Before Tax Income= 11,285 millions USD), (d= D/A= Dividend Portion or Payout= 30.00%), (s= [S/S']-1= Sales Growth= 5.00%), (Q= Quoted Longterm Liabilities= 35,351 millions USD), (p= 360 P/V= Procured Inventory Days= 240 Days), and (c= C/X= Current Ratio= 1.20 times), then it's (S'= Sales Past) must be:

S'= 360[c-q](l {U+[B-T][1-d]}-Q)
/{vp[1+s]}

= 360[1.2000-1.0100](0.9900
{64,720}+[11,285-3,385]
[1-0.3000]}-35,351)
/{0.1900*240[1+0.0500]}

= 48,851 millions USD

Law-6194:

If both (l= L/E= Leverage or Gearing Ratio= 99.00%), (q= [C-P]/X= Quick or Acid Test Ratio= 1.01 times), (U= Utilized or Starting Capital= 64,720 millions USD), (S'= Sales of Past Year= 48,851 millions USD), (T= Tax Paid= 3,385 millions USD), (B= Before Tax Income= 11,285 millions USD), (d= D/A= Dividend Portion or Payout= 30.00%), (s= [S/S']-1= Sales Growth= 5.00%), (Q= Quoted Longterm Liabilities= 35,351 millions USD), (p= 360 P/V= Procured Inventory Days= 240 Days), and (c= C/X= Current Ratio= 1.20 times), then it's (v= Variable Portion planned) is:

$$v = 360[c-q](l\{U+[B-T][1-d]\}-Q) / \{S'p[1+s]\}$$
$$= 360[1.2000-1.0100](0.9900 \{64,720\}+[11,285-3,385] [1-0.3000]\}-35,351) /\{48,851*240[1+0.0500]\}$$
$$= 19.00\%$$

Finance Construction-8, *Tim Asikin, Steve Asikin, Indra Senihardja*

Law-6195:

If both (l= L/E= Leverage or Gearing Ratio= 99.00%), (q= [C-P]/X= Quick or Acid Test Ratio= 1.01 times), (U= Utilized or Starting Capital= 64,720 millions USD), (S'= Sales of Past Year= 48,851 millions USD), (T= Tax Paid= 3,385 millions USD), (B= Before Tax Income= 11,285 millions USD), (d= D/A= Dividend Portion or Payout= 30.00%), (s= [S/S']-1= Sales Growth= 5.00%), (Q= Quoted Longterm Liabilities= 35,351 millions USD), (v= V/S= Variable Portion= 19.00%), and (c= C/X= Current Ratio= 1.20 times), then it's (p= Procured Inventory Days planned) is:

p= 360[c-q](l {U+[B-T][1-d]}-Q)
/{$S'v$[1+s]}
= 360[1.2000-1.0100](0.9900
{64,720}+[11,285-3,385]
[1-0.3000]}-35,351)
/{48,851*0.1900
[1+0.0500]}
= 240 days

Law-6196:

If both (l= L/E= Leverage or Gearing Ratio= 99.00%), (q= [C-P]/X= Quick or Acid Test Ratio= 1.01 times), (U= Utilized or Starting Capital= 64,720 millions USD), (S'= Sales of Past Year= 48,851 millions USD), (T= Tax Paid= 3,385 millions USD), (B= Before Tax Income= 11,285 millions USD), (d= D/A= Dividend Portion or Payout= 30.00%), (p= 360 P/V= Procured Inventory Days= 240 Days), (Q= Quoted Longterm Liabilities= 35,351 millions USD), (v= V/S= Variable Portion= 19.00%), and (c= C/X= Current Ratio= 1.20 times), then it's (s= Sales Growth planned) is:

s = 360[c-q](l {U+[B-T][1-d]}-Q)/[$S'vp$]-1
= 360[1.2000-1.0100](0,9900
{64,720}+[11,285-3,385]
[1-0.3000]}-35,351)
/[48,851*0.1900*240]-1
= 5.00%

Finance Construction-8, *Tim Asikin, Steve Asikin, Indra Senihardja*

Law-6197:

If both (l= L/E= Leverage or Gearing Ratio= 99.00%), (q= [C-P]/X= Quick or Acid Test Ratio= 1.01 times), (U= Utilized or Starting Capital= 64,720 millions USD), (S'= Sales of Past Year= 48,851 millions USD), (T= Tax Paid= 3,385 millions USD), (B= Before Tax Income= 11,285 millions USD), (d= D/A= Dividend Portion or Payout= 30.00%), (p= 360 P/V= Procured Inventory Days= 240 Days), (Q= Quoted Longterm Liabilities= 35,351 millions USD), (v= V/S= Variable Portion= 19.00%), and (s= [S/S']-1= Sales Growth= 5.00%), then it's (c= Current Ratio planned) is:

c= q+{$S'vp$[1+s]}/[360(l{U+[B-T][1-d]}-Q)]

= 1.0100+{48,851*0.1900*240 [1+0.0500]}/[360(0,9900 {64,720]+[11,285-3,385] [1-0.3000]}-35,351)]

= 1.20 times

Finance Construction-8, *Tim Asikin, Steve Asikin, Indra Senihardja*

Law-6198:

If both (*l*= L/E= Leverage or Gearing Ratio= 99.00%), (**c**= C/X= Current Ratio= 1.20 times), (**U**= Utilized or Starting Capital= 64,720 millions USD), (**S'**= Sales of Past Year= 48,851 millions USD), (**T**= Tax Paid= 3,385 millions USD), (**B**= Before Tax Income= 11,285 millions USD), (**d**= D/A= Dividend Portion or Payout= 30.00%), (**p**= 360 P/V= Procured Inventory Days= 240 Days), (**Q**= Quoted Longterm Liabilities= 35,351 millions USD), (**v**= V/S= Variable Portion= 19.00%), and (**s**= [S/S']-1= Sales Growth= 5.00%), then it's (**q**= Quick or Acid Test Ratio planned) is:

$$q = c - \{S'vp[1+s]\}/[360(l\{U+[B-T][1-d]\}-Q)]$$
$$= 1.2000 - \{48,851*0.1900*240\ [1+0.0500]\}/[360\ (0.9900\ \{64,720]+[11,285-3,385]\ [1-0.3000]\}-35,351)]$$
$$= \underline{1.01}\ \text{times}$$

Law-6199:

If both (F= L/E= Leverage or Gearing Ratio= 99.00%), (**B**= Before Tax Income= 11,285 millions USD), (**X**= Xpress or Current Debt= 34,196 millions USD), (**D**= Dividend Paid= 2,370 millions USD), (**U**= Utilized or Starting Capital= 64,720 millions USD), and (**t**= T/B= Tax Rate= 30.00%), then it's (**Q**= Quoted Longterm Liabilities planned) is:

$$Q = F[U+B-Bt-D]-X = F\{U+B[1-t]-D\}-X$$
$$= 0.9900\{64,720+11,285$$
$$[1-0.3000]-2,370\}-34,196$$
$$= 35,351 \text{ millions USD}$$

Law-6200:

If both (**Q**= Quoted Longterm Liabilities= 35,351 millions USD), (**B**= Before Tax Income= 11,285 millions USD), (**X**= Xpress or Current Debt= 34,196 millions USD), (**D**= Dividend Paid= 2,370 millions USD), (**U**= Utilized or Starting Capital= 64,720 millions USD), and (**t**= T/B= Tax Rate= 30.00%), then it's (***I*** = Leverage or Gearing Ratio planned) is:

$$I = [Q+X]/\{U+B[1-t]-D\}$$
$$= [35,531+34,196]/\{64,720 + 11,285[1-0.3000]-2,370\}$$
$$= \underline{99.00\%}$$

Finance Construction-8, *Tim Asikin, Steve Asikin, Indra Senihardja*

Law-6201:

If both (**Q**= Quoted Longterm Liabilities= 35,351 millions USD), (**B**= Before Tax Income= 11,285 millions USD), (**X**= Xpress or Current Debt= 34,196 millions USD), (**D**= Dividend Paid= 2,370 millions USD), (**I**= L/E= Leverage or Gearing Ratio= 99.00%), and (**t**= T/B= Tax Rate= 30.00%), then it's (**U**= Utilized or Starting Capital planned) is:

$$U = [Q+X]/I + D - B[1-t]$$
$$= [35,531+34,196]/0.9900 + 2,370 - 11,285[1-0.3000]$$
$$= \underline{64,720} \text{ millions USD}$$

Law-6202:

If both (**Q**= Quoted Longterm Liabilities= 35,351 millions USD), (**U**= Utilized or Starting Capital= 64,720 millions USD), (**X**= Xpress or Current Debt= 34,196 millions USD), (**D**= Dividend Paid= 2,370 millions USD), (**/**= L/E= Leverage or Gearing Ratio= 99.00%), and (**t**= T/B= Tax Rate= 30.00%), then it's (**B**= Before Tax Income planned) is:

$$B = \{[Q+X]/I + D - U\}/[1-t]$$
$$= \{[35{,}531 + 34{,}196]/0.9900 + 2{,}370 - 64{,}720\}/[1 - 0.3000]$$
$$= \underline{11{,}285} \text{ millions USD}$$

Law-6203:

If both (**Q**= Quoted Longterm Liabilities= 35,351 millions USD), (**U**= Utilized or Starting Capital= 64,720 millions USD), (**X**= Xpress or Current Debt= 34,196 millions USD), (**D**= Dividend Paid= 2,370 millions USD), (**I**= L/E= Leverage or Gearing Ratio= 99.00%), and (**B**= Before Tax Income= 11,285 millions USD), then it's (**t**= Tax Rate planned) is:

$$t = 1 - \{[Q+X]/I + D - U\}/B$$
$$= 1 - \{[35,531+34,196]/0.9900 + 2,370 - 64,720\}/11,285$$
$$= 30.00\%$$

Law-6204:
If both (**Q**= Quoted Longterm Liabilities= 35,351 millions USD), (**U**= Utilized or Starting Capital= 64,720 millions USD), (**X**= Xpress or Current Debt= 34,196 millions USD), (**t**= T/B= Tax Rate= 30.00%), (**⌐**= L/E= Leverage or Gearing Ratio= 99.00%), and (**B**= Before Tax Income= 11,285 millions USD), then it's (**D**= Dividend Paid planned) is:

$$D = U + B[1-t] - [Q+X]/⌐$$
$$= 64{,}720 + 11{,}285[1-0.3000]$$
$$\quad -[35{,}351 + 34{,}196]/0.9900$$
$$= \underline{2{,}370} \text{ millions USD}$$

Law-6205:

If both (**Q**= Quoted Longterm Liabilities= 35,351 millions USD), (**D**= Dividend Paid= 2,370 millions USD), (**U**= Utilized or Starting Capital= 64,720 millions USD), (**t**= T/B= Tax Rate= 30.00%), (**l**= L/E= Leverage or Gearing Ratio= 99.00%), and (**B**= Before Tax Income= 11,285 millions USD), then it's (**X**= Xpress or Current Debt planned) is:

$$X = l\{U+B[1-t]-D\}-Q$$
$$= l\{64,720+11,285[1-0.3000]-2,370\}-35,351$$
$$= 34,196 \text{ millions USD}$$

Law-6206:

If both (**P**= Procured Inventories= 6,497 millions USD), (**q**= [C-P]/X= Quick or Acid Test Ratio= 1.01 times), (**c**= C/X= Current Ratio= 1.20 times), (**D**= Dividend Paid= 2,370 millions USD), (**U**= Utilized or Starting Capital= 64,720 millions USD), (**t**= T/B= Tax Rate= 30.00%), (**l**= L/E= Leverage or Gearing Ratio= 99.00%), and (**B**= Before Tax Income= 11,285 millions USD), then it's (**Q**= Quoted Longterm Liabilities planned) is:

$$Q = l\{U+B[1-t]-D\}-X$$
$$= l\{U+B[1-t]-D\}-P/[c-q]$$
$$= 0.9900\{64,720+11,285[1-0.3000]$$
$$\qquad -2,370\}-6,497/[1.2000-1.0100]$$
$$= 35,351 \text{ millions USD}$$

Law-6207:

If both (**P**= Procured Inventories= 6,497 millions USD), (**q**= [C-P]/X= Quick or Acid Test Ratio= 1.01 times), (**c**= C/X= Current Ratio= 1.20 times), (**D**= Dividend Paid= 2,370 millions USD), (**U**= Utilized or Starting Capital= 64,720 millions USD), (**t**= T/B= Tax Rate= 30.00%), (**Q**= Quoted Longterm Liabilities= 35,351 millions USD), and (**B**= Before Tax Income= 11,285 millions USD), then it's (**I** = Leverage or Gearing Ratio planned) is:

$$I = \{Q+P/[c-q]\}/\{U+B[1-t]-D\}$$
$$= \{35{,}351+6{,}497/[1.2000 -1.0100]\}/\{64{,}720+11{,}285 [1-0.3000]-2{,}370\}$$
$$= 99.00\%$$

Law-6208:

If both (**P**= Procured Inventories= 6,497 millions USD), (**q**= [C-P]/X= Quick or Acid Test Ratio= 1.01 times), (**c**= C/X= Current Ratio= 1.20 times), (**D**= Dividend Paid= 2,370 millions USD), (**l**= L/E= Leverage or Gearing Ratio= 99.00%), (**t**= T/B= Tax Rate= 30.00%), (**Q**= Quoted Longterm Liabilities= 35,351 millions USD), and (**B**= Before Tax Income= 11,285 millions USD), then it's (**U**= Utilized or Starting Capital planned) is:

$$U = D - B[1-t] + \{Q + P/[c-q]\}/l$$
$$= 2{,}370 - 11{,}285[1 - 0.3000]$$
$$\quad + \{35{,}351 + 6{,}497/[1.2000 - 1.0100]\}/0.9900$$
$$= 64{,}720 \text{ millions USD}$$

Law-6209:

If both (**P**= Procured Inventories= 6,497 millions USD), (**q**= [C-P]/X= Quick or Acid Test Ratio= 1.01 times), (**c**= C/X= Current Ratio= 1.20 times), (**D**= Dividend Paid= 2,370 millions USD), (**l**= L/E= Leverage or Gearing Ratio= 99.00%), (**t**= T/B= Tax Rate= 30.00%), (**Q**= Quoted Longterm Liabilities= 35,351 millions USD), and (**U**= Utilized or Starting Capital= 64,720 millions USD), then it's (**B**= Before Tax Income planned) is:

$$B = (D-U+\{Q+P/[c-q]\}/l\,)/[1-t]$$
$$= (2{,}370-64{,}720+\{35{,}351+6{,}497/[1.2000-1.0100]\}/0.9900)/[1-0.3000]$$
$$= 11{,}285 \text{ millions USD}$$

Law-6210:

If both (**P**= Procured Inventories= 6,497 millions USD), (**q**= [C-P]/X= Quick or Acid Test Ratio= 1.01 times), (**c**= C/X= Current Ratio= 1.20 times), (**D**= Dividend Paid= 2,370 millions USD), (**l**= L/E= Leverage or Gearing Ratio= 99.00%), (**B**= Before Tax Income= 11,285 millions USD), (**Q**= Quoted Longterm Liabilities= 35,351 millions USD), and (**U**= Utilized or Starting Capital= 64,720 millions USD), then it's (**t**= Tax Rate planned) is:

$$t = 1-(D-U+\{Q+P/[c-q]\}/l)/B$$
$$= 1-(2{,}370-64{,}720+\{35{,}351+6{,}497/[1.2000-1.0100]\}/0.9900)/11{,}285$$
$$= 30.00\%$$

Finance Construction-8, *Tim Asikin, Steve Asikin, Indra Senihardja*

Law-6211:

If both (**P**= Procured Inventories= 6,497 millions USD), (**q**= [C-P]/X= Quick or Acid Test Ratio= 1.01 times), (**c**= C/X= Current Ratio= 1.20 times), (**t**= T/B= Tax Rate= 30.00%), (**l**= L/E= Leverage or Gearing Ratio= 99.00%), (**B**= Before Tax Income= 11,285 millions USD), (**Q**= Quoted Longterm Liabilities= 35,351 millions USD), and (**U**= Utilized or Starting Capital= 64,720 millions USD), then it's (**D**= Dividend Paid planned) is:

$$D = U + B[1-t] - \{Q + P/[c-q]\}/l$$
$$= 64{,}720 + 11{,}285[1-0.3000]$$
$$\quad -\{35{,}351 + 6{,}497/[1.2000 - 1.0100]\}/0.9900$$
$$= \underline{2{,}370} \text{ millions USD}$$

Law-6212:

If both (**D**= Dividend Paid= 2,370 millions USD), (**q**= [C-P]/X= Quick or Acid Test Ratio= 1.01 times), (**c**= C/X= Current Ratio= 1.20 times), (**t**= T/B= Tax Rate= 30.00%), (**l**= L/E= Leverage or Gearing Ratio= 99.00%), (**B**= Before Tax Income= 11,285 millions USD), (**Q**= Quoted Longterm Liabilities= 35,351 millions USD), and (**U**= Utilized or Starting Capital= 64,720 millions USD), then it's (**P**= Procured Inventory planned) is:

$$\begin{aligned}\mathbf{P} &= [\mathbf{c\text{-}q}](\mathbf{\mathit{l}} \{\mathbf{U}+\mathbf{B}[1\text{-}\mathbf{t}]\text{-}\mathbf{D}\}\text{-}\mathbf{Q}) \\ &= [1.2000\text{-}1.0100](0.9900\{64,720 \\ &\quad +11,285[1\text{-}0.3000]\text{-}2,370\} \\ &\quad -35,351) \\ &= 6,497 \text{ millions USD}\end{aligned}$$

Law-6213:

If both (**D**= Dividend Paid= 2,370 millions USD), (**q**= [C-P]/X= Quick or Acid Test Ratio= 1.01 times), (**P**= Procured Inventories= 6,497 millions USD), (**t**= T/B= Tax Rate= 30.00%), (**l**= L/E= Leverage or Gearing Ratio= 99.00%), (**B**= Before Tax Income= 11,285 millions USD), (**Q**= Quoted Longterm Liabilities= 35,351 millions USD), and (**U**= Utilized or Starting Capital= 64,720 millions USD), then it's (**c**= Current Ratio planned) is:

$$\begin{aligned}
c &= q + P/(l\{U+B[1-t]-D\}-Q) \\
&= 1.0100 + 6{,}497/(0.9900\{64{,}720 \\
&\quad + 11{,}285[1-0.3000] - 2{,}370\} \\
&\quad - 35{,}351) \\
&= \underline{1.20} \text{ times}
\end{aligned}$$

Law-6214:

If both (**D**= Dividend Paid= 2,370 millions USD), (**c**= C/X= Current Ratio= 1.20 times), (**P**= Procured Inventories= 6,497 millions USD), (**t**= T/B= Tax Rate= 30.00%), (**I**= L/E= Leverage or Gearing Ratio= 99.00%), (**B**= Before Tax Income= 11,285 millions USD), (**Q**= Quoted Longterm Liabilities= 35,351 millions USD), and (**U**= Utilized or Starting Capital= 64,720 millions USD), then it's (**q**= Quick or Acid Test Ratio planned) is:

$q = c - P/(I\{U+B[1-t]-D\}-Q)$
$= 1.2000 - 6,497/(0.9900\{64,720$
$+ 11,285[1-0.3000] - 2,370\}$
$- 35,351)$
$= \underline{1.01}$ times

Finance Construction-8, *Tim Asikin, Steve Asikin, Indra Senihardja*

Law-6215:

If both (**D**= Dividend Paid= 2,370 millions USD), (**c**= C/X= Current Ratio= 1.20 times), (**p**= 360 P/V= Procured Inventory Days= 240 Days), (**V**= Variable Cost= 9,746 millions USD), (**t**= T/B= Tax Rate= 30.00%), (**I**= L/E= Leverage or Gearing Ratio= 99.00%), (**B**= Before Tax Income= 11,285 millions USD), (**q**= [C-P]/X= Quick or Acid Test Ratio= 1.01 times), and (**U**= Utilized or Starting Capital= 64,720 millions USD), then it's (**Q**= Quoted Longterm Liabilities planned) is:

$$Q = I\{[U+B-Bt-D]-Q\}$$
$$= I\{U+B[1-t]-D\}-Vp/\{360[c-q]\}$$
$$= 0.9900\{64,720+11,285[1-0.3000]$$
$$-2,370\}-9,746*240$$
$$/\{360[1.2000-1.0100]\}$$
$$= 35,531 \text{ millions USD}$$

Law-6216:
If both (**D**= Dividend Paid= 2,370 millions USD), (**c**= C/X= Current Ratio= 1.20 times), (**V**= Variable Cost= 9,746 millions USD), (**p**= 360 P/V= Procured Inventory Days= 240 Days), (**t**= T/B= Tax Rate= 30.00%), (**Q**= Quoted Longterm Liabilities= 35,351 millions USD), (**B**= Before Tax Income= 11,285 millions USD), (**q**= [C-P]/X= Quick or Acid Test Ratio= 1.01 times), and (**U**= Utilized or Starting Capital= 64,720 millions USD), then it's (***I*** = Leverage or Gearing Capital planned) is:

$$I = (Q+Vp/\{360[c-q]\})/\{[U+B[1-t]-D\}$$
$$= (35,351+9,746*240/\{360[1.2000-1.0100]\})/\{64,720+11,285[1-0.3000]-2,370\}$$
$$= \underline{99.00}\%$$

Finance Construction-8, *Tim Asikin, Steve Asikin, Indra Senihardja*

Law-6217:

If both (**D**= Dividend Paid= 2,370 millions USD), (**c**= C/X= Current Ratio= 1.20 times), (**V**= Variable Cost= 9,746 millions USD), (**p**= 360 P/V= Procured Inventory Days= 240 Days), (**t**= T/B= Tax Rate= 30.00%), (**Q**= Quoted Longterm Liabilities= 35,351 millions USD), (**B**= Before Tax Income= 11,285 millions USD), (**q**= [C-P]/X= Quick or Acid Test Ratio= 1.01 times), and (**l**= L/E= Leverage or Gearing Ratio= 99.00%), then it's (**U**= Utilized or Starting Capital planned) is:

$$U = D-B[1-t]+(Q+Vp/\{360[c-q]\})/l$$
$$= 2,370-11,285[1-0.3000]+(35,351$$
$$+9,746*240/\{360[1.2000$$
$$-1.0100]\})/0.9900$$
$$= \underline{64,720} \text{ millions USD}$$

Law-6218:
If both (**D**= Dividend Paid= 2,370 millions USD), (**c**= C/X= Current Ratio= 1.20 times), (**V**= Variable Cost= 9,746 millions USD), (**p**= 360 P/V= Procured Inventory Days= 240 Days), (**t**= T/B= Tax Rate= 30.00%), (**Q**= Quoted Longterm Liabilities= 35,351 millions USD), (**U**= Utilized or Starting Capital= 64,720 millions USD), (**q**= [C-P]/X= Quick or Acid Test Ratio= 1.01 times), and (**l**= L/E= Leverage or Gearing Ratio= 99.00%), then it's (**B**= Before Tax Income planned) is:

$$\begin{aligned}
\mathbf{B} &= [\mathbf{D}\text{-}\mathbf{U}+(\mathbf{Q}+\mathbf{Vp}/\{360[\mathbf{c}\text{-}\mathbf{q}]\})/\mathbf{l}\,]/[1\text{-}\mathbf{t}] \\
&= [2{,}370\text{-}64{,}720+(35{,}351+9{,}746 \\
&\quad *240/\{360[1.2000 \\
&\quad \text{-}1.0100]\})/0.9900] \\
&\quad /[1\text{-}0.3000] \\
&= \underline{11{,}285} \text{ millions USD}
\end{aligned}$$

Law-6219:

If both (**D**= Dividend Paid= 2,370 millions USD), (**c**= C/X= Current Ratio= 1.20 times), (**V**= Variable Cost= 9,746 millions USD), (**p**= 360 P/V= Procured Inventory Days= 240 Days), (**B**= Before Tax Income= 11,285 millions USD), (**Q**= Quoted Longterm Liabilities= 35,351 millions USD), (**U**= Utilized or Starting Capital= 64,720 millions USD), (**q**= [C-P]/X= Quick or Acid Test Ratio= 1.01 times), and (**l**= L/E= Leverage or Gearing Ratio= 99.00%), then it's (**t**= Tax Rate planned) is:

$$t = 1-[\mathbf{D-U}+(\mathbf{Q+Vp}/\{360[\mathbf{c-q}]\})/\mathbf{l}\,]/\mathbf{B}$$
$$= 1-[2,370-64,720+(35,351+9,746$$
$$*240/\{360[1.2000$$
$$-1.0100]\})/0.9900]/11,285$$
$$= 30.00\%$$

Law-6220:

If both (**t**= T/B= Tax Rate= 30.00%), (**c**= C/X= Current Ratio= 1.20 times), (**V**= Variable Cost= 9,746 millions USD), (**p**= 360 P/V= Procured Inventory Days= 240 Days), (**B**= Before Tax Income= 11,285 millions USD), (**Q**= Quoted Longterm Liabilities= 35,351 millions USD), (**U**= Utilized or Starting Capital= 64,720 millions USD), (**q**= [C-P]/X= Quick or Acid Test Ratio= 1.01 times), and (**l**= L/E= Leverage or Gearing Ratio= 99.00%), then it's (**D**= Dividend Paid planned) is:

$$D = U+B[1-t]-(Q+Vp/\{360[c-q]\})/l$$
$$= 64{,}720+11{,}285[1-0.3000]$$
$$\quad -(35{,}351+9{,}746*240/\{360[1.2000-1.0100]\})/0.9900$$
$$= \underline{2{,}370} \text{ millions USD}$$

Finance Construction-8, *Tim Asikin, Steve Asikin, Indra Senihardja*

Law-6221:
If both (**t**= T/B= Tax Rate= 30.00%), (**c**= C/X= Current Ratio= 1.20 times), (**D**= Dividend Paid= 2,370 millions USD), (**p**= 360 P/V= Procured Inventory Days= 240 Days), (**B**= Before Tax Income= 11,285 millions USD), (**Q**= Quoted Longterm Liabilities= 35,351 millions USD), (**U**= Utilized or Starting Capital= 64,720 millions USD), (**q**= [C-P]/X= Quick or Acid Test Ratio= 1.01 times), and (**l**= L/E= Leverage or Gearing Ratio= 99.00%), then it's (**V**= Variable Cost planned) is:

$$V = 360[c-q](l\{U+B[1-t]-D\}-Q)/p$$
$$= 360[1.2000-1.0100](0.9900\{64,720+11,285[1-0.3000]-2,370\}-35,351)/240$$
$$= 9,746 \text{ millions USD}$$

Law-6222:

If both (**t**= T/B= Tax Rate= 30.00%), (**c**= C/X= Current Ratio= 1.20 times), (**D**= Dividend Paid= 2,370 millions USD), (**V**= Variable Cost= 9,746 millions USD), (**B**= Before Tax Income= 11,285 millions USD), (**Q**= Quoted Longterm Liabilities= 35,351 millions USD), (**U**= Utilized or Starting Capital= 64,720 millions USD), (**q**= [C-P]/X= Quick or Acid Test Ratio= 1.01 times), and (**l**= L/E= Leverage or Gearing Ratio= 99.00%), then it's (**p**= Procured Inventory Days planned) is:

$$p = 360[c-q](l\{U+B[1-t]-D\}-Q)/V$$
$$= 360[1.2000-1.0100](0.9900\{64{,}720+11{,}285[1-0.3000]-2{,}370\}-35{,}351)/9{,}746$$
$$= \underline{240} \text{ days}$$

Law-6223:

If both (**t**= T/B= Tax Rate= 30.00%), (**p**= 360 P/V= Procured Inventory Days= 240 Days), (**D**= Dividend Paid= 2,370 millions USD), (**V**= Variable Cost= 9,746 millions USD), (**B**= Before Tax Income= 11,285 millions USD), (**Q**= Quoted Longterm Liabilities= 35,351 millions USD), (**U**= Utilized or Starting Capital= 64,720 millions USD), (**q**= [C-P]/X= Quick or Acid Test Ratio= 1.01 times), and (**l**= L/E= Leverage or Gearing Ratio= 99.00%), then it's (**c**= Current Ratio planned) is:

$$c = q + Vp/[360(l\{U+B[1-t]-D\}-Q)]$$
$$= 1.0100 + 9,746*240/[360(0.9900$$
$$\{64,720+11,285[1-0.3000]$$
$$-2,370\}-35,351)]$$
$$= 1.20 \text{ times}$$

Law-6224:

If both (**t**= T/B= Tax Rate= 30.00%), (**p**= 360 P/V= Procured Inventory Days= 240 Days), (**D**= Dividend Paid= 2,370 millions USD), (**V**= Variable Cost= 9,746 millions USD), (**B**= Before Tax Income= 11,285 millions USD), (**Q**= Quoted Longterm Liabilities= 35,351 millions USD), (**U**= Utilized or Starting Capital= 64,720 millions USD), (**c**= C/X= Current Ratio= 1.20 times), and (**l**= L/E= Leverage or Gearing Ratio= 99.00%), then it's (**q**= Quick or Acid Test Ratio planned) is:

$$q= c-Vp/[360(l\{U+B[1-t]-D\}-Q)]$$
$$= 1.2000-9,746*240/[360(0.9900\{64,720+11,285[1-0.3000]-2,370\}-35,351)]$$
$$= 1.01 \text{ times}$$

Law-6225:

If both (**t**= T/B= Tax Rate= 30.00%), (**p**= 360 P/V= Procured Inventory Days= 240 Days), (**D**= Dividend Paid= 2,370 millions USD), (**v**= V/S= Variable Portion= 19.00%), (**S**= Sales or Revenues= 51,294 millions USD), (**B**= Before Tax Income= 11,285 millions USD), (**q**= [C-P]/X= Quick or Acid Test Ratio= 1.01 times), (**U**= Utilized or Starting Capital= 64,720 millions USD), (**c**= C/X= Current Ratio= 1.20 times), and (**l**= L/E= Leverage or Gearing Ratio= 99.00%), then it's (**Q**= Quoted Longterm Liabilities planned) is:

$Q = l\,[U+B-Bt-D]-X$

$= l\,\{U+B[1-t]-D\}-Svp/\{360[c-q]\}$

$= 0.9900\{64,720+11,285[1-0.3000]$
$\phantom{= 0.9900\{}-2,370\}-51,294*0.1900*240$
$\phantom{= 0.9900\{}/\{360[1.2000-1.0100]\}$

$= 35,351$ millions USD

Law-6226:

If both (**t**= T/B= Tax Rate= 30.00%), (**p**= 360 P/V= Procured Inventory Days= 240 Days), (**D**= Dividend Paid= 2,370 millions USD), (**v**= V/S= Variable Portion= 19.00%), (**S**= Sales or Revenues= 51,294 millions USD), (**B**= Before Tax Income= 11,285 millions USD), (**q**= [C-P]/X= Quick or Acid Test Ratio= 1.01 times), (**U**= Utilized or Starting Capital= 64,720 millions USD), (**c**= C/X= Current Ratio= 1.20 times), and (**Q**= Quoted Longterm Liabilities= 35,351 millions USD), then it's (***I*** = Leverage or Gearing Ratio planned) is:

$$I = (Q+Svp/\{360[c-q]\})/\{U+B[1-t]-D\}$$
$$= (35,351+51,294*0.1900*240$$
$$/\{360[1.2000-1.0100]\}$$
$$/\{64,720+11,285$$
$$[1-0.3000]-2,370\}$$
$$= \underline{99.00\%}$$

Finance Construction-8, *Tim Asikin, Steve Asikin, Indra Senihardja*

Law-6227:
If both (**t**= T/B= Tax Rate= 30.00%), (**p**= 360 P/V= Procured Inventory Days= 240 Days), (**D**= Dividend Paid= 2,370 millions USD), (**v**= V/S= Variable Portion= 19.00%), (**S**= Sales or Revenues= 51,294 millions USD), (**B**= Before Tax Income= 11,285 millions USD), (**q**= [C-P]/X= Quick or Acid Test Ratio= 1.01 times), (**F**= L/E= Leverage or Gearing Ratio= 99.00%), (**c**= C/X= Current Ratio= 1.20 times), and (**Q**= Quoted Longterm Liabilities= 35,351 millions USD), then it's (**U**= Utilized or Starting Capital planned) is:

$$U = D - B[1-t] + (Q + Svp/\{360[c-q]\})/F$$
$$= 2{,}370 - 11{,}285[1 - 0.3000] + (35{,}351 + 51{,}294 * 0.1900 * 240 / \{360[1.2000 - 1.0100]\}) / 0.9900$$
$$= 64{,}720 \text{ millions USD}$$

Law-6228:

If both (**t**= T/B= Tax Rate= 30.00%), (**p**= 360 P/V= Procured Inventory Days= 240 Days), (**D**= Dividend Paid= 2,370 millions USD), (**v**= V/S= Variable Portion= 19.00%), (**S**= Sales or Revenues= 51,294 millions USD), (**U**= Utilized or Starting Capital= 64,720 millions USD), (**q**= [C-P]/X= Quick or Acid Test Ratio= 1.01 times), (**l**= L/E= Leverage or Gearing Ratio= 99.00%), (**c**= C/X= Current Ratio= 1.20 times), and (**Q**= Quoted Longterm Liabilities= 35,351 millions USD), then it's (**B** = Before Tax Income planned) is:

$$B = [D-U+(Q+Svp/\{360[c-q]\})/l\,]/[1-t]$$
$$= [2{,}370-64{,}720+ (35{,}351+51{,}294$$
$$*0.1900*240/\{360[1.2000$$
$$-1.0100]\})/0.9900]$$
$$/[1-0.3000]$$
$$= \underline{11{,}285} \text{ millions USD}$$

Finance Construction-8, *Tim Asikin, Steve Asikin, Indra Senihardja*

Law-6229:

If both (**B**= Before Tax Income= 11,285 millions USD), (**p**= 360 P/V= Procured Inventory Days= 240 Days), (**D**= Dividend Paid= 2,370 millions USD), (**v**= V/S= Variable Portion= 19.00%), (**$**= Sales or Revenues= 51,294 millions USD), (**U**= Utilized or Starting Capital= 64,720 millions USD), (**q**= [C-P]/X= Quick or Acid Test Ratio= 1.01 times), (**l**= L/E= Leverage or Gearing Ratio= 99.00%), (**c**= C/X= Current Ratio= 1.20 times), and (**Q**= Quoted Longterm Liabilities= 35,351 millions USD), then it's (**t**= Tax Rate planned) is:

$$t = 1 - [\mathbf{D} - \mathbf{U} + (\mathbf{Q} + \mathbf{\$vp}/\{360[\mathbf{c} - \mathbf{q}]\})/\mathbf{l}]/\mathbf{B}$$
$$= 1 - [2{,}370 - 64{,}720 + (35{,}351 + 51{,}294 \\ *0.1900*240/\{360[1.2000 \\ -1.0100]\})/0.9900]/11{,}285$$
$$= 30.00\%$$

Law-6230:

If both (**B**= Before Tax Income= 11,285 millions USD), (**p**= 360 P/V= Procured Inventory Days= 240 Days), (**t**= T/B= Tax Rate= 30.00%), (**v**= V/S= Variable Portion= 19.00%), (**S**= Sales or Revenues= 51,294 millions USD), (**U**= Utilized or Starting Capital= 64,720 millions USD), (**q**= [C-P]/X= Quick or Acid Test Ratio= 1.01 times), (**l**= L/E= Leverage or Gearing Ratio= 99.00%), (**c**= C/X= Current Ratio= 1.20 times), and (**Q**= Quoted Longterm Liabilities= 35,351 millions USD), then it's (**D**= Dividend Paid planned) is:

$$D = U + B[1-t] - (Q + Svp/\{360[c-q]\})/l$$
$$= 64{,}720 + 11{,}285[1-0.3000]$$
$$\quad - (35{,}351 + 51{,}294 * 0.1900$$
$$\quad * 240/\{360[1.2000$$
$$\quad - 1.0100]\})/0.9900$$
$$= \underline{2{,}370} \text{ millions USD}$$

Finance Construction-8, *Tim Asikin, Steve Asikin, Indra Senihardja*

Law-6231:

If both (**B**= Before Tax Income= 11,285 millions USD), (**p**= 360 P/V= Procured Inventory Days= 240 Days), (**t**= T/B= Tax Rate= 30.00%), (**v**= V/S= Variable Portion= 19.00%), (**D**= Dividend Paid= 2,370 millions USD), (**U**= Utilized or Starting Capital= 64,720 millions USD), (**q**= [C-P]/X= Quick or Acid Test Ratio= 1.01 times), (**l**= L/E= Leverage or Gearing Ratio= 99.00%), (**c**= C/X= Current Ratio= 1.20 times), and (**Q**= Quoted Longterm Liabilities= 35,351 millions USD), then it's (**$**= Sales or Revenues planned) is:

$= 360[**c-q**](**l**{**U**+**B**[1-**t**]-**D**}-**Q**)/[**vp**]
= 360[1.2000-1.0100](0.9900
{64,720+11,285[1-0.3000]
-2,370}-35,351)
/[0.1900*240]
= 51,294 millions USD

Law-6232:

If both (**B**= Before Tax Income= 11,285 millions USD), (**p**= 360 P/V= Procured Inventory Days= 240 Days), (**t**= T/B= Tax Rate= 30.00%), (**S**= Sales or Revenues= 51,294 millions USD), (**D**= Dividend Paid= 2,370 millions USD), (**U**= Utilized or Starting Capital= 64,720 millions USD), (**q**= [C-P]/X= Quick or Acid Test Ratio= 1.01 times), (**l**= L/E= Leverage or Gearing Ratio= 99.00%), (**c**= C/X= Current Ratio= 1.20 times), and (**Q**= Quoted Longterm Liabilities= 35,351 millions USD), then it's (**v** = Variable Portion planned) is:

$$v = 360[c-q](l\{U+B[1-t]-D\}-Q)/[Sp]$$
$$= 360[1.2000-1.0100](0.9900$$
$$\{64,720+11,285[1-0.3000]$$
$$-2,370\} - 35,351)$$
$$/[51,294*240]$$
$$= \underline{19.00\%}$$

Law-6233:

If both (**B**= Before Tax Income= 11,285 millions USD), (**v**= V/S= Variable Portion= 19.00%), (**t**= T/B= Tax Rate= 30.00%), (**$**= Sales or Revenues= 51,294 millions USD), (**D**= Dividend Paid= 2,370 millions USD), (**U**= Utilized or Starting Capital= 64,720 millions USD), (**q**= [C-P]/X= Quick or Acid Test Ratio= 1.01 times), (**l**= L/E= Leverage or Gearing Ratio= 99.00%), (**c**= C/X= Current Ratio= 1.20 times), and (**Q**= Quoted Longterm Liabilities= 35,351 millions USD), then it's (**p**= Procured Inventory Days planned) is:

$$p = 360[\textbf{c-q}](\textbf{\textit{l}}\{\textbf{U}+\textbf{B}[1-\textbf{t}]-\textbf{D}\}-\textbf{Q})/[\textbf{\$v}]$$
$$= 360[1.2000-1.0100](0.9900\{64,720+11,285[1-0.3000]-2,370\}-35,351)/[51,294*0.1900]$$
$$= \underline{240} \text{ days}$$

Finance Construction-8, *Tim Asikin, Steve Asikin, Indra Senihardja*

Law-6234:
If both (**B**= Before Tax Income= 11,285 millions USD), (**v**= V/S= Variable Portion= 19.00%), (**t**= T/B= Tax Rate= 30.00%), (**S**= Sales or Revenues= 51,294 millions USD), (**D**= Dividend Paid= 2,370 millions USD), (**U**= Utilized or Starting Capital= 64,720 millions USD), (**q**= [C-P]/X= Quick or Acid Test Ratio= 1.01 times), (**l**= L/E= Leverage or Gearing Ratio= 99.00%), (**p**= 360 P/V= Procured Inventory Days= 240 Days), and (**Q**= Quoted Longterm Liabilities= 35,351 millions USD), then it's (**c**= Current Ratio planned) is:

$$c = q + Svp/[360(l\{U+B[1-t]-D\}-Q)]$$
$$= 1.0100 + 51{,}294 * 0.1900 * 240$$
$$\quad /[360\,(0.9900\{64{,}720$$
$$\quad + 11{,}285[1-0.3000]$$
$$\quad - 2{,}370\} - 35{,}351)]$$
$$= 1.20 \text{ times}$$

Law-6235:

If both (**B**= Before Tax Income= 11,285 millions USD), (**v**= V/S= Variable Portion= 19.00%), (**t**= T/B= Tax Rate= 30.00%), (**$**= Sales or Revenues= 51,294 millions USD), (**D**= Dividend Paid= 2,370 millions USD), (**U**= Utilized or Starting Capital= 64,720 millions USD), (**c**= C/X= Current Ratio= 1.20 times), (**l**= L/E= Leverage or Gearing Ratio= 99.00%), (**p**= 360 P/V= Procured Inventory Days= 240 Days), and (**Q**= Quoted Longterm Liabilities= 35,351 millions USD), then it's (**q**= Quick or Acid Test Ratio planned) is:

q= **c-Svp**/[360(**l**{**U**+**B**[1-**t**]-**D**}-**Q**)]
 = 1.2000-51,294*0.1900*240
 /[360(0.9900{64,720
 +11,285[1-0.3000]
 -2,370}- 35,351)]
 = 1.01 times

Law-6236:

If both (**B**= Before Tax Income= 11,285 millions USD), (**v**= V/S= Variable Portion= 19.00%), (**t**= T/B= Tax Rate= 30.00%), (**S'**= Sales of Past Year= 48,851 millions USD), (**s**= [S/S']-1= Sales Growth= 5.00%), (**D**= Dividend Paid= 2,370 millions USD), (**U**= Utilized or Starting Capital= 64,720 millions USD), (**c**= C/X= Current Ratio= 1.20 times), (**l**= L/E= Leverage or Gearing Ratio= 99.00%), (**p**= 360 P/V= Procured Inventory Days= 240 Days), and (**q**= [C-P]/X= Quick or Acid Test Ratio= 1.01 times), then it's (**Q** = Quoted Longterm Liabilities planned) is:

$$Q = l\,[U+B-Bt-D]-X$$
$$= l\{U+B[1-t]-D\}-S'vp[1+s]/\{360[c-q]\}$$
$$= 0.9900\{64{,}720+11{,}285[1-0.3000]-2{,}370\}-48{,}851*0.1900*240[1+0.0500]/\{360[1.2000-1.0100]\}$$
$$= \underline{35{,}351} \text{ millions USD}$$

Law-6237:

If both (**B**= Before Tax Income= 11,285 millions USD), (**v**= V/S= Variable Portion= 19.00%), (**t**= T/B= Tax Rate= 30.00%), (**$**= Sales of Past Year= 48,851 millions USD), (**s**= [S/S']-1= Sales Growth= 5.00%), (**D**= Dividend Paid= 2,370 millions USD), (**U**= Utilized or Starting Capital= 64,720 millions USD), (**c**= C/X= Current Ratio= 1.20 times), (**Q**= Quoted Longterm Liabilities= 35,351 millions USD), (**p**= 360 P/V= Procured Inventory Days= 240 Days), and (**q**= [C-P]/X= Quick or Acid Test Ratio= 1.01 times), then it's (**l** = Quoted Longterm Liabilities planned) is:

$$l = (Q+S'vp[1+s]/\{360[c-q]\})/\{U+B[1-t]-D\}$$
$$= (35,351+48,851*0.1900*240[1+0.0500]/\{360[1.2000-1.0100]\})/\{64,720+11,285[1-0.3000]-2,370\}$$
$$= 99.00\%$$

Law-6238:

If both (**B**= Before Tax Income= 11,285 millions USD), (**v**= V/S= Variable Portion= 19.00%), (**t**= T/B= Tax Rate= 30.00%), (**S'**= Sales of Past Year= 48,851 millions USD), (**s**= [S/S']-1= Sales Growth= 5.00%), (**D**= Dividend Paid= 2,370 millions USD), (**l**= L/E= Leverage or Gearing Ratio= 99.00%), (**c**= C/X= Current Ratio= 1.20 times), (**Q**= Quoted Longterm Liabilities= 35,351 millions USD), (**p**= 360 P/V= Procured Inventory Days= 240 Days), and (**q**= [C-P]/X= Quick or Acid Test Ratio= 1.01 times), then it's (**U**= Utilized or Starting Capital planned) is:

$$U = D-B[1-t]+(Q+S'vp[1+s]/\{360[c-q]\})/l$$
$$= 2,370-11,285[1-0.3000]+(35,351$$
$$+48,851*0.1900*240$$
$$[1+0.0500]/\{360[1.2000$$
$$-1.0100]\})/0.9900$$
$$= \underline{64,720} \text{ millions USD}$$

Finance Construction-8, *Tim Asikin, Steve Asikin, Indra Senihardja*

Law-6239:

If both (**U**= Utilized or Starting Capital= 64,720 millions USD), (**v**= V/S= Variable Portion= 19.00%), (**t**= T/B= Tax Rate= 30.00%), (**S'**= Sales of Past Year= 48,851 millions USD), (**s**= [S/S']-1= Sales Growth= 5.00%), (**D**= Dividend Paid= 2,370 millions USD), (**l**= L/E= Leverage or Gearing Ratio= 99.00%), (**c**= C/X= Current Ratio= 1.20 times), (**Q**= Quoted Longterm Liabilities= 35,351 millions USD), (**p**= 360 P/V= Procured Inventory Days= 240 Days), and (**q**= [C-P]/X= Quick or Acid Test Ratio= 1.01 times), then it's (**B**= Before Tax Income planned) is:

$$B = [D-U+(Q+S'vp[1+s]/\{360[c-q]\})/l\,]/[1-t]$$
$$= [2,370-64,720+(35,351+48,851$$
$$*0.1900*240[1+0.0500]$$
$$/\{360\,[1.2000-1.0100]\})$$
$$/0.9900]/[1-0.3000]$$
$$= 11,285 \text{ millions USD}$$

Law-6240:

If both (**U**= Utilized or Starting Capital= 64,720 millions USD), (**v**= V/S= Variable Portion= 19.00%), (**B**= Before Tax Income= 11,285 millions USD), (**S'**= Sales of Past Year= 48,851 millions USD), (**s**= [S/S']-1= Sales Growth= 5.00%), (**D**= Dividend Paid= 2,370 millions USD), (**l**= L/E= Leverage or Gearing Ratio= 99.00%), (**c**= C/X= Current Ratio= 1.20 times), (**Q**= Quoted Longterm Liabilities= 35,351 millions USD), (**p**= 360 P/V= Procured Inventory Days= 240 Days), and (**q**= [C-P]/X= Quick or Acid Test Ratio= 1.01 times), then it's (**t** = Tax Rate planned) is:

t= 1-[**D**-**U**+(**Q**+**S'vp**[1+**s**]/{360[**c**-**q**]})/**l**]/**B**

= 1-[2,370-64,720+(35,351+48,851
 *0.1900*240[1+0.0500]
 /{360 [1.2000-1.0100]})
 /0.9900]/11,285

= 30.00%

Finance Construction-8, *Tim Asikin, Steve Asikin, Indra Senihardja*

Law-6241:

If both (**U**= Utilized or Starting Capital= 64,720 millions USD), (**v**= V/S= Variable Portion= 19.00%), (**B**= Before Tax Income= 11,285 millions USD), (**S'**= Sales of Past Year= 48,851 millions USD), (**s**= [S/S']-1= Sales Growth= 5.00%), (**t**= T/B= Tax Rate= 30.00%), (**l**= L/E= Leverage or Gearing Ratio= 99.00%), (**c**= C/X= Current Ratio= 1.20 times), (**Q**= Quoted Longterm Liabilities= 35,351 millions USD), (**p**= 360 P/V= Procured Inventory Days= 240 Days), and (**q**= [C-P]/X= Quick or Acid Test Ratio= 1.01 times), then it's (**D**= Dividend Paid planned) is:

$$D = U + B[1-t] - (Q + S'vp[1+s]/\{360[c-q]\})/l$$
$$= 64{,}720 + 11{,}285[1-0.3000] - (35{,}351 + 48{,}851 * 0.1900 * 240 [1+0.0500]/\{360[1.2000 - 1.0100]\})/0.9900$$
$$= \underline{2{,}370} \text{ millions USD}$$

Finance Construction-8, *Tim Asikin, Steve Asikin, Indra Senihardja*

<u>Law-6242</u>:

If both (**U**= Utilized or Starting Capital= <u>64,720</u> millions USD), (**v**= V/S= Variable Portion= <u>19.00</u>%), (**B**= Before Tax Income= <u>11,285</u> millions USD), (**D**= Dividend Paid= <u>2,370</u> millions USD), (**s**= [S/S']-1= Sales Growth= <u>5.00</u>%), (**t**= T/B= Tax Rate= <u>30.00</u>%), (**l**= L/E= Leverage or Gearing Ratio= <u>99.00</u>%), (**c**= C/X= Current Ratio= <u>1.20</u> times), (**Q**= Quoted Longterm Liabilities= <u>35,351</u> millions USD), (**p**= 360P/V= Procured Inventory Days= <u>240</u> Days), and (**q**= [C-P]/X= Quick or Acid Test Ratio= <u>1.01</u> times), then it's (**S'**= Sales Past) must be:

$$S' = 360[c-q](l\{U+B[1-t]-D\}-Q)/\{vp[1+s]\}$$
$$= 360[1.2000-1.0100](0.9900\{64,720$$
$$+11,285[1-0.3000]-2,370\}$$
$$-35,351)/\{0.1900*240$$
$$[1+0.0500]\}$$
$$= \underline{48,851} \text{ millions USD}$$

Finance Construction-8, *Tim Asikin, Steve Asikin, Indra Senihardja*

Law-6243:
If both (**U**= Utilized or Starting Capital= 64,720 millions USD), (**S'**= Sales of Past Year= 48,851 millions USD), (**B**= Before Tax Income= 11,285 millions USD), (**D**= Dividend Paid= 2,370 millions USD), (**s**= [S/S']-1= Sales Growth= 5.00%), (**t**= T/B= Tax Rate= 30.00%), (**l**= L/E= Leverage or Gearing Ratio= 99.00%), (**c**= C/X= Current Ratio= 1.20 times), (**Q**= Quoted Longterm Liabilities= 35,351 millions USD), (**p**= 360 P/V= Procured Inventory Days= 240 Days), and (**q**= [C-P]/X= Quick or Acid Test Ratio= 1.01 times), then it's (**v**= Variable Portion planned) is:

$$v = 360[c-q](l\{U+B[1-t]-D\}-Q)/\{S'p[1+s]\}$$
$$= 360[1.2000-1.0100](0.9900\{64,720+11,285[1-0.3000]-2,370\}-35,351)/\{48,851*240[1+0.0500]\}$$
$$= \underline{19.00\%}$$

Law-6244:

If both (**U**= Utilized or Starting Capital= 64,720 millions USD), (**S'**= Sales of Past Year= 48,851 millions USD), (**B**= Before Tax Income= 11,285 millions USD), (**D**= Dividend Paid= 2,370 millions USD), (**s**= [S/S']-1= Sales Growth= 5.00%), (**t**= T/B= Tax Rate= 30.00%), (**l**= L/E= Leverage or Gearing Ratio= 99.00%), (**c**= C/X= Current Ratio= 1.20 times), (**Q**= Quoted Longterm Liabilities= 35,351 millions USD), (**v**= V/S= Variable Portion= 19.00%), and (**q**= [C-P]/X= Quick or Acid Test Ratio= 1.01 times), then it's (**p**= Procured Inventory Days planned) is:

$$\mathbf{p}= 360[\mathbf{c}-\mathbf{q}](\mathbf{l}\ \{\mathbf{U}+\mathbf{B}[1-\mathbf{t}]-\mathbf{D}\}-\mathbf{Q})/\{\mathbf{S'v}[1+\mathbf{s}]\}$$

$$= 360[1.2000-1.0100](0.9900\\ \{64,720+11,285[1-0.3000]\\ -2,370\}-35,351)/\{48,851\\ *0.1900[1+0.0500]\}$$

$$= \underline{240}\ \text{days}$$

Finance Construction-8, *Tim Asikin, Steve Asikin, Indra Senihardja*

Law-6245:

If both (**U**= Utilized or Starting Capital= 64,720 millions USD), (**S'**= Sales of Past Year= 48,851 millions USD), (**B**= Before Tax Income= 11,285 millions USD), (**D**= Dividend Paid= 2,370 millions USD), (**p**= 360 P/V= Procured Inventory Days= 240 Days), (**t**= T/B= Tax Rate= 30.00%), (**l**= L/E= Leverage or Gearing Ratio= 99.00%), (**c**= C/X= Current Ratio= 1.20 times), (**Q**= Quoted Longterm Liabilities= 35,351 millions USD), (**v**= V/S= Variable Portion= 19.00%), and (**q**= [C-P]/X= Quick or Acid Test Ratio= 1.01 times), then it's (**s**= Sales Growth planned) is:

s= 360[**c-q**](**l** {**U**+**B**[1-**t**]-**D**}-**Q**)/[**S'vp**]-1
    = 360[1.2000-1.0100](0.9900
        {64,720+11,285[1-0.3000]
        -2,370}-35,351)/[48,851
        *0.1900*240]-1
    = 5.00%

Law-6246:

If both (**U**= Utilized or Starting Capital= 64,720 millions USD), (**S'**= Sales of Past Year= 48,851 millions USD), (**B**= Before Tax Income= 11,285 millions USD), (**D**= Dividend Paid= 2,370 millions USD), (**p**= 360 P/V= Procured Inventory Days= 240 Days), (**t**= T/B= Tax Rate= 30.00%), (**l**= L/E= Leverage or Gearing Ratio= 99.00%), (**s**= [S/S']-1= Sales Growth= 5.00%), (**Q**= Quoted Longterm Liabilities= 35,351 millions USD), (**v**= V/S= Variable Portion= 19.00%), and (**q**= [C-P]/X= Quick or Acid Test Ratio= 1.01 times), then it's (**c**= Current Ratio planned) is:

$$c = q + S'vp[1+s]/[360(l\{U+B[1-t]-D\}-Q)]$$
$$= 1.0100 + 48,851*0.1900*240$$
$$[1+0.0500]/[360(0.9900$$
$$\{64,720+11,285[1-0.3000]$$
$$-2,370\}-35,351)]$$
$$= \underline{1.20} \text{ times}$$

Law-6247:

If both (**U**= Utilized or Starting Capital= 64,720 millions USD), (**$'**= Sales of Past Year= 48,851 millions USD), (**B**= Before Tax Income= 11,285 millions USD), (**D**= Dividend Paid= 2,370 millions USD), (**p**= 360 P/V= Procured Inventory Days= 240 Days), (**t**= T/B= Tax Rate= 30.00%), (**l**= L/E= Leverage or Gearing Ratio= 99.00%), (**s**= [S/S']-1= Sales Growth= 5.00%), (**Q**= Quoted Longterm Liabilities= 35,351 millions USD), (**v**= V/S= Variable Portion= 19.00%), and (**c**= C/X= Current Ratio= 1.20 times), then it's (**q**= Quick or Acid Test Ratio planned) is:

q= **c-$'vp**[1+s]/[360(**l**{**U**+**B**[1-**t**]-**D**}-**Q**)]
   = 1.2000-48,851*0.1900*240
     [1+0.0500]/[360(0.9900
     {64,720+11,285[1-0.3000]
     -2,370}-35,351)]

   = 1.01 times

Law-6248:

If both (**A**= After Tax Income= 7,899 millions USD), (**X**= Xpress or Current Debt= 34,196 millions USD), (**U**= Utilized or Starting Capital= 64,720 millions USD), (**B**= Before Tax Income= 11,285 millions USD), (**t**= T/B= Tax Rate= 30.00%), (**l**= L/E= Leverage or Gearing Ratio= 99.00%), and (**d**= D/A= Dividend Portion or Payout= 30.00%), then it's (**Q**= Quoted Longterm Liabilities planned) is:

$$Q = l\{U+B-Bt]-Ad\}-X = l\{U+B[1-t]-Ad-X$$
$$= 0.9900\{64,720+11,285[1-0.3000]$$
$$-7,899*0.3000\}-34,196$$
$$= \underline{35,351} \text{ millions USD}$$

Finance Construction-8, *Tim Asikin, Steve Asikin, Indra Senihardja*

<u>Law-6249</u>:

If both (**A**= After Tax Income= <u>7,899</u> millions USD), (**X**= Xpress or Current Debt= <u>34,196</u> millions USD), (**U**= Utilized or Starting Capital= <u>64,720</u> millions USD), (**B**= Before Tax Income= <u>11,285</u> millions USD), (**t**= T/B= Tax Rate= <u>30.00%</u>), (**Q**= Quoted Longterm Liabilities= <u>35,351</u> millions USD), and (**d**= D/A= Dividend Portion or Payout= 30.00%), then it's (**I** = Leverage or Gearing Ratio planned) is:

$$I = [Q+X]/\{U+B[1-t]-Ad\}$$
$$= [35,351+34,196]/\{64,720+11,285[1-0.3000]-7,899*0.3000\}$$
$$= \underline{99.00\%}$$

Finance Construction-8, *Tim Asikin, Steve Asikin, Indra Senihardja*

Law-6250:
If both (A= After Tax Income= 7,899 millions USD), (X= Xpress or Current Debt= 34,196 millions USD), (I= L/E= Leverage or Gearing Ratio= 99.00%), (B= Before Tax Income= 11,285 millions USD), (t= T/B= Tax Rate= 30.00%), (Q= Quoted Longterm Liabilities= 35,351 millions USD), and (d= D/A= Dividend Portion or Payout= 30.00%), then it's (U= Utilized or Starting Capital planned) is:

$$U = Ad + [Q+X]/I - B[1-t]$$
$$= 7,899*0.3000 + [35,351+34,196]/0.9900 - 11,285[1-0.3000]$$
$$= \underline{64,720} \text{ millions USD}$$

Law-6251:

If both (**A**= After Tax Income= 7,899 millions USD), (**X**= Xpress or Current Debt= 34,196 millions USD), (**I**= L/E= Leverage or Gearing Ratio= 99.00%), (**U**= Utilized or Starting Capital= 64,720 millions USD), (**t**= T/B= Tax Rate= 30.00%), (**Q**= Quoted Longterm Liabilities= 35,351 millions USD), and (**d**= D/A= Dividend Portion or Payout= 30.00%), then it's (**B**= Before Tax Income planned) is:

$$\mathbf{B} = (\mathbf{Ad} + \{[\mathbf{Q}+\mathbf{X}]/\mathbf{I} - \mathbf{U}\})/[1-\mathbf{t}]$$
$$= 7,899*0.3000 + \{[35,351+34,196]/0.9900 - 64,720\}/[1-0.3000]$$
$$= \underline{11,285} \text{ millions USD}$$

Law-6252:

If both (**A**= After Tax Income= 7,899 millions USD), (**X**= Xpress or Current Debt= 34,196 millions USD), (**I**= L/E= Leverage or Gearing Ratio= 99.00%), (**U**= Utilized or Starting Capital= 64,720 millions USD), (**B**= Before Tax Income= 11,285 millions USD), (**Q**= Quoted Longterm Liabilities= 35,351 millions USD), and (**d**= D/A= Dividend Portion or Payout= 30.00%), then it's (**t**= Tax Rate planned) is:

$$t = 1-[(Ad+\{[Q+X]/I -U\})]/B$$
$$= 1-[7,899*0.3000 +\{[35,351 +34,196]/0.9900-64,720\}]/11,285$$
$$= \underline{30.00\%}$$

Law-6253:

If both (**t**= T/B= Tax Rate= 30.00%), (**X**= Xpress or Current Debt= 34,196 millions USD), (**l**= L/E= Leverage or Gearing Ratio= 99.00%), (**U**= Utilized or Starting Capital= 64,720 millions USD), (**B**= Before Tax Income= 11,285 millions USD), (**Q**= Quoted Longterm Liabilities= 35,351 millions USD), and (**d**= D/A =Dividend Portion or Payout= 30.00%), then it's (**A**= After Tax Income planned) is:

$$A = \{U + B[1-t] - [Q+X]/l\}/d$$
$$= \{64{,}720 + 11{,}285[1 - 0.3000] - [35{,}351 + 34{,}196]/0.9900\}/0.3000$$
$$= 7{,}899 \text{ millions USD}$$

Finance Construction-8, *Tim Asikin, Steve Asikin, Indra Senihardja*

Law-6254:

If both (**t**= T/B= Tax Rate= 30.00%), (**X**= Xpress or Current Debt= 34,196 millions USD), (**I**= L/E= Leverage or Gearing Ratio= 99.00%), (**U**= Utilized or Starting Capital= 64,720 millions USD), (**B**= Before Tax Income= 11,285 millions USD), (**Q**= Quoted Longterm Liabilities= 35,351 millions USD), and (**A**= After Tax Income= 7,899 millions USD), then it's (**d**= Dividend Portion or Payout planned) is:

$$d = \{U+B[1-t]-[Q+X]/I\}/A$$
$$= \{64,720+11,285[1-0.3000]$$
$$-[35,351+34,196]/0.9900\}$$
$$/7,899$$
$$= 30.00\%$$

Finance Construction-8, *Tim Asikin, Steve Asikin, Indra Senihardja*

<u>Law-6255</u>:

If both (**t**= T/B= Tax Rate= <u>30.00</u>%), (**d**= D/A= Dividend Portion or Payout= 30.00%), (**l**= L/E= Leverage or Gearing Ratio= <u>99.00</u>%), (**U**= Utilized or Starting Capital= <u>64,720</u> millions USD), (**B**= Before Tax Income= <u>11,285</u> millions USD), (**Q**= Quoted Longterm Liabilities= <u>35,351</u> millions USD), and (**A**= After Tax Income= <u>7,899</u> millions USD), then it's (**X**= Xpress or Current Debt planned) is:

$$X = l\{U+B[1-t]-Ad\}-Q$$
$$= 0.9900\{64,720+11,285[1-0.3000] -7,899*0.3000\}-35,351$$
$$= \underline{34,196} \text{ millions USD}$$

Law-6256:

If both (**c**= C/X= Current Ratio= 1.20 times), (**t**= T/B= Tax Rate= 30.00%), (**q**= [C-P]/X= Quick or Acid Test Ratio= 1.01 times), (**d**= D/A= Dividend Portion or Payout= 30.00%), (**l**= L/E= Leverage or Gearing Ratio= 99.00%), (**U**= Utilized or Starting Capital= 64,720 millions USD), (**B**= Before Tax Income= 11,285 millions USD), (**P**= Procured Inventories= 6,497 millions USD), and (**A**= After Tax Income= 7,899 millions USD), then it's (**Q**= Quoted Longterm Liabilities planned) is:

$$Q = l\{U+B-Bt]-Ad\}-X$$
$$= l\{U+B[1-t]-Ad\}-P/[c-q]$$
$$= 0.9900\{64,720+11,285[1-0.3000]$$
$$-7,899*0.3000\}-6,497$$
$$/[1.2000-1.0100]$$
$$= \underline{35,531} \text{ millions USD}$$

Finance Construction-8, *Tim Asikin, Steve Asikin, Indra Senihardja*

Law-6257:

If both (**P**= Procured Inventories= 6,497 millions USD), (**q**= [C-P]/X= Quick or Acid Test Ratio= 1.01 times), (**t**= T/B= Tax Rate= 30.00%), (**d**= D/A= Dividend Portion or Payout= 30.00%), (**Q**= Quoted Longterm Liabilities= 35,351 millions USD), (**U**= Utilized or Starting Capital= 64,720 millions USD), (**B**= Before Tax Income= 11,285 millions USD), (**c**= C/X= Current Ratio= 1.20 times), and (**A**= After Tax Income= 7,899 millions USD), then it's (**l** = Leverage or Gearing Ratio planned) is:

$l = \{Q+P/[c-q]\}/\{U+B[1-t]-Ad\}$
  = {35,351+6,497/[1.2000-1.0100]}
      /{64,720+11,285[1-0.3000]
      -7,899*0.3000}
  = 99.00%

Law-6258:

If both (q= [C-P]/X= Quick or Acid Test Ratio= 1.01 times), (P= Procured Inventories= 6,497 millions USD), (t= T/B= Tax Rate= 30.00%), (d= D/A= Dividend Portion or Payout= 30.00%), (Q= Quoted Longterm Liabilities= 35,351 millions USD), (I= L/E= Leverage or Gearing Ratio= 99.00%), (B= Before Tax Income= 11,285 millions USD), (c= C/X= Current Ratio= 1.20 times), and (A= After Tax Income= 7,899 millions USD), then it's (U= Leverage or Gearing Ratio planned) is:

U= Ad+{Q+P/[c-q]}/I -B[1-t]
= 7,899*0.3000+{35,351+6,497
/[1.2000-1.0100]}/0.9900
-11,285[1-0.3000]
= 64,720 millions USD

Finance Construction-8, *Tim Asikin, Steve Asikin, Indra Senihardja*

Law-6259:

If both (c= C/X= Current Ratio= 1.20 times), (P= Procured Inventories= 6,497 millions USD), (t= T/B= Tax Rate= 30.00%), (d= D/A= Dividend Portion or Payout= 30.00%), (Q= Quoted Longterm Liabilities= 35,351 millions USD), (l= L/E= Leverage or Gearing Ratio= 99.00%), (U= Utilized or Starting Capital= 64,720 millions USD), (q= [C-P]/X= Quick or Acid Test Ratio= 1.01 times), and (A= After Tax Income= 7,899 millions USD), then it's (B= Before Tax Income planned) is:

B= (Ad+{Q+P/[c-q]}/l -U)/[1-t]
= (7,899*0.3000+{35,351+6,497
/[1.2000-1.0100]}/0.9900
-64,720)/[1-0.3000]
= 11,285 millions USD

Finance Construction-8, *Tim Asikin, Steve Asikin, Indra Senihardja*

<u>Law-6260</u>:

If both (**q**= [C-P]/X= Quick or Acid Test Ratio= <u>1.01</u> times), (**P**= Procured Inventories= <u>6,497</u> millions USD), (**B**= Before Tax Income= <u>11,285</u> millions USD), (**d**= D/A= Dividend Portion or Payout= 30.00%), (**Q**= Quoted Longterm Liabilities= <u>35,351</u> millions USD), (**l**= L/E= Leverage or Gearing Ratio= <u>99.00</u>%), (**U**= Utilized or Starting Capital= <u>64,720</u> millions USD), (**c**= C/X= Current Ratio= <u>1.20</u> times), and (**A**= After Tax Income= <u>7,899</u> millions USD), then it's (**t**= Tax Rate planned) is:

$$t = 1-(Ad+\{Q+P/[c-q]\}/l-U)/B$$
$$= 1-(7,899*0.3000+\{35,351+6,497$$
$$/[1.2000-1.0100]\}/0.9900$$
$$-64,720)/11,285$$
$$= \underline{30.00\%}$$

Finance Construction-8, *Tim Asikin, Steve Asikin, Indra Senihardja*

<u>Law-6261</u>:

If both (**P**= Procured Inventories= <u>6,497</u> millions USD), (**q**= [C-P]/X= Quick or Acid Test Ratio= <u>1.01</u> times), (**B**= Before Tax Income= <u>11,285</u> millions USD), (**d**= D/A= Dividend Portion or Payout= <u>30.00</u>%), (**Q**= Quoted Longterm Liabilities= <u>35,351</u> millions USD), (***l***= L/E= Leverage or Gearing Ratio= <u>99.00</u>%), (**U**= Utilized or Starting Capital= <u>64,720</u> millions USD), (**c**= C/X= Current Ratio= <u>1.20</u> times), and (**t**= T/B= Tax Rate= <u>30.00</u>%), then it's (**A**= After Tax Income planned) is:

$$A = (U+B[1-t]-\{Q+P/[c-q]\}/l\,)/d$$
$$= (64{,}720+11{,}285[1-0.3000]-\{35{,}351$$
$$+6{,}497/[1.2000-1.0100]\}$$
$$/0.9900)/0.3000$$
$$= \underline{7{,}899} \text{ millions USD}$$

Law-6262:

If both (**P**= Procured Inventories= 6,497 millions USD), (**B**= Before Tax Income= 11,285 millions USD), (**c**= C/X= Current Ratio= 1.20 times), (**A**= After Tax Income= 7,899 millions USD), (**Q**= Quoted Longterm Liabilities= 35,351 millions USD), (**l**= L/E= Leverage or Gearing Ratio= 99.00%), (**U**= Utilized or Starting Capital= 64,720 millions USD), (**q**= [C-P]/X= Quick or Acid Test Ratio= 1.01 times), and (**t**= T/B= Tax Rate= 30.00%), then it's (**d**= Dividend Portion or Payout planned) is:

$$d = (U + B[1-t] - \{Q + P/[c-q]\}/l)/A$$
$$= (64{,}720 + 11{,}285[1-0.3000] - \{35{,}351 + 6{,}497/[1.2000-1.0100]\}/0.9900)/7{,}899$$
$$= \underline{30.00\%}$$

Law-6264:

If both (q= [C-P]/X= Quick or Acid Test Ratio= 1.01 times), (P= Procured Inventories= 6,497 millions USD), (B= Before Tax Income= 11,285 millions USD), (A= After Tax Income= 7,899 millions USD), (Q= Quoted Longterm Liabilities= 35,351 millions USD), (l= L/E= Leverage or Gearing Ratio= 99.00%), (U= Utilized or Starting Capital= 64,720 millions USD), (d= D/A= Dividend Portion or Payout= 30.00%), and (t= T/B= Tax Rate= 30.00%), then it's (c= Current Ratio planned) is:

c= q+P/(l {U+B[1-t]-Ad}-Q)
 = 1.0100+6,497/(0.9900 {64,720
 +11,285[1-0.3000]-7,899
 *0.3000}-35,351)
 = 1.20 times

Law-6265:
If both (**c**= C/X= Current Ratio= 1.20 times), (**P**= Procured Inventories= 6,497 millions USD), (**B**= Before Tax Income= 11,285 millions USD), (**A**= After Tax Income= 7,899 millions USD), (**Q**= Quoted Longterm Liabilities= 35,351 millions USD), (**l**= L/E= Leverage or Gearing Ratio= 99.00%), (**U**= Utilized or Starting Capital= 64,720 millions USD), (**d**= D/A= Dividend Portion or Payout= 30.00%), and (**t**= T/B= Tax Rate= 30.00%), then it's (**q**= Quick or Acid Test Ratio planned) is:

$$q = c - P/(l\{U+B[1-t]-Ad\}-Q)$$
$$= 1.2000 - 6{,}497/(0.9900\{64{,}720 + 11{,}285[1-0.3000] - 7{,}899 * 0.3000\} - 35{,}351)$$
$$= \underline{1.01} \text{ times}$$

Finance Construction-8, *Tim Asikin, Steve Asikin, Indra Senihardja*

Law-6266:
If both (**c**= C/X= Current Ratio= 1.20 times), (**p**= 360 P/V= Procured Inventory Days= 240 Days), (**V**= Variable Cost= 9,746 millions USD), (**B**= Before Tax Income= 11,285 millions USD), (**A**= After Tax Income= 7,899 millions USD), (**q**= [C-P]/X= Quick or Acid Test Ratio= 1.01 times), (**l**= L/E= Leverage or Gearing Ratio= 99.00%), (**U**= Utilized or Starting Capital= 64,720 millions USD), (**d**= D/A= Dividend Portion or Payout= 30.00%), and (**t**= T/B= Tax Rate= 30.00%), then it's (**Q**= Quoted Longterm Liabilities planned) is:

$$Q= l\,[U+B-Bt-Ad]-X$$
$$= l\,\{U+B[1-t]-Ad\}-Vp/\{360[c-q]\}$$
$$= 0.9900\{64{,}720+11{,}285[1-0.3000]$$
$$\phantom{=0.9900\{}-7{,}899*0.3000\}-9{,}746*240$$
$$\phantom{=0.9900\{}/\{360[1.2000-1.0100]\}$$
$$= 35{,}351 \text{ millions USD}$$

Law-6267:

If both (**c**= C/X= Current Ratio= 1.20 times), (**p**= 360 P/V= Procured Inventory Days= 240 Days), (**V**= Variable Cost= 9,746 millions USD), (**B**= Before Tax Income= 11,285 millions USD), (**A**= After Tax Income= 7,899 millions USD), (**q**= [C-P]/X= Quick or Acid Test Ratio= 1.01 times), (**Q**= Quoted Longterm Liabilities= 35,351 millions USD), (**U**= Utilized or Starting Capital= 64,720 millions USD), (**d**= D/A= Dividend Portion or Payout= 30.00%), and (**t**= T/B= Tax Rate= 30.00%), then it's (**l** = Leverage or Gearing Ratio planned) is:

$$l = (Q+Vp/\{360[c-q]\}/\{U+B[1-t]-Ad\}$$
$$= (35,351+9,746*240/\{360[1.2000$$
$$-1.0100]\}/\{64,720+11,285$$
$$[1-0.3000]-7,899*0.3000\}$$
$$= \underline{99.00\%}$$

Finance Construction-8, *Tim Asikin, Steve Asikin, Indra Senihardja*

Law-6268:

If both (**c**= C/X= Current Ratio= 1.20 times), (**p**= 360 P/V= Procured Inventory Days= 240 Days), (**V**= Variable Cost= 9,746 millions USD), (**B**= Before Tax Income= 11,285 millions USD), (**A**= After Tax Income= 7,899 millions USD), (**q**= [C-P]/X= Quick or Acid Test Ratio= 1.01 times), (**Q**= Quoted Longterm Liabilities= 35,351 millions USD), (**l**= L/E= Leverage or Gearing Ratio= 99.00%), (**d**= D/A= Dividend Portion or Payout= 30.00%), and (**t**= T/B= Tax Rate= 30.00%), then it's (**U**= Utilized or Starting Capital planned) is:

$$U = Ad + (Q + Vp / \{360[c-q]\}) / l - B[1-t]$$
$$= 7{,}899 * 0.3000 + (35{,}351 + 9{,}746$$
$$\qquad * 240 / \{360[1.2000 - 1.0100]\})$$
$$\qquad / 0.9900 - 11{,}285[1 - 0.3000]$$
$$= 64{,}720 \text{ millions USD}$$

Law-6269:
If both (**c**= C/X= Current Ratio= 1.20 times), (**p**= 360 P/V= Procured Inventory Days= 240 Days), (**V**= Variable Cost= 9,746 millions USD), (**U**= Utilized or Starting Capital= 64,720 millions USD), (**A**= After Tax Income= 7,899 millions USD), (**q**= [C-P]/X= Quick or Acid Test Ratio= 1.01 times), (**Q**= Quoted Longterm Liabilities= 35,351 millions USD), (**l**= L/E= Leverage or Gearing Ratio= 99.00%), (**d**= D/A= Dividend Portion or Payout= 30.00%), and (**t**= T/B= Tax Rate= 30.00%), then it's (**B**= Before Tax Income planned) is:

B= **[Ad**+(**Q**+**Vp**/{360[**c-q**]})/**l** −**U]**/[1-**t**]
= [7,899*0.3000 +(35,351+9,746
       *240/{360[1.2000-1.0100]})
       /0.9900-64,720**]**/[1-0.3000]
= 11,285 millions USD

Finance Construction-8, *Tim Asikin, Steve Asikin, Indra Senihardja*

Law-6270:

If both (**c**= C/X= Current Ratio= 1.20 times), (**p**= 360P/V= Procured Inventory Days= 240 Days), (**V**= Variable Cost= 9,746 millions USD), (**U**= Utilized or Starting Capital= 64,720 millions USD), (**A**= After Tax Income= 7,899 millions USD), (**q**= [C-P]/X= Quick or Acid Test Ratio= 1.01 times), (**Q**= Quoted Longterm Liabilities= 35,351 millions USD), (**l**= L/E= Leverage or Gearing Ratio= 99.00%), (**d**= D/A= Dividend Portion or Payout= 30.00%), and (**B**= Before Tax Income= 11,285 millions USD), then it's (**t**= Tax Rate planned) is:

$$t = 1-[\mathbf{Ad}+(\mathbf{Q}+\mathbf{Vp}/\{360[\mathbf{c}-\mathbf{q}]\})/\mathbf{l} -\mathbf{U}]/\mathbf{B}$$
$$= 1-[7,899*0.3000 +(35,351+9,746$$
$$*240/\{360[1.2000-1.0100]\}$$
$$/0.9900-64,720]/11,285$$
$$= 30.00\%$$

Finance Construction-8, *Tim Asikin, Steve Asikin, Indra Senihardja*

Law-6271:

If both (**c**= C/X= Current Ratio= 1.20 times), (**p**= 360 P/V= Procured Inventory Days= 240 Days), (**V**= Variable Cost= 9,746 millions USD), (**U**= Utilized or Starting Capital= 64,720 millions USD), (**t**= T/B= Tax Rate= 30.00%), (**q**= [C-P]/X= Quick or Acid Test Ratio= 1.01 times), (**Q**= Quoted Longterm Liabilities= 35,351 millions USD), (**l**= L/E= Leverage or Gearing Ratio= 99.00%), (**d**= D/A= Dividend Portion or Payout= 30.00%), and (**B**= Before Tax Income= 11,285 millions USD), then it's (**A** = After Tax Income planned) is:

$$A = [U+B[1-t]-(Q+Vp/\{360[c-q]\})/l]/d$$
$$= [64,720+11,285[1-0.3000]$$
$$\quad - (35,351+9,746*240$$
$$\quad /\{360[1.2000-1.0100]\})$$
$$\quad /0.9900]/0.3000$$
$$= \underline{7,899} \text{ millions USD}$$

Finance Construction-8, *Tim Asikin, Steve Asikin, Indra Senihardja*

<u>Law-6272</u>:
If both (**c**= C/X= Current Ratio= <u>1.20</u> times), (**p**= 360 P/V= Procured Inventory Days= <u>240</u> Days), (**V**= Variable Cost= <u>9,746</u> millions USD), (**U**= Utilized or Starting Capital= <u>64,720</u> millions USD), (**t**= T/B= Tax Rate= <u>30.00</u>%), (**q**= [C-P]/X= Quick or Acid Test Ratio= <u>1.01</u> times), (**Q**= Quoted Longterm Liabilities= <u>35,351</u> millions USD), (**l**= L/E= Leverage or Gearing Ratio= <u>99.00</u>%), (**A**= After Tax Income= <u>7,899</u> millions USD), and (**B**= Before Tax Income= <u>11,285</u> millions USD), then it's (**d**= Dividend Portion or Payout planned) is:

$$d= [U+B[1-t]-(Q+Vp/\{360[c-q]\})/l]/A$$
$$= [64,720+11,285[1-0.3000]$$
$$\quad -(35,351+9,746*240$$
$$\quad /\{360[1.2000-1.0100]\})$$
$$\quad /0.9900]/7,899$$
$$= \underline{30.00\%}$$

Finance Construction-8, *Tim Asikin, Steve Asikin, Indra Senihardja*

Law-6273:
If both (**c**= C/X= Current Ratio= 1.20 times), (**p**= 360 P/V= Procured Inventory Days= 240 Days), (**d**= D/A= Dividend Portion or Payout= 30.00%), (**U**= Utilized or Starting Capital= 64,720 millions USD), (**t**= T/B= Tax Rate= 30.00%), (**q**= [C-P]/X= Quick or Acid Test Ratio= 1.01 times), (**Q**= Quoted Longterm Liabilities= 35,351 millions USD), (**I**= L/E= Leverage or Gearing Ratio= 99.00%), (**A**= After Tax Income= 7,899 millions USD), and (**B**= Before Tax Income= 11,285 millions USD), then it's (**V**= Variable Cost planned) is:

$$V = 360[c-q](I\{U+B[1-t]-Ad\}-Q)/p$$
$$= 360[1.2000-1.0100](0.9900[64,720$$
$$+11,285[1-0.3000]-7,899$$
$$*0.3000\}- 35,351)/240$$
$$= 9,746 \text{ millions USD}$$

Law-6274:

If both (c= C/X= Current Ratio= 1.20 times), (V= Variable Cost= 9,746 millions USD), (d= D/A= Dividend Portion or Payout= 30.00%), (U= Utilized or Starting Capital= 64,720 millions USD), (t= T/B= Tax Rate= 30.00%), (q= [C-P]/X= Quick or Acid Test Ratio= 1.01 times), (Q= Quoted Longterm Liabilities= 35,351 millions USD), (l= L/E= Leverage or Gearing Ratio= 99.00%), (A= After Tax Income= 7,899 millions USD), and (B= Before Tax Income= 11,285 millions USD), then it's (p= Procured Inventory Days planned) is:

p= 360[c-q](l {U+B[1-t]-Ad}-Q)/V

= 360[1.2000-1.0100](0.9900
    [64,720+11,285[1-0.3000]
    -7,899*0.3000}-35,351)
    /9,746

= 240 days

Law-6275:

If both (**q**= [C-P]/X= Quick or Acid Test Ratio= 1.01 times), (**V**= Variable Cost= 9,746 millions USD), (**d**= D/A= Dividend Portion or Payout= 30.00%), (**U**= Utilized or Starting Capital= 64,720 millions USD), (**t**= T/B= Tax Rate= 30.00%), (**p**= 360 P/V= Procured Inventory Days= 240 Days), (**Q**= Quoted Longterm Liabilities= 35,351 millions USD), (**l**= L/E= Leverage or Gearing Ratio= 99.00%), (**A**= After Tax Income= 7,899 millions USD), and (**B**= Before Tax Income= 11,285 millions USD), then it's (**c**= Current Ratio planned) is:

$$c= q+Vp/[360(l\{U+B[1-t]-Ad\}-Q)]$$
$$= 1.0100+9,746*240/[360(0.9900$$
$$\{64,720+11,285[1-0.3000]$$
$$-7,899*0.3000\}-35,351)]$$
$$= 1.20 \text{ times}$$

Finance Construction-8, *Tim Asikin, Steve Asikin, Indra Senihardja*

Law-6276:
If both (c= C/X= Current Ratio= 1.20 times), (V= Variable Cost= 9,746 millions USD), (d= D/A= Dividend Portion or Payout= 30.00%), (U= Utilized or Starting Capital= 64,720 millions USD), (t= T/B= Tax Rate= 30.00%), (p= 360 P/V= Procured Inventory Days= 240 Days), (Q= Quoted Longterm Liabilities= 35,351 millions USD), (l= L/E= Leverage or Gearing Ratio= 99.00%), (A= After Tax Income= 7,899 millions USD), and (B= Before Tax Income= 11,285 millions USD), then it's (q= Quick or Acid Test Ratio planned) is:

q= c-Vp/[360(l {U+B[1-t]-Ad}-Q)]
= 1.2000-9,746*240/[360(0.9900
{64,720+11,285[1-0.3000]
-7,899*0.3000}-35,351)]
= 1.01 times

Finance Construction-8, *Tim Asikin, Steve Asikin, Indra Senihardja*

Law-6277:

If both (**c**= C/X= Current Ratio= 1.20 times), (**v**= V/S= Variable Portion= 19.00%), (**$**= Sales or Revenues= 51,294 millions USD), (**p**= 360 P/V= Procured Inventory Days= 240 Days), (**d**= D/A= Dividend Portion or Payout= 30.00%), (**U**= Utilized or Starting Capital= 64,720 millions USD), (**t**= T/B= Tax Rate= 30.00%), (**q**= [C-P]/X= Quick or Acid Test Ratio= 1.01 times), (**l**= L/E= Leverage or Gearing Ratio= 99.00%), (**A**= After Tax Income= 7,899 millions USD), and (**B**= Before Tax Income= 11,285 millions USD), then it's (**Q**= Quoted Longterm Liabilities planned) is:

$Q = l[U+B-Bt-Ad]-X$
$\quad = l\{U+B[1-t]-Ad\}$
$\qquad -\$vp/\{360[c-q]\}$
$\quad = 0.9900\{64,720+11,285$
$\qquad [1-0.3000]-7,899*0.3000\}$
$\qquad -51,294*0.1900*240$
$\qquad /\{360[1.2000-1.0100]\}$
$\quad = 35,351$ millions USD

Finance Construction-8, *Tim Asikin, Steve Asikin, Indra Senihardja*

Law-6278:

If both (**c**= C/X= Current Ratio= 1.20 times), (**v**= V/S= Variable Portion= 19.00%), (**S**= Sales or Revenues= 51,294 millions USD), (**p**= 360 P/V= Procured Inventory Days= 240 Days), (**d**= D/A=Dividend Portion or Payout= 30.00%), (**U**= Utilized or Starting Capital= 64,720 millions USD), (**t**= T/B= Tax Rate= 30.00%), (**q**= [C-P]/X= Quick or Acid Test Ratio= 1.01 times), (**Q**= Quoted Longterm Liabilities= 35,351 millions USD), (**A**= After Tax Income= 7,899 millions USD), and (**B**= Before Tax Income= 11,285 millions USD), then it's (**l**= Leverage or Gearing Ratio planned) is:

l = (**Q**+**Svp**/{360[**c**-**q**]})/[**U**+**B**-**Bt**-**Ad**]
 = (35,351+51,294*0.1900*240
    /{360[1.2000-1.0100]})
    /{64,720+11,285
    [1-0.3000]-7,899*0.3000}
 = 99.00%

Finance Construction-8, *Tim Asikin, Steve Asikin, Indra Senihardja*

Law-6279:

If both (**c**= C/X= Current Ratio= 1.20 times), (**v**= V/S= Variable Portion= 19.00%), (**$**= Sales or Revenues= 51,294 millions USD), (**p**= 360 P/V= Procured Inventory Days= 240 Days), (**d**= D/A= Dividend Portion or Payout= 30.00%), (**l**= L/E= Leverage or Gearing Ratio= 99.00%), (**t**= T/B= Tax Rate= 30.00%), (**q**= [C-P]/X= Quick or Acid Test Ratio= 1.01 times), (**Q**= Quoted Longterm Liabilities= 35,351 millions USD), (**A**= After Tax Income= 7,899 millions USD), and (**B**= Before Tax Income= 11,285 millions USD), then it's (**U**= Utilized or Starting Capital planned) is:

$$U = Ad + (Q + \$vp / \{360[c-q]\}) / l - B[1-t]$$
$$= 7{,}899 * 0.3000 + (35{,}351 + 51{,}294$$
$$* 0.1900 * 240 / \{360[1.2000$$
$$- 1.0100]\}) / 0.9900 - 11{,}285$$
$$[1 - 0.3000]$$
$$= \underline{64{,}720} \text{ millions USD}$$

Finance Construction-8, *Tim Asikin, Steve Asikin, Indra Senihardja*

<u>Law-6280</u>:

If both (**c**= C/X= Current Ratio= <u>1.20</u> times), (**v**= V/S= Variable Portion= <u>19.00</u>%), (**$**= Sales or Revenues= <u>51,294</u> millions USD), (**p**= 360 P/V= Procured Inventory Days= <u>240</u> Days), (**d**= D/A= Dividend Portion or Payout= 30.00%), (**l**= L/E= Leverage or Gearing Ratio= <u>99.00</u>%), (**t**= T/B= Tax Rate= <u>30.00</u>%), (**q**= [C-P]/X= Quick or Acid Test Ratio= <u>1.01</u> times), (**Q**= Quoted Longterm Liabilities= <u>35,351</u> millions USD), (**A**= After Tax Income= <u>7,899</u> millions USD), and (**U**= Utilized or Starting Capital= <u>64,720</u> millions USD), then it's (**B**= Before Tax Income planned) is:

$$B = [Ad+(Q+\$vp/\{360[c-q]\})/l - U]/[1-t]$$
$$= [7{,}899*0.3000 + (35{,}351+51{,}294 *0.1900*240/\{360[1.2000 -1.0100]\})/0.9900 - 64{,}720]/[1-0.3000]$$
$$= \underline{11{,}285} \text{ millions USD}$$

Finance Construction-8, *Tim Asikin, Steve Asikin, Indra Senihardja*

Law-6281:

If both (**c**= C/X= Current Ratio= 1.20 times), (**v**= V/S= Variable Portion= 19.00%), (**$**= Sales or Revenues= 51,294 millions USD), (**p**= 360 P/V= Procured Inventory Days= 240 Days), (**d**= D/A= Dividend Portion or Payout= 30.00%), (**l**= L/E= Leverage or Gearing Ratio= 99.00%), (**B**= Before Tax Income= 11,285 millions USD), (**q**= [C-P]/X= Quick or Acid Test Ratio= 1.01 times), (**Q**= Quoted Longterm Liabilities= 35,351 millions USD), (**A**= After Tax Income= 7,899 millions USD), and (**U**= Utilized or Starting Capital= 64,720 millions USD), then it's (**t**= Tax Rate planned) is:

t= 1-[**Ad**+(**Q**+**$vp**/{360[**c-q**]})/**l**-**U**]/**B**
   = 1-[7,899*0.3000+ (35,351+51,294
          *0.1900*240/{360[1.2000
          -1.0100]})/0.9900-64,720]
          /11,285
   = 30.00%

Finance Construction-8, *Tim Asikin, Steve Asikin, Indra Senihardja*

Law-6282:
If both (**c**= C/X= Current Ratio= 1.20 times), (**v**= V/S= Variable Portion= 19.00%), (**$**= Sales or Revenues= 51,294 millions USD), (**p**= 360 P/V= Procured Inventory Days= 240 Days), (**d**= D/A= Dividend Portion or Payout= 30.00%), (**ℓ**= L/E= Leverage or Gearing Ratio= 99.00%), (**B**= Before Tax Income= 11,285 millions USD), (**q**= [C-P]/X= Quick or Acid Test Ratio= 1.01 times), (**Q**= Quoted Longterm Liabilities= 35,351 millions USD), (**t**= T/B= Tax Rate= 30.00%), and (**U**= Utilized or Starting Capital= 64,720 millions USD), then it's (**A**= After Tax Income planned) is:

$$A = [U+B[1-t]-(Q+\$vp/\{360[c-q]\})/ℓ]/d$$
$$= [64,720+11,285[1-0.3000]-(35,351$$
$$+51,294*0.1900*240/\{360$$
$$[1.2000-1.0100]\})/0.9900]$$
$$/0.3000$$
$$= 7,899 \text{ millions USD}$$

Law-6283:

If both (**c**= C/X= Current Ratio= 1.20 times), (**v**= V/S= Variable Portion= 19.00%), (**$**= Sales or Revenues= 51,294 millions USD), (**p**= 360 P/V= Procured Inventory Days= 240 Days), (**A**= After Tax Income= 7,899 millions USD), (**l**= L/E= Leverage or Gearing Ratio= 99.00%), (**B**= Before Tax Income= 11,285 millions USD), (**q**= [C-P]/X= Quick or Acid Test Ratio= 1.01 times), (**Q**= Quoted Longterm Liabilities= 35,351 millions USD), (**t**= T/B= Tax Rate= 30.00%), and (**U**= Utilized or Starting Capital= 64,720 millions USD), then it's (**d**= Dividend Portion or Payout planned) is:

$$d = [U+B[1-t]-(Q+\$vp/\{360[c-q]\})/l\,]/A$$
$$= [64{,}720+11{,}285[1-0.3000]-(35{,}351$$
$$+51{,}294*0.1900*240/\{360$$
$$[1.2000-1.0100]\})/0.9900]$$
$$/0.3000 \cdot 7{,}899$$
$$= \underline{30.00\%}$$

Law-6284:

If both (**c**= C/X= Current Ratio= $\underline{1.20}$ times), (**v**= V/S= Variable Portion= $\underline{19.00}$%), (**d**= D/A= Dividend Portion or Payout= 30.00%), (**p**= 360 P/V= Procured Inventory Days= $\underline{240}$ Days), (**A**= After Tax Income= $\underline{7,899}$ millions USD), (**l**= L/E= Leverage or Gearing Ratio= $\underline{99.00}$%), (**B**= Before Tax Income= $\underline{11,285}$ millions USD), (**q**= [C-P]/X= Quick or Acid Test Ratio= $\underline{1.01}$ times), (**Q**= Quoted Longterm Liabilities= $\underline{35,351}$ millions USD), (**t**= T/B= Tax Rate= $\underline{30.00}$%), and (**U**= Utilized or Starting Capital= $\underline{64,720}$ millions USD), then it's (**S**= Sales or Revenues planned) is:

$$S = 360[\mathbf{c-q}](\mathbf{l}\{\mathbf{U+B}[1-\mathbf{t}]-\mathbf{Ad}\}-\mathbf{Q})/[\mathbf{vp}]$$

$$= 360[1.2000-1.0100](0.9900\{64,720 + 11,285[1-0.3000]-7,899 *0.3000\}-35,351)$$
$$/[0.1900*240]$$

$$= \underline{51,294} \text{ millions USD}$$

<u>Law-6285</u>:

If both (**c**= C/X= Current Ratio= <u>1.20</u> times), (**$**= Sales or Revenues= <u>51,294</u> millions USD), (**p**= 360 P/V= Procured Inventory Days= <u>240</u> Days), (**d**= D/A= Dividend Portion or Payout= 30.00%), (**A**= After Tax Income= <u>7,899</u> millions USD), (**/**= L/E= Leverage or Gearing Ratio= <u>99.00</u>%), (**B**= Before Tax Income= <u>11,285</u> millions USD), (**q**= [C-P]/X= Quick or Acid Test Ratio= <u>1.01</u> times), (**Q**= Quoted Longterm Liabilities= <u>35,351</u> millions USD), (**t**= T/B= Tax Rate= <u>30.00</u>%), and (**U**= Utilized or Starting Capital= <u>64,720</u> millions USD), then it's (**v**= Variable Portion planned) is:

$$v = 360[\mathbf{c}-\mathbf{q}](\mathbf{/}\{\mathbf{U}+\mathbf{B}[1-\mathbf{t}]-\mathbf{Ad}\}-\mathbf{Q})/[\mathbf{\$p}]$$
$$= 360[1.2000-1.0100](0.9900\{64,720 +11,285[1-0.3000]- 7,899 *0.3000\}-35,351\}) /[51,294*240]$$
$$= \underline{19.00\%}$$

Law-6286:

If both (**c**= C/X= Current Ratio= 1.20 times), (**S**= Sales or Revenues= 51,294 millions USD), (**v**= V/S= Variable Portion= 19.00%), (**d**= D/A= Dividend Portion or Payout= 30.00%), (**A**= After Tax Income= 7,899 millions USD), (**l**= L/E= Leverage or Gearing Ratio= 99.00%), (**B**= Before Tax Income= 11,285 millions USD), (**q**= [C-P]/X= Quick or Acid Test Ratio= 1.01 times), (**Q**= Quoted Longterm Liabilities= 35,351 millions USD), (**t**= T/B= Tax Rate= 30.00%), and (**U**= Utilized or Starting Capital= 64,720 millions USD), then it's (**p**= Procured Inventory Days planned) is:

$$p = 360[c-q](l\{U+B[1-t]-Ad\}-Q)/[Sv]$$
$$= 360[1.2000-1.0100](0.9900\{64,720 + 11,285[1-0.3000]- 7,899 *0.3000\}-35,351\}) /[51,294*0.1900]$$
$$= \underline{240} \text{ days}$$

Law-6287:

If both (**p**= 360 P/V= Procured Inventory Days= 240 Days), (**$**= Sales or Revenues= 51,294 millions USD), (**v**= V/S= Variable Portion= 19.00%), (**d**= D/A= Dividend Portion or Payout= 30.00%), (**A**= After Tax Income= 7,899 millions USD), (**l**= L/E= Leverage or Gearing Ratio= 99.00%), (**B**= Before Tax Income= 11,285 millions USD), (**q**= [C-P]/X= Quick or Acid Test Ratio= 1.01 times), (**Q**= Quoted Longterm Liabilities= 35,351 millions USD), (**t**= T/B= Tax Rate= 30.00%), and (**U**= Utilized or Starting Capital= 64,720 millions USD), then it's (**c**= Current Ratio planned) is:

c= q+$vp/[360(l {U+B[1-t]-Ad}-Q})]
= 1.0100+51,294*0.1900*240/[360
(0.9900{64,720+11,285
[1-0.3000]- 7,899*0.3000}
-35,351})]
= 1.20 times

Law-6288:

If both (**p**= 360 P/V= Procured Inventory Days= 240 Days), (**$**= Sales or Revenues= 51,294 millions USD), (**v**= V/S= Variable Portion= 19.00%), (**d**= D/A= Dividend Portion or Payout= 30.00%), (**A**= After Tax Income= 7,899 millions USD), (**f**= L/E= Leverage or Gearing Ratio= 99.00%), (**B**= Before Tax Income= 11,285 millions USD), (**c**= C/X= Current Ratio= 1.20 times), (**Q**= Quoted Longterm Liabilities= 35,351 millions USD), (**t**= T/B= Tax Rate= 30.00%), and (**U**= Utilized or Starting Capital= 64,720 millions USD), then it's (**q**= Quick or Acid Test Ratio planned) is:

$$q = c\text{-}Svp/[360(f\{U+B[1-t]\text{-}Ad\}\text{-}Q)]$$
$$= 1.2000 - 51{,}294 * 0.1900 * 240/[360$$
$$(0.9900\{64{,}720+11{,}285$$
$$[1-0.3000]-7{,}899*0.3000\}$$
$$-35{,}351\})]$$
$$= \underline{1.01} \text{ times}$$

Law-6289:

If both (**p**= 360 P/V= Procured Inventory Days= 240 Days), (**$'**= Sales of Past Year= 48,851 millions USD), (**s**= [S/S']-1= Sales Growth= 5.00%), (**v**= V/S= Variable Portion= 19.00%), (**d**= D/A=Dividend Portion or Payout= 30.00%), (**A**= After Tax Income= 7,899 millions USD), (**⊩**= L/E= Leverage or Gearing Ratio= 99.00%), (**B**= Before Tax Income= 11,285 millions USD), (**c**= C/X= Current Ratio= 1.20 times), (**q**= [C-P]/X= Quick or Acid Test Ratio= 1.01 times), (**t**= T/B= Tax Rate= 30.00%), and (**U**= Utilized or Starting Capital= 64,720 millions USD), then it's (**Q**= Quoted Longterm Liabilities planned) is:

$$Q = \mathit{l}\{U+B-Bt]-Ad\}-X$$
$$= \mathit{l}\{U+B[1-t]-Ad\}-\$'vp[1+s]$$
$$/\{360[c-q]\}$$
$$= 0.9900\{64,720+11,285[1-0.3000]$$
$$-7,899*0.3000\}-48,851$$
$$*0.1900*240[1+0.0500]$$
$$/\{360[1.2000-1.0100]\}$$
$$= 35,351 \text{ millions USD}$$

Finance Construction-8, *Tim Asikin, Steve Asikin, Indra Senihardja*

Law-6290:

If both (**p**= 360 P/V= Procured Inventory Days= 240 Days), (**$'**= Sales of Past Year= 48,851 millions USD), (**s**= [S/S']-1= Sales Growth= 5.00%), (**v**= V/S= Variable Portion= 19.00%), (**d**= D/A= Dividend Portion or Payout= 30.00%), (**A**= After Tax Income= 7,899 millions USD), (**Q**= Quoted Longterm Liabilities= 35,351 millions USD), (**B**= Before Tax Income= 11,285 millions USD), (**c**= C/X= Current Ratio= 1.20 times), (**q**= [C-P]/X= Quick or Acid Test Ratio= 1.01 times), (**t**= T/B= Tax Rate= 30.00%), and (**U**= Utilized or Starting Capital= 64,720 millions USD), then it's (**l** = Leverage or Gearing Ratio planned) is:

l = (**Q**+**$'vp**[1+**s**]/{360[**c**-**q**]})
      /{**U**+**B**[1-**t**]-**Ad**}
   = (35,351+48,851*0.1900*240
      [1+0.0500]/{360[1.2000
      -1.0100]})/{64,720+11,285
      [1-0.3000]-7,899*0.3000}
   = 99.00%

Law-6291:

If both (**p**= 360 P/V= Procured Inventory Days= 240 Days), (**S'**= Sales of Past Year= 48,851 millions USD), (**s**= [S/S']-1= Sales Growth= 5.00%), (**v**= V/S= Variable Portion= 19.00%), (**d**= D/A= Dividend Portion or Payout= 30.00%), (**A**= After Tax Income= 7,899 millions USD), (**Q**= Quoted Longterm Liabilities= 35,351 millions USD), (**B**= Before Tax Income= 11,285 millions USD), (**c**= C/X= Current Ratio= 1.20 times), (**q**= [C-P]/X= Quick or Acid Test Ratio= 1.01 times), (**t**= T/B= Tax Rate= 30.00%), and (**l**= L/E= Leverage or Gearing Ratio= 99.00%), then it's (**U**= Utilized or Starting Capital planned) is:

$$U = \mathbf{Ad} + (\mathbf{Q} + \mathbf{S'vp}[1+\mathbf{s}]/\{360[\mathbf{c}-\mathbf{q}]\})/\mathbf{l} - \mathbf{B}[1-\mathbf{t}]$$

= 7,899*0.3000+(35,351+48,851
*0.1900*240[1+0.0500]/{360
[1.2000-1.0100]})/0.9900
-11,285[1-0.3000]

= 64,720 millions USD

Law-6292:

If both (**p**= 360 P/V= Procured Inventory Days= 240 Days), (**S'**= Sales of Past Year= 48,851 millions USD), (**s**= [S/S']-1= Sales Growth= 5.00%), (**v**= V/S= Variable Portion= 19.00%), (**d**= D/A= Dividend Portion or Payout= 30.00%), (**A**= After Tax Income= 7,899 millions USD), (**Q**= Quoted Longterm Liabilities= 35,351 millions USD), (**U**= Utilized or Starting Capital= 64,720 millions USD), (**c**= C/X= Current Ratio= 1.20 times), (**q**= [C-P]/X= Quick or Acid Test Ratio= 1.01 times), (**t**= T/B= Tax Rate= 30.00%), and (**l**= L/E= Leverage or Gearing Ratio= 99.00%), then it's (**B**= Before Tax Income planned) is:

$$B = [Ad+(Q+S'vp[1+s]/\{360[c-q]\})/l-U]/[1-t]$$
$$= [7,899*0.3000+(35,351+48,851*0.1900*240[1+0.0500]/\{360[1.2000-1.0100]\})/0.9900-64,720]/[1-0.3000]$$
$$= 11,285 \text{ millions USD}$$

Law-6293:

If both (**p**= 360 P/V= Procured Inventory Days= 240 Days), (**$'**= Sales of Past Year= 48,851 millions USD), (**s**= [S/S']-1= Sales Growth= 5.00%), (**v**= V/S= Variable Portion= 19.00%), (**d**= D/A= Dividend Portion or Payout= 30.00%), (**A**= After Tax Income= 7,899 millions USD), (**Q**= Quoted Longterm Liabilities= 35,351 millions USD), (**U**= Utilized or Starting Capital= 64,720 millions USD), (**c**= C/X= Current Ratio= 1.20 times), (**q**= [C-P]/X= Quick or Acid Test Ratio= 1.01 times), (**B**= Before Tax Income= 11,285 millions USD), and (**l**= L/E= Leverage or Gearing Ratio= 99.00%), then it's (**t**= Tax Rate planned) is:

t= 1-**[Ad**+(**Q**+**$'vp**[1+**s**]
        /{360[**c-q**]})/**l-U**]/**B**
  = 1-**[**7,899*0.3000+(35,351+48,851
        *0.1900*240[1+0.0500]
        /{360[1.2000-1.0100]})
        /0.9900-64,720**]**/11,285
  = 30.00%

Law-6294:

If both (**p**= 360 P/V= Procured Inventory Days= 240 Days), (**$'$**= Sales of Past Year= 48,851 millions USD), (**s**= [S/S']-1= Sales Growth= 5.00%), (**v**= V/S= Variable Portion= 19.00%), (**d**= D/A=Dividend Portion or Payout= 30.00%), (**t**= T/B= Tax Rate= 30.00%), (**Q**= Quoted Longterm Liabilities= 35,351 millions USD), (**U**= Utilized or Starting Capital= 64,720 millions USD), (**c**= C/X= Current Ratio= 1.20 times), (**q**= [C-P]/X= Quick or Acid Test Ratio= 1.01 times), (**B**= Before Tax Income= 11,285 millions USD), and (**l**= L/E= Leverage or Gearing Ratio= 99.00%), then it's (**A**= After Tax Income planned) is:

A= [**U**+**B**[1-**t**]-(**Q**+**$'$vp**[1+**s**]
/{360[**c-q**]})/**l**]/**d**
= [64,720+11,285[1-0.3000]-(35,351
+48,851*0.1900*240
[1+0.0500]/{360[1.2000
-1.0100]})/0.9900]/0.3000
= 7,899 millions USD

Law-6295:

If both (**p**= 360 P/V= Procured Inventory Days= 240 Days), (**S'**= Sales of Past Year= 48,851 millions USD), (**s**= [S/S']-1= Sales Growth= 5.00%), (**v**= V/S= Variable Portion= 19.00%), (**A**= After Tax Income= 7,899 millions USD), (**t**= T/B= Tax Rate= 30.00%), (**Q**= Quoted Longterm Liabilities= 35,351 millions USD), (**U**= Utilized or Starting Capital= 64,720 millions USD), (**c**= C/X= Current Ratio= 1.20 times), (**q**= [C-P]/X= Quick or Acid Test Ratio= 1.01 times), (**B**= Before Tax Income= 11,285 millions USD), and (**f**= L/E= Leverage or Gearing Ratio= 99.00%), then it's (**d**= Dividend Portion or Payout planned) is:

$$d = [U+B[1-t]-(Q+S'vp[1+s]/\{360[c-q]\})/f]/A$$
$$= [64,720+11,285[1-0.3000]-(35,351+48,851*0.1900*240[1+0.0500]/\{360[1.2000-1.0100]\})/0.9900-]/7,899$$
$$= \underline{30.00\%}$$

Finance Construction-8, *Tim Asikin, Steve Asikin, Indra Senihardja*

<u>Law-6296</u>:
If both (**p**= 360 P/V= Procured Inventory Days= <u>240</u> Days), (**d**= D/A= Dividend Portion or Payout= 30.00%), (**s**= [S/S']-1= Sales Growth= <u>5.00</u>%), (**v**= V/S= Variable Portion= <u>19.00</u>%), (**A**= After Tax Income= <u>7,899</u> millions USD), (**t**= T/B= Tax Rate= <u>30.00</u>%), (**Q**= Quoted Longterm Liabilities= <u>35,351</u> millions USD), (**U**= Utilized or Starting Capital= <u>64,720</u> millions USD), (**c**= C/X= Current Ratio= <u>1.20</u> times), (**q**= [C-P]/X= Quick or Acid Test Ratio= <u>1.01</u> times), (**B**= Before Tax Income= <u>11,285</u> millions USD), and (**l**= L/E= Leverage or Gearing Ratio= <u>99.00</u>%), then it's (**S'**= Sales Past) must be:

$$S' = 360[c-q](l\{[U+B[1-t]-Ad\}-Q)/\{vp[1+s]\}$$
$$= 360[1.2000-1.0100](0.9900\{64,720+11,285[1-0.3000]-7,899*0.3000\}-35,351)/\{0.1900*240[1+0.0500]\}$$
$$= \underline{48,851} \text{ millions USD}$$

Law-6297:

If both (**p**= 360 P/V= Procured Inventory Days= 240 Days), (**d**= D/A= Dividend Portion or Payout= 30.00%), (**s**= [S/S']-1= Sales Growth= 5.00%), (**S'**= Sales of Past Year= 48,851 millions USD), (**A**= After Tax Income= 7,899 millions USD), (**t**= T/B= Tax Rate= 30.00%), (**Q**= Quoted Longterm Liabilities= 35,351 millions USD), (**U**= Utilized or Starting Capital= 64,720 millions USD), (**c**= C/X= Current Ratio= 1.20 times), (**q**= [C-P]/X= Quick or Acid Test Ratio= 1.01 times), (**B**= Before Tax Income= 11,285 millions USD), and (**l**= L/E= Leverage or Gearing Ratio= 99.00%), then it's (**v**= Variable Portion planned) is:

$$v = 360[\mathbf{c}-\mathbf{q}](\mathbf{l}\{\mathbf{U}+\mathbf{B}[1-\mathbf{t}]-\mathbf{A}\mathbf{d}\}-\mathbf{Q})$$
$$/\{\mathbf{S'p}[1+\mathbf{s}]\}$$
$$= 360[1.2000-1.0100](0.9900$$
$$\{64,720+11,285[1-0.3000]$$
$$-7,899*0.3000\}-35,351)$$
$$/\{48,851*240[1+0.0500]\}$$
$$= \underline{19.00\%}$$

Law-6298:

If both (**v**= V/S= Variable Portion= 19.00%), (**d**= D/A= Dividend Portion or Payout= 30.00%), (**s**= [S/S']-1= Sales Growth= 5.00%), (**$'**= Sales of Past Year= 48,851 millions USD), (**A**= After Tax Income= 7,899 millions USD), (**t**= T/B= Tax Rate= 30.00%), (**Q**= Quoted Longterm Liabilities= 35,351 millions USD), (**U**= Utilized or Starting Capital= 64,720 millions USD), (**c**= C/X= Current Ratio= 1.20 times), (**q**= [C-P]/X= Quick or Acid Test Ratio= 1.01 times), (**B**= Before Tax Income= 11,285 millions USD), and (**l**= L/E= Leverage or Gearing Ratio= 99.00%), then it's (**p**= Procured Inventory Days planned) is:

$$p = 360[c\text{-}q](l\{U+B[1\text{-}t]\text{-}Ad\}\text{-}Q) / \{\$'v[1+s]\}$$
$$= 360[1.2000\text{-}1.0100](0.9900\{64,720 + 11,285[1\text{-}0.3000]\text{-}7,899 *0.3000\}\text{-}35,351) / \{48,851 *0.1900[1+0.0500]\}$$
$$= \underline{240} \text{ days}$$

Finance Construction-8, *Tim Asikin, Steve Asikin, Indra Senihardja*

Law-6299:
If both (**v**= V/S= Variable Portion= 19.00%), (**d**= D/A= Dividend Portion or Payout= 30.00%), (**p**= 360 P/V= Procured Inventory Days= 240 Days), (**S'**= Sales of Past Year= 48,851 millions USD), (**A**= After Tax Income= 7,899 millions USD), (**t**= T/B= Tax Rate= 30.00%), (**Q**= Quoted Longterm Liabilities= 35,351 millions USD), (**U**= Utilized or Starting Capital= 64,720 millions USD), (**c**= C/X= Current Ratio= 1.20 times), (**q**= [C-P]/X= Quick or Acid Test Ratio= 1.01 times), (**B**= Before Tax Income= 11,285 millions USD), and (**l**= L/E= Leverage or Gearing Ratio= 99.00%), then it's (**s**= Sales Growth planned) is:

$s = 360[\mathbf{c\text{-}q}](\mathbf{l}\{\mathbf{U}+\mathbf{B}[1\text{-}\mathbf{t}]\text{-}\mathbf{Ad}\}\text{-}\mathbf{Q})/[\mathbf{S'vp}]\text{-}1$
$= 360[1.2000\text{-}1.0100](0.9900$
$\{64{,}720+11{,}285[1\text{-}0.3000]$
$-7{,}899*0.3000\}-35{,}351)$
$/[48{,}851*0.1900*240]-1$
$= 5.00\%$

Law-6300:

If both (v= V/S= Variable Portion= 19.00%), (d= D/A= Dividend Portion or Payout= 30.00%), (p= 360 P/V= Procured Inventory Days= 240 Days), (S'= Sales of Past Year= 48,851 millions USD), (A= After Tax Income= 7,899 millions USD), (t= T/B= Tax Rate= 30.00%), (Q= Quoted Longterm Liabilities= 35,351 millions USD), (U= Utilized or Starting Capital= 64,720 millions USD), (s= [S/S']-1= Sales Growth= 5.00%), (q= [C-P]/X= Quick or Acid Test Ratio= 1.01 times), (B= Before Tax Income= 11,285 millions USD), and (l= L/E= Leverage or Gearing Ratio= 99.00%), then it's (c= Current Ratio planned) is:

$c = q + S'vp[1+s]/[360(l\{U+B[1-t]-Ad\}-Q)]$
= 1.0100+48,851*0.1900*240
   [1+0.0500]/[360(0.9900
   {64,720+11,285[1-0.3000]
   -7,899*0.3000}-35,351)]
= 1.20 times

Law-6301:

If both (**v**= V/S= Variable Portion= 19.00%), (**d**= D/A= Dividend Portion or Payout= 30.00%), (**p**= 360 P/V= Procured Inventory Days= 240 Days), (**S'**= Sales of Past Year= 48,851 millions USD), (**A**= After Tax Income= 7,899 millions USD), (**t**= T/B= Tax Rate= 30.00%), (**Q**= Quoted Longterm Liabilities= 35,351 millions USD), (**U**= Utilized or Starting Capital= 64,720 millions USD), (**s**= [S/S']-1= Sales Growth= 5.00%), (**c**= C/X= Current Ratio= 1.20 times), (**B**= Before Tax Income= 11,285 millions USD), and (**l**= L/E= Leverage or Gearing Ratio= 99.00%), then it's (**q**= quick or Acid Test Ratio planned) is:

$$q = c-S'vp[1+s]/[360(l\{U+B[1-t]-Ad\}-Q)]$$
$$= 1.2000-48,851*0.1900*240$$
$$[1+0.0500]/[360(0.9900$$
$$\{64,720+11,285[1-0.3000]$$
$$-7,899*0.3000\}-35,351)]$$
$$= \underline{1.01} \text{ times}$$

Finance Construction-8, *Tim Asikin, Steve Asikin, Indra Senihardja*

<u>Law-6302</u>:

If both (I= L/E= Leverage or Gearing Ratio= <u>99.00</u>%), (t= T/B= Tax Rate= <u>30.00</u>%), (d= D/A= Dividend Portion or Payout= 30.00%), (U= Utilized or Starting Capital= <u>64,720</u> millions USD), (X= Xpress or Current Debt= <u>34,196</u> millions USD), and (B= Before Tax Income= <u>11,285</u> millions USD), then it's (Q= Quoted Longterm Liabilities planned) is:

$Q = I\{U+B[1-t][1-d]\} - X$
$= 0.9900\{64,720+11,285[1-0.3000][1-0.3000]\} - 34,196$
$= \underline{35,351}$ millions USD

Law-6303:
If both (**Q**= Quoted Longterm Liabilities= 35,351 millions USD), (**t**= T/B= Tax Rate= 30.00%), (**d**= D/A= Dividend Portion or Payout= 30.00%), (**U**= Utilized or Starting Capital= 64,720 millions USD), (**X**= Xpress or Current Debt= 34,196 millions USD),and (**B**= Before Tax Income= 11,285 millions USD), then it's (**I** = Leverage or Gearing Ratio planned) is:

$$I = [X+Q]/\{U+B[1-t][1-d]\}$$
$$= [34,196+35,351]/\{64,720+11,285[1-0.3000][1-0.3000]\}$$
$$= 99.00\%$$

Finance Construction-8, *Tim Asikin, Steve Asikin, Indra Senihardja*

<u>Law-6304</u>:

If both (**Q**= Quoted Longterm Liabilities= <u>35,351</u> millions USD), (**t**= T/B= Tax Rate= <u>30.00</u>%), (**d**= D/A= Dividend Portion or Payout= 30.00%), (**l**= L/E= Leverage or Gearing Ratio= <u>99.00</u>%), (**X**= Xpress or Current Debt= <u>34,196</u> millions USD), and (**B**= Before Tax Income= <u>11,285</u> millions USD), then it's (**U**= Utilized or Starting Capital planned) is:

$$U = \{[X+Q]/l\} - B[1-t][1-d]\}$$
$$= \{[34{,}196 + 35{,}351]/0.9900\}$$
$$\quad -11{,}285[1-0.3000]$$
$$\quad [1-0.3000]$$
$$= \underline{64{,}720} \text{ millions USD}$$

Finance Construction-8, *Tim Asikin, Steve Asikin, Indra Senihardja*

Law-6305:

If both (Q= Quoted Longterm Liabilities= 35,351 millions USD), (t= T/B= Tax Rate= 30.00%), (d= D/A= Dividend Portion or Payout= 30.00%), (l= L/E= Leverage or Gearing Ratio= 99.00%), (X= Xpress or Current Debt= 34,196 millions USD),and (U= Utilized or Starting Capital= 64,720 millions USD), then it's (B= Before tax Income planned) is:

B = {[X+Q]/l -U}/[1-t][1-d]
 = {[34,196+35,351]/0.9900-64,720}/[1-0.3000][1-0.3000]
 = 11,285 millions USD

Finance Construction-8, *Tim Asikin, Steve Asikin, Indra Senihardja*

<u>Law-6306</u>:

If both (**Q**= Quoted Longterm Liabilities= <u>35,351</u> millions USD), (**B**= Before Tax Income= <u>11,285</u> millions USD), (**d**= D/A= Dividend Portion or Payout= 30.00%), (**l**= L/E= Leverage or Gearing Ratio= <u>99.00</u>%), (**X**= Xpress or Current Debt= <u>34,196</u> millions USD),and (**U**= Utilized or Starting Capital= <u>64,720</u> millions USD), then it's (**t**= Tax Rate planned) is:

$$t = 1-\{[X+Q]/l - U\}/\{B[1-d]\}$$
$$= 1-\{[34{,}196+35{,}351]/0.9900 - 64{,}720\}/\{11{,}285[1-0.3000]\}$$
$$= \underline{30.00}\%$$

Law-6307:

If both (**Q**= Quoted Longterm Liabilities= 35,351 millions USD), (**B**= Before Tax Income= 11,285 millions USD), (**t**= T/B= Tax Rate= 30.00%), (**l**= L/E= Leverage or Gearing Ratio= 99.00%), (**X**= Xpress or Current Debt= 34,196 millions USD), and (**U**= Utilized or Starting Capital= 64,720 millions USD), then it's (**d**= Dividend Portion or Payout planned) is:

$$d = 1-\{[X+Q]/l - U\}/\{B[1-t]\}$$
$$= 1-\{[34,196+35,351]/0.9900 - 64,720\}/\{11,285[1-0.3000]\}$$
$$= \underline{30.00\%}$$

Finance Construction-8, *Tim Asikin, Steve Asikin, Indra Senihardja*

<u>Law-6308</u>:

If both (**Q**= Quoted Longterm Liabilities= <u>35,351</u> millions USD), (**B**= Before Tax Income= <u>11,285</u> millions USD), (**t**= T/B= Tax Rate= <u>30.00</u>%), (**l**= L/E= Leverage or Gearing Ratio= <u>99.00</u>%), (**d**= D/A= Dividend Portion or Payout= 30.00%), and (**U**= Utilized or Starting Capital= <u>64,720</u> millions USD), then it's (**X**= Dividend Portion or Payout planned) is:

$$d = l\{U+B[1-t][1-d]\}-Q$$
$$= 0.9900\{64,720+11,285$$
$$[1-0.3000][1-0.3000\}$$
$$-35,351$$
$$= \underline{34,196} \text{ millions USD}$$

Law-6309:

If both (**P**= Procured Inventories= 6,497 millions USD), (**q**= [C-P]/X= Quick or Acid Test Ratio= 1.01 times), (**c**= C/X= Current Ratio= 1.20 times), (**B**= Before Tax Income= 11,285 millions USD), (**t**= T/B= Tax Rate= 30.00%), (**l**= L/E= Leverage or Gearing Ratio= 99.00%), (**d**= D/A= Dividend Portion or Payout= 30.00%), and (**U**= Utilized or Starting Capital= 64,720 millions USD), then it's (**Q**= Quoted Longterm Liabilities planned) is:

$$Q = l\{U+B[1-t][1-d]\} - P/[c-q]$$
$$= 0.9900\{64,720+11,285[1-0.3000][1-0.3000]\} - 6,497/[1.2000-1.0100]$$
$$= \underline{35,351} \text{ millions USD}$$

Law-6310:

If both (**P**= Procured Inventories= 6,497 millions USD), (**q**= [C-P]/X= Quick or Acid Test Ratio= 1.01 times), (**c**= C/X= Current Ratio= 1.20 times), (**B**= Before Tax Income= 11,285 millions USD), (**t**= T/B= Tax Rate= 30.00%), (**Q**= Quoted Longterm Liabilities= 35,351 millions USD), (**d**= D/A= Dividend Portion or Payout= 30.00%), and (**U**= Utilized or Starting Capital= 64,720 millions USD), then it's (**I** = Leverage or Gearing Ratio planned) is:

$$I = \{Q+P/[c-q]\}/\{U+B[1-t][1-d]\}$$
$$= \{35,351+6,497/[1.2000-1.0100]\}/\{64,720+11,285[1-0.3000][1-0.3000]\}$$
$$= 99.00\%$$

Law-6311:
If both (**P**= Procured Inventories= 6,497 millions USD), (**q**= [C-P]/X= Quick or Acid Test Ratio= 1.01 times), (**c**= C/X= Current Ratio= 1.20 times), (**B**= Before Tax Income= 11,285 millions USD), (**t**= T/B= Tax Rate= 30.00%), (**Q**= Quoted Longterm Liabilities= 35,351 millions USD), (**d**= D/A= Dividend Portion or Payout= 30.00%), and (**l**= L/E= Leverage or Gearing Ratio= 99.00%), then it's (**U**= Utilized or Starting Capital planned) is:

$$U = \{Q+P/[c-q]\}/l - B[1-t][1-d]$$
$$= \{35,351+6,497/[1.2000-1.0100]\}$$
$$/0.9900-11,285[1-0.3000]$$
$$[1-0.3000]$$
$$= \underline{64,720} \text{ millions USD}$$

Finance Construction-8, *Tim Asikin, Steve Asikin, Indra Senihardja*

Law-6312:

If both (**P**= Procured Inventories= 6,497 millions USD), (**q**= [C-P]/X= Quick or Acid Test Ratio= 1.01 times), (**c**= C/X= Current Ratio= 1.20 times), (**U**= Utilized or Starting Capital= 64,720 millions USD), (**t**= T/B= Tax Rate= 30.00%), (**Q**= Quoted Longterm Liabilities= 35,351 millions USD), (**d**= D/A= Dividend Portion or Payout= 30.00%), and (**l**= L/E= Leverage or Gearing Ratio= 99.00%), then it's (**B**= Before Tax Income planned) is:

$$B = (\{Q+P/[c-q]\}/l - U)/\{[1-t][1-d]\}$$
$$= (\{35,351+6,497/[1.2000-1.0100]\}$$
$$/0.9900-64,7200/\{[1-0.3000][1-0.3000]\}$$
$$= 11,285 \text{ millions USD}$$

Law-6313:
If both (**P**= Procured Inventories= 6,497 millions USD), (**q**= [C-P]/X= Quick or Acid Test Ratio= 1.01 times), (**c**= C/X= Current Ratio= 1.20 times), (**U**= Utilized or Starting Capital= 64,720 millions USD), (**B**= Before Tax Income= 11,285 millions USD), (**Q**= Quoted Longterm Liabilities= 35,351 millions USD), (**d**= D/A= Dividend Portion or Payout= 30.00%), and (**l**= L/E= Leverage or Gearing Ratio= 99.00%), then it's (**t**= Tax Rate planned) is:

$$t = 1-(\{Q+P/[c-q]\}/l-U)/\{B[1-d]\}$$
$$= 1-(\{35,351+6,497/[1.2000-1.0100]\}/0.9900-64,720)/\{11,285[1-0.3000]\}$$
$$= \underline{30.00\%}$$

Law-6314:

If both (**P**= Procured Inventories= 6,497 millions USD), (**q**= [C-P]/X= Quick or Acid Test Ratio= 1.01 times), (**c**= C/X= Current Ratio= 1.20 times), (**U**= Utilized or Starting Capital= 64,720 millions USD), (**B**= Before Tax Income= 11,285 millions USD), (**Q**= Quoted Longterm Liabilities= 35,351 millions USD), (**t**= T/B= Tax Rate= 30.00%), and (**l**= L/E= Leverage or Gearing Ratio= 99.00%), then it's (**d**= Dividend Portion or Payout planned) is:

$$d = 1-(\{Q+P/[c-q]\}/l -U)/\{B[1-t]\}$$
$$= 1-(\{35,351+6,497/[1.2000-1.0100]\}/0.9900-64,720)/\{11,285[1-0.3000]\}$$
$$= 30.00\%$$

Law-6315:
If both (**d**= D/A= Dividend Portion or Payout= 30.00%), (**q**= [C-P]/X= Quick or Acid Test Ratio= 1.01 times), (**c**= C/X= Current Ratio= 1.20 times), (**U**= Utilized or Starting Capital= 64,720 millions USD), (**B**= Before Tax Income= 11,285 millions USD), (**Q**= Quoted Longterm Liabilities= 35,351 millions USD), (**t**= T/B= Tax Rate= 30.00%), and (**l**= L/E= Leverage or Gearing Ratio= 99.00%), then it's (**P**= Procured Inventory planned) is:

$$P = [c-q](l\{U+\{B[1-t][1-d]\}-Q)$$
$$= [1.2000-1.0100](0.9900\{64,720 +11,285[1-0.3000][1-0.3000]\} -35,351)$$
$$= 6,497 \text{ millions USD}$$

Law-6316:

If both (**d**= D/A=Dividend Portion or Payout= 30.00%), (**q**= [C-P]/X= Quick or Acid Test Ratio= 1.01 times), (**P**= Procured Inventories= 6,497 millions USD), (**U**= Utilized or Starting Capital= 64,720 millions USD), (**B**= Before Tax Income= 11,285 millions USD), (**Q**= Quoted Longterm Liabilities= 35,351 millions USD), (**t**= T/B= Tax Rate= 30.00%), and (**l**= L/E= Leverage or Gearing Ratio= 99.00%), then it's (**c**= Current Ratio planned) is:

$$c = q + P/(l\{U+\{B[1-t][1-d]\}-Q)$$
$$= 1.0100 + 6,497/(0.9900\{64,720 + 11,285[1-0.3000][1-0.3000]\} - 35,351)$$
$$= 1.20 \text{ times}$$

Law-6317:

If both (**d**= D/A= Dividend Portion or Payout= 30.00%), (**c**= C/X= Current Ratio= 1.20 times), (**P**= Procured Inventories= 6,497 millions USD), (**U**= Utilized or Starting Capital= 64,720 millions USD), (**B**= Before Tax Income= 11,285 millions USD), (**Q**= Quoted Longterm Liabilities= 35,351 millions USD), (**t**= T/B= Tax Rate= 30.00%), and (**l**= L/E= Leverage or Gearing Ratio= 99.00%), then it's (**q**= Quick or Acid Test Ratio planned) is:

$$q = c - P/(l\{U+\{B[1-t][1-d]\} - Q)$$
$$= 1.2000 + 6,497/(0.9900\{64,720$$
$$+ 11,285[1-0.3000]$$
$$[1-0.3000]\} - 35,351)$$
$$= 1.01 \text{ times}$$

Finance Construction-8, *Tim Asikin, Steve Asikin, Indra Senihardja*

Law-6318:

If both (**d**= D/A= Dividend Portion or Payout= 30.00%), (**c**= C/X= Current Ratio= 1.20 times), (**p**= 360 P/V= Procured Inventory Days= 240 Days), (**V**= Variable Cost= 9,746 millions USD), (**U**= Utilized or Starting Capital= 64,720 millions USD), (**B**= Before Tax Income= 11,285 millions USD), (**q**= [C-P]/X= Quick or Acid Test Ratio= 1.01 times), (**t**= T/B= Tax Rate= 30.00%), and (**l**= L/E= Leverage or Gearing Ratio= 99.00%), then it's (**Q**= Quoted Longterm Liabilities planned) is:

$$Q = l\{U+\{B[1-t][1-d]\}-Vp/\{360[c-q]\}$$
$$= 0.9900\{64,720+11,285[1-0.3000][1-0.3000]\}-9,746*240/\{360[1.2000-1.0100]\}$$
$$= \underline{35,351} \text{ millions USD}$$

Law-6319:

If both (**d**= D/A= Dividend Portion or Payout= 30.00%), (**p**= 360 P/V= Procured Inventory Days= 240 Days), (**c**= C/X= Current Ratio= 1.20 times), (**V**= Variable Cost= 9,746 millions USD), (**U**= Utilized or Starting Capital= 64,720 millions USD), (**B**= Before Tax Income= 11,285 millions USD), (**q**= [C-P]/X= Quick or Acid Test Ratio= 1.01 times), (**t**= T/B= Tax Rate= 30.00%), and (**Q**= Quoted Longterm Liabilities= 35,351 millions USD), then it's (***l*** = Leverage or Gearing Ratio planned) is:

$$l = (Q+Vp/\{360[c-q]\})/\{U+\{B[1-t][1-d]\}$$
$$= (35{,}351+9{,}746*240/\{360[1.2000-1.0100]\}/\{64{,}720+11{,}285[1-0.3000][1-0.3000]\}$$
$$= \underline{99.00}\%$$

Finance Construction-8, *Tim Asikin, Steve Asikin, Indra Senihardja*

Law-6320:

If both (**d**= D/A= Dividend Portion or Payout= 30.00%), (**p**= 360 P/V= Procured Inventory Days= 240 Days), (**l**= L/E= Leverage or Gearing Ratio= 99.00%), (**c**= C/X= Current Ratio= 1.20 times), (**V**= Variable Cost= 9,746 millions USD), (**B**= Before Tax Income= 11,285 millions USD), (**q**= [C-P]/X= Quick or Acid Test Ratio= 1.01 times), (**t**= T/B= Tax Rate= 30.00%), and (**Q**= Quoted Longterm Liabilities= 35,351 millions USD), then it's (**U**= Utilized or Starting Capital planned) is:

$$U = [(Q+Vp/\{360[c-q]\})/l] - B\{[1-t][1-d]\}$$
$$= [(35,351+9,746*240/\{360[1.2000-1.0100]\}/0.9900] - 11,285\{[1-0.3000][1-0.3000]\}$$
$$= 64,720 \text{ millions USD}$$

Law-6321:

If both (**d**= D/A= Dividend Portion or Payout= 30.00%), (**p**= 360 P/V= Procured Inventory Days= 240 Days), (**l**= L/E= Leverage or Gearing Ratio= 99.00%), (**c**= C/X= Current Ratio= 1.20 times), (**V**= Variable Cost= 9,746 millions USD), (**U**= Utilized or Starting Capital= 64,720 millions USD), (**q**= [C-P]/X= Quick or Acid Test Ratio= 1.01 times), (**t**= T/B= Tax Rate= 30.00%), and (**Q**= Quoted Longterm Liabilities= 35,351 millions USD), then it's (**B**= Before Tax Income planned) is:

$$B = [(Q+Vp/\{360[c-q]\})/l - U]/\{[1-t][1-d]\}$$
$$= [(35{,}351 + 9{,}746*240/\{360[1.2000 - 1.0100]\}/0.9900 - 64{,}720]/\{[1-0.3000][1-0.3000]\}$$
$$= 11{,}285 \text{ millions USD}$$

Law-6322:

If both (**d**= D/A= Dividend Portion or Payout= 30.00%), (**p**= 360 P/V= Procured Inventory Days= 240 Days), (**B**= Before Tax Income= 11,285 millions USD), (**l**= L/E= Leverage or Gearing Ratio= 99.00%), (**c**= C/X= Current Ratio= 1.20 times), (**V**= Variable Cost= 9,746 millions USD), (**U**= Utilized or Starting Capital= 64,720 millions USD), (**q**= [C-P]/X= Quick or Acid Test Ratio= 1.01 times), and (**Q**= Quoted Longterm Liabilities= 35,351 millions USD), then it's (**t** = Tax Rate planned) is:

$$t= 1-[(Q+Vp/\{360[c-q]\})/l-U]/\{B[1-d]\}$$
$$= 1-[(35,351+9,746*240/\{360[1.2000-1.0100]\}/0.9900 -64,720]/\{11,285[1-0.3000]\}$$
$$= 30.00\%$$

Law-6323:

If both (**t**= T/B= Tax Rate= 30.00%), (**p**= 360 P/V= Procured Inventory Days= 240 Days), (**B**= Before Tax Income= 11,285 millions USD), (**l**= L/E= Leverage or Gearing Ratio= 99.00%), (**c**= C/X= Current Ratio= 1.20 times), (**V**= Variable Cost= 9,746 millions USD), (**U**= Utilized or Starting Capital= 64,720 millions USD), (**q**= [C-P]/X= Quick or Acid Test Ratio= 1.01 times), and (**Q**= Quoted Longterm Liabilities= 35,351 millions USD), then it's (**d**= Dividend Portion or Payout planned) is:

$$d = 1 - [(Q+Vp/\{360[c-q]\})/l - U]/\{B[1-t]\}$$
$$= 1 - [(35,351 + 9,746*240/\{360[1.2000-1.0100]\}/0.9900 - 64,720]/\{11,285[1-0.3000]\}$$
$$= \underline{30.00\%}$$

Law-6324:

If both (**t**= T/B= Tax Rate= 30.00%), (**p**= 360 P/V= Procured Inventory Days= 240 Days), (**B**= Before Tax Income= 11,285 millions USD), (**l**= L/E= Leverage or Gearing Ratio= 99.00%), (**c**= C/X= Current Ratio= 1.20 times), (**d**= D/A= Dividend Portion or Payout= 30.00%), (**U**= Utilized or Starting Capital= 64,720 millions USD), (**q**= [C-P]/X= Quick or Acid Test Ratio= 1.01 times), and (**Q**= Quoted Longterm Liabilities= 35,351 millions USD), then it's (**V**= Variable Cost planned) is:

$$V = 360[c-q](l\{U+B[1-t][1-d]\}-Q)/p$$
$$= 360[1.2000-1.0100](0.9900$$
$$\{64,720+11,285[1-0.3000]$$
$$[1-0.3000]\}-35,351)/240$$
$$= 9,746 \text{ millions USD}$$

Law-6325:

If both (**t**= T/B= Tax Rate= 30.00%), (**V**= Variable Cost= 9,746 millions USD), (**B**= Before Tax Income= 11,285 millions USD), (**I**= L/E= Leverage or Gearing Ratio= 99.00%), (**c**= C/X= Current Ratio= 1.20 times), (**d**= D/A= Dividend Portion or Payout= 30.00%), (**U**= Utilized or Starting Capital= 64,720 millions USD), (**q**= [C-P]/X= Quick or Acid Test Ratio= 1.01 times), and (**Q**= Quoted Longterm Liabilities= 35,351 millions USD), then it's (**p**= Procured Inventory Days planned) is:

$$p = 360[c-q](I\{U+B[1-t][1-d]\}-Q)/V$$
$$= 360[1.2000-1.0100](0.9900$$
$$\{64,720+11,285[1-0.3000]$$
$$[1-0.3000]\}-35,351)/9,746$$
$$= \underline{240} \text{ days}$$

Finance Construction-8, *Tim Asikin, Steve Asikin, Indra Senihardja*

Law-6326:

If both (**t**= T/B= Tax Rate= 30.00%), (**V**= Variable Cost= 9,746 millions USD), (**B**= Before Tax Income= 11,285 millions USD), (**l**= L/E= Leverage or Gearing Ratio= 99.00%), (**p**= 360 P/V= Procured Inventory Days= 240 Days), (**d**= D/A= Dividend Portion or Payout= 30.00%), (**U**= Utilized or Starting Capital= 64,720 millions USD), (**q**= [C-P]/X= Quick or Acid Test Ratio= 1.01 times), and (**Q**= Quoted Longterm Liabilities= 35,351 millions USD), then it's (**c**= Current Ratio planned) is:

$$c = q + Vp / [360(l\{U+B[1-t][1-d]\}-Q)]$$
$$= 1.0100 + 9,746*240 / [360(0.9900$$
$$\{64,720+11,285[1-0.3000]$$
$$[1-0.3000]\} - 35,351)]$$
$$= \underline{1.20} \text{ times}$$

Law-6327:

If both (**t**= T/B= Tax Rate= 30.00%), (**V**= Variable Cost= 9,746 millions USD), (**B**= Before Tax Income= 11,285 millions USD), (**l**= L/E= Leverage or Gearing Ratio= 99.00%), (**p**= 360 P/V= Procured Inventory Days= 240 Days), (**d**= D/A= Dividend Portion or Payout= 30.00%), (**U**= Utilized or Starting Capital= 64,720 millions USD), (**c**= C/X= Current Ratio= 1.20 times), and (**Q**= Quoted Longterm Liabilities= 35,351 millions USD), then it's (**q**= Quick or Acid Test Ratio planned) is:

q= c-Vp/[360(l {U+B[1-t][1-d}-Q)]
$$= 1.2000 - 9{,}746*240/[360(0.9900$$
$$\{64{,}720+11{,}285[1-0.3000]$$
$$[1-0.3000\}-35{,}351)]$$
$$= 1.01 \text{ times}$$

Law-6328:

If both (**t**= T/B= Tax Rate= 30.00%), (**$**= Sales or Revenues= 51,294 millions USD), (**v**= V/S= Variable Portion= 19.00%), (**B**= Before Tax Income= 11,285 millions USD), (**l**= L/E= Leverage or Gearing Ratio= 99.00%), (**p**= 360 P/V= Procured Inventory Days= 240 Days), (**d**= D/A= Dividend Portion or Payout= 30.00%), (**U**= Utilized or Starting Capital= 64,720 millions USD), (**c**= C/X= Current Ratio= 1.20 times), and (**q**= [C-P]/X= Quick or Acid Test Ratio= 1.01 times), then it's (**Q**= Quoted Longterm Liabilities planned) is:

$$Q = l\{U+B[1-t][1-d]\} - \$vp/\{360[c-q]\}$$
$$= 0.9900\{64,720+11,285[1-0.3000]$$
$$[1-0.3000]\} - 51,294*0.1900$$
$$*240/\{360[1.2000-1.0100]\}$$
$$= 35,351 \text{ millions USD}$$

Law-6329:

If both (**t**= T/B= Tax Rate= 30.00%), (**$**= Sales or Revenues= 51,294 millions USD), (**v**= V/S= Variable Portion= 19.00%), (**B**= Before Tax Income= 11,285 millions USD), (**Q**= Quoted Longterm Liabilities= 35,351 millions USD), (**p**= 360 P/V= Procured Inventory Days= 240 Days), (**d**= D/A= Dividend Portion or Payout= 30.00%), (**U**= Utilized or Starting Capital= 64,720 millions USD), (**c**= C/X= Current Ratio= 1.20 times), and (**q**= [C-P]/X= Quick or Acid Test Ratio= 1.01 times), then it's (***l*** = Leverage or Gearing Ratio planned) is:

l = (**Q**+**$vp**/{360[**c-q**]})/{**U**+**B**[1-**t**][1-**d**]}
 = (35,351+51,294*0.1900*240/{360
   [1.2000-1.0100]})/{64,720
   +11,285[1-0.3000]
   [1-0.3000]}
 = 99.00%

Finance Construction-8, *Tim Asikin, Steve Asikin, Indra Senihardja*

Law-6330:

If both (t= T/B= Tax Rate= 30.00%), ($\$$= Sales or Revenues= 51,294 millions USD), (v= V/S= Variable Portion= 19.00%), (B= Before Tax Income= 11,285 millions USD), (Q= Quoted Longterm Liabilities= 35,351 millions USD), (p= 360 P/V= Procured Inventory Days= 240 Days), (d= D/A= Dividend Portion or Payout= 30.00%), (l= L/E= Leverage or Gearing Ratio= 99.00%), (c= C/X= Current Ratio= 1.20 times), and (q= [C-P]/X= Quick or Acid Test Ratio= 1.01 times), then it's (l = Leverage or Gearing Ratio planned) is:

U= (Q+$\$vp$/{360[$c$-$q$]})/$l$-{$B$[1-$t$][1-$d$]}
= (35,351+51,294*0.1900*240/{360
[1.2000-1.0100]})/0.9900
-11,285[1-0.3000]
[1-0.3000]}
= 64,720 millions USD

Finance Construction-8, *Tim Asikin, Steve Asikin, Indra Senihardja*

Law-6331:
If both (**t**= T/B= Tax Rate= 30.00%), (**$**= Sales or Revenues= 51,294 millions USD), (**v**= V/S= Variable Portion= 19.00%), (**U**= Utilized or Starting Capital= 64,720 millions USD), (**Q**= Quoted Longterm Liabilities= 35,351 millions USD), (**p**= 360 P/V= Procured Inventory Days= 240 Days), (**d**= D/A= Dividend Portion or Payout= 30.00%), (**l**= L/E= Leverage or Gearing Ratio= 99.00%), (**c**= C/X= Current Ratio= 1.20 times), and (**q**= [C-P]/X= Quick or Acid Test Ratio= 1.01 times), then it's (**B**= Before Tax Income planned) is:

$$B = [(Q+\$vp/\{360[c-q]\})/l - U]/\{[1-t][1-d]\}$$
$$= [(35{,}351 + 51{,}294 * 0.1900 * 240/\{360[1.2000 - 1.0100]\})/0.9900 - 64{,}720]/\{[1-0.3000][1-0.3000]\}$$
$$= 11{,}285 \text{ millions USD}$$

Law-6332:

If both (**B**= Before Tax Income= 11,285 millions USD), (**S**= Sales or Revenues= 51,294 millions USD), (**v**= V/S= Variable Portion= 19.00%), (**U**= Utilized or Starting Capital= 64,720 millions USD), (**Q**= Quoted Longterm Liabilities= 35,351 millions USD), (**p**= 360 P/V= Procured Inventory Days= 240 Days), (**d**= D/A= Dividend Portion or Payout= 30.00%), (**l**= L/E= Leverage or Gearing Ratio= 99.00%), (**c**= C/X= Current Ratio= 1.20 times), and (**q**= [C-P]/X= Quick or Acid Test Ratio= 1.01 times), then it's (**T**= Tax Rate planned) is:

$$t = 1-[(Q+Svp/\{360[c-q]\})/l -U]/\{B[1-d]\}$$
$$= 1-[(35,351+51,294*0.1900*240/\{360[1.2000-1.0100]\})/0.9900 -64,720]/\{11,285[1-0.3000]\}$$
$$= 30.00\%$$

Finance Construction-8, *Tim Asikin, Steve Asikin, Indra Senihardja*

Law-6333:
If both (**B**= Before Tax Income= 11,285 **$**= Sales or Revenues= 51,294 millions USD), (**v**= V/S= Variable Portion= 19.00%), (**U**= Utilized or Starting Capital= 64,720 millions USD), (**Q**= Quoted Longterm Liabilities= 35,351 millions USD), (**p**= 360 P/V= Procured Inventory Days= 240 Days), (**t**= T/B= Tax Rate= 30.00%), (**l**= L/E= Leverage or Gearing Ratio= 99.00%), (**c**= C/X= Current Ratio= 1.20 times), and (**q**= [C-P]/X= Quick or Acid Test Ratio= 1.01 times), then it's (**d**= Dividend Portion or Payout planned) is:

$$d = 1-[(Q+\$vp/\{360[c-q]\})/l - U]/\{B[1-t]\}$$
$$= 1-[(35{,}351+51{,}294*0.1900*240/\{360[1.2000-1.0100]\})/0.9900-64{,}720]/\{11{,}285[1-0.3000]\}$$
$$= 30.00\%$$

Law-6334:

If both (**B**= Before Tax Income= 11,285 millions USD), (**d**= D/A= Dividend Portion or Payout= 30.00%), (**v**= V/S= Variable Portion= 19.00%), (**U**= Utilized or Starting Capital= 64,720 millions USD), (**Q**= Quoted Longterm Liabilities= 35,351 millions USD), (**p**= 360 P/V= Procured Inventory Days= 240 Days), (**t**= T/B= Tax Rate= 30.00%), (**l**= L/E= Leverage or Gearing Ratio= 99.00%), (**c**= C/X= Current Ratio= 1.20 times), and (**q**= [C-P]/X= Quick or Acid Test Ratio= 1.01 times), then it's (**S**= Sales or Revenues planned) is:

$$S = 360[c-q](l \{U+B[1-t][1-d]\}-Q)/[vp]$$
$$= 360[1.2000-1.0100](0.9900$$
$$\quad -\{64,720+11,285[1-0.3000]$$
$$\quad [1-0.3000]\}-35,351)$$
$$\quad /[0.1900*240]$$
$$= \underline{51,294} \text{ millions USD}$$

Law-6335:

If both (**B**= Before Tax Income= 11,285 millions USD), (**d**= D/A= Dividend Portion or Payout= 30.00%), (**$**= Sales or Revenues= 51,294 millions USD), (**U**= Utilized or Starting Capital= 64,720 millions USD), (**Q**= Quoted Longterm Liabilities= 35,351 millions USD), (**p**= 360 P/V= Procured Inventory Days= 240 Days), (**t**= T/B= Tax Rate= 30.00%), (**l**= L/E= Leverage or Gearing Ratio= 99.00%), (**c**= C/X= Current Ratio= 1.20 times), and (**q**= [C-P]/X= Quick or Acid Test Ratio= 1.01 times), then it's (**v** = Variable Portion planned) is:

$$v = 360[c-q](l \{U+B[1-t][1-d]\}-Q)/[\$p]$$
$$= 360[1.2000-1.0100](0.9900$$
$$-\{64,720+11,285[1-0.3000]$$
$$[1-0.3000]\}-35,351)$$
$$/[51,294*240]$$
$$= \underline{19.00\%}$$

Finance Construction-8, *Tim Asikin, Steve Asikin, Indra Senihardja*

Law-6336:

If both (**B**= Before Tax Income= 11,285 millions USD), (**d**= D/A= Dividend Portion or Payout= 30.00%), (**$**= Sales or Revenues= 51,294 millions USD), (**U**= Utilized or Starting Capital= 64,720 millions USD), (**Q**= Quoted Longterm Liabilities= 35,351 millions USD), (**v**= V/S= Variable Portion= 19.00%), (**t**= T/B= Tax Rate= 30.00%), (**l**= L/E= Leverage or Gearing Ratio= 99.00%), (**c**= C/X= Current Ratio= 1.20 times), and (**q**= [C-P]/X= Quick or Acid Test Ratio= 1.01 times), then it's (**p**= Procured Inventory Days planned) is:

p= 360[**c-q**](**l** {**U+B**[1-**t**][1-**d**]}-**Q**)/[**$v**]
= 360[1.2000-1.0100](0.9900
-{64,720+11,285[1-0.3000]
[1-0.3000]}-35,351)
/[51,294*0.1900]
= 240 days

Finance Construction-8, *Tim Asikin, Steve Asikin, Indra Senihardja*

Law-6337:

If both (**B**= Before Tax Income= 11,285 millions USD), (**d**= D/A= Dividend Portion or Payout= 30.00%), (**$**= Sales or Revenues= 51,294 millions USD), (**U**= Utilized or Starting Capital= 64,720 millions USD), (**Q**= Quoted Longterm Liabilities= 35,351 millions USD), (**v**= V/S= Variable Portion= 19.00%), (**t**= T/B= Tax Rate= 30.00%), (**l**= L/E= Leverage or Gearing Ratio= 99.00%), (**p**= 360 P/V= Procured Inventory Days= 240 Days), and (**q**= [C-P]/X= Quick or Acid Test Ratio= 1.01 times), then it's (**c**= Current Ratio planned) is:

$$c = q + \$vp/[360(l\{U+B[1-t][1-d]\}-Q)]$$
$$= 1.0100 + 51,294*0.1900*240/[360(0.9900\{64,720+11,285[1-0.3000][1-0.3000]\}-35,351)]$$
$$= 1.20 \text{ times}$$

Finance Construction-8, *Tim Asikin, Steve Asikin, Indra Senihardja*

Law-6338:

If both (**B**= Before Tax Income= 11,285 millions USD), (**d**= D/A= Dividend Portion or Payout= 30.00%), (**$**= Sales or Revenues= 51,294 millions USD), (**U**= Utilized or Starting Capital= 64,720 millions USD), (**Q**= Quoted Longterm Liabilities= 35,351 millions USD), (**v**= V/S= Variable Portion= 19.00%), (**t**= T/B= Tax Rate= 30.00%), (**l**= L/E= Leverage or Gearing Ratio= 99.00%), (**p**= 360 P/V= Procured Inventory Days= 240 Days), and (**c**= C/X= Current Ratio= 1.20 times), then it's (**q**= Quick Acid Test Ratio planned) is:

q= **c-$vp**/[360(**l**{**U**+**B**[1-**t**][1-**d**]}-**Q**)]
= 1.2000-51,294*0.1900*240/[360
(0.9900{64,720+11,285
[1-0.3000][1-0.3000]}
-35,351)]
= 1.01 times

Finance Construction-8, *Tim Asikin, Steve Asikin, Indra Senihardja*

<u>Law-6339</u>:

If both (**B**= Before Tax Income= <u>11,285</u> millions USD), (**d**= D/A= Dividend Portion or Payout= 30.00%), (**$'**= Sales of Past Year= <u>48,851</u> millions USD), (**s**= [S/S']-1= Sales Growth= <u>5.00</u>%), (**U**= Utilized or Starting Capital= <u>64,720</u> millions USD), (**q**= [C-P]/X= Quick or Acid Test Ratio= <u>1.01</u> times), (**v**= V/S= Variable Portion= <u>19.00</u>%), (**t**= T/B= Tax Rate= <u>30.00</u>%), (**l**= L/E= Leverage or Gearing Ratio= <u>99.00</u>%), (**p**= 360 P/V= Procured Inventory Days= <u>240</u> Days), and (**c**= C/X= Current Ratio= <u>1.20</u> times), then it's (**Q**= Quoted Longterm Liabilities planned) is:

$$Q = l\{U+B[1-t][1-d]\} - \$'vp[1+s]/\{360[c-q]\}$$
$$= 0.9900\{64,720+11,285[1-0.3000]$$
$$[1-0.3000]\} - 48,851*0.1900$$
$$*240[1+0.0500]$$
$$/\{360[1.2000-1.0100]\}$$
$$= \underline{35,351} \text{ millions USD}$$

Law-6340:

If both (**B**= Before Tax Income= 11,285 millions USD), (**d**= D/A=Dividend Portion or Payout= 30.00%), (**S'**= Sales of Past Year= 48,851 millions USD), (**s**= [S/S']-1= Sales Growth= 5.00%), (**U**= Utilized or Starting Capital= 64,720 millions USD), (**q**= [C-P]/X= Quick or Acid Test Ratio= 1.01 times), (**v**= V/S= Variable Portion= 19.00%), (**t**= T/B= Tax Rate= 30.00%), (**Q**= Quoted Longterm Liabilities= 35,351 millions USD), (**p**= 360 P/V= Procured Inventory Days= 240 Days), and (**c**= C/X= Current Ratio= 1.20 times), then it's (**l** = Leverage or Gearing Ratio planned) is:

$$l = (Q+S'vp[1+s]/\{360[c-q]\})/\{U+B[1-t][1-d]\}$$
$$= (35,351+48,851*0.1900*240[1+0.0500]/\{360[1.2000-1.0100]\}/\{64,720+11,285[1-0.3000][1-0.3000]\}$$
$$= \underline{99.00\%}$$

Law-6341:

If both (**B**= Before Tax Income= 11,285 millions USD), (**d**= D/A= Dividend Portion or Payout= 30.00%), (**S'**= Sales of Past Year= 48,851 millions USD), (**s**= [S/S']-1= Sales Growth= 5.00%), (**l**= L/E= Leverage or Gearing Ratio= 99.00%), (**q**= [C-P]/X= Quick or Acid Test Ratio= 1.01 times), (**v**= V/S= Variable Portion= 19.00%), (**t**= T/B= Tax Rate= 30.00%), (**Q**= Quoted Longterm Liabilities= 35,351 millions USD), (**p**= 360 P/V= Procured Inventory Days= 240 Days), and (**c**= C/X= Current Ratio= 1.20 times), then it's (**U**= Utilized or Starting Capital planned) is:

$$U = (Q + S'vp[1+s]/\{360[c-q]\})/l$$
$$-B[1-t][1-d]$$
$$= (35{,}351 + 48{,}851 * 0.1900 * 240$$
$$[1+0.0500]/\{360[1.2000$$
$$-1.0100]\}) - 11{,}285[1-0.3000]$$
$$[1-0.3000]$$
$$= 64{,}720 \text{ millions USD}$$

Finance Construction-8, *Tim Asikin, Steve Asikin, Indra Senihardja*

Law-6342:

If both (**U**= Utilized or Starting Capital= 64,720 millions USD), (**d**= D/A= Dividend Portion or Payout= 30.00%), (**S'**= Sales of Past Year= 48,851 millions USD), (**s**= [S/S']-1= Sales Growth= 5.00%), (**l**= L/E= Leverage or Gearing Ratio= 99.00%), (**q**= [C-P]/X= Quick or Acid Test Ratio= 1.01 times), (**v**= V/S= Variable Portion= 19.00%), (**t**= T/B= Tax Rate= 30.00%), (**Q**= Quoted Longterm Liabilities= 35,351 millions USD), (**p**= 360 P/V= Procured Inventory Days= 240 Days), and (**c**= C/X= Current Ratio= 1.20 times), then it's (**B**= Before Tax Income planned) is:

$$B = [(Q+S'vp[1+s]/\{360[c-q]\})/l - U]$$
$$/\{[1-t][1-d]\}$$
$$= [(35,351+48,851*0.1900*240$$
$$[1+0.0500]/\{360[1.2000$$
$$-1.0100]\})-64,720]$$
$$/\{[1-0.3000][1-0.3000]\}$$
$$= 64,720 \text{ millions USD}$$

Law-6343:

If both (**U**= Utilized or Starting Capital= 64,720 millions USD), (**d**= D/A= Dividend Portion or Payout= 30.00%), (**$'**= Sales of Past Year= 48,851 millions USD), (**s**= [S/S']-1= Sales Growth= 5.00%), (**l**= L/E= Leverage or Gearing Ratio= 99.00%), (**q**= [C-P]/X= Quick or Acid Test Ratio= 1.01 times), (**v**= V/S= Variable Portion= 19.00%), (**B**= Before Tax Income= 11,285 millions USD), (**Q**= Quoted Longterm Liabilities= 35,351 millions USD), (**p**= 360 P/V= Procured Inventory Days= 240 Days), and (**c**= C/X= Current Ratio= 1.20 times), then it's (**t**= Tax Rate planned) is:

$$t = 1 - [(Q + \$'vp[1+s]/\{360[c-q]\})/l - U] / \{B[1-d]\}$$

$$= [(35,351 + 48,851 \times 0.1900 \times 240 [1+0.0500]/\{360[1.2000 - 1.0100]\}) - 64,720]/\{11,285 [1-0.3000]\}$$

$$= \underline{30.00\%}$$

Finance Construction-8, *Tim Asikin, Steve Asikin, Indra Senihardja*

Law-6344:

If both (**U**= Utilized or Starting Capital= 64,720 millions USD), (**t**= T/B= Tax Rate= 30.00%), (**$'**= Sales of Past Year= 48,851 millions USD), (**s**= [S/S']-1= Sales Growth= 5.00%), (**/**= L/E= Leverage or Gearing Ratio= 99.00%), (**q**= [C-P]/X= Quick or Acid Test Ratio= 1.01 times), (**v**= V/S= Variable Portion= 19.00%), (**B**= Before Tax Income= 11,285 millions USD), (**Q**= Quoted Longterm Liabilities= 35,351 millions USD), (**p**= 360 P/V= Procured Inventory Days= 240 Days), and (**c**= C/X= Current Ratio= 1.20 times), then it's (**d**= Dividend Portion or Payout planned) is:

d= 1-**[(Q+$'vp[1+s]/{360[c-q]})//-U]**
　　　/{**B**[1-**t**]}
= **[**(35,351+48,851*0.1900*240
　　　[1+0.0500]/{360[1.2000
　　　-1.0100]})-64,720**]**/{11,285
　　　[1-0.3000]}
= 30.00%

Law-6345:

If both (**U**= Utilized or Starting Capital= 64,720 millions USD), (**t**= T/B= Tax Rate= 30.00%), (**d**= D/A= Dividend Portion or Payout= 30.00%), (**s**= [S/S']-1= Sales Growth= 5.00%), (**l**= L/E= Leverage or Gearing Ratio= 99.00%), (**q**= [C-P]/X= Quick or Acid Test Ratio= 1.01 times), (**v**= V/S= Variable Portion= 19.00%), (**B**= Before Tax Income= 11,285 millions USD), (**Q**= Quoted Longterm Liabilities= 35,351 millions USD), (**p**= 360 P/V= Procured Inventory Days= 240 Days), and (**c**= C/X= Current Ratio= 1.20 times), then it's (**S'**= Sales Past) must be:

$$S' = 360[c-q](l\{U+B[1-t][1-d]\}-Q) / \{vp[1+s]\}$$

$$= 360[1.2000-1.0100](0.9900 \{64,720+11,285[1-0.3000][1-d]\}-35,351)/\{0.1900*240[1+0.0500]\}$$

$$= \underline{48,851} \text{ millions USD}$$

Finance Construction-8, *Tim Asikin, Steve Asikin, Indra Senihardja*

<u>Law-6346</u>:

If both (**U**= Utilized or Starting Capital= <u>64,720</u> millions USD), (**t**= T/B= Tax Rate= <u>30.00</u>%), (**d**= D/A= Dividend Portion or Payout= 30.00%), (**s**= [S/S']-1= Sales Growth= <u>5.00</u>%), (**l**= L/E= Leverage or Gearing Ratio= <u>99.00</u>%), (**q**= [C-P]/X= Quick or Acid Test Ratio= <u>1.01</u> times), (**S'**= Sales of Past Year= <u>48,851</u> millions USD), (**B**= Before Tax Income= <u>11,285</u> millions USD), (**Q**= Quoted Longterm Liabilities= <u>35,351</u> millions USD), (**p**= 360 P/V= Procured Inventory Days= <u>240</u> Days), and (**c**= C/X= Current Ratio= <u>1.20</u> times), then it's (**v**= Variable Portion planned) is:

$$v = 360[c-q](l\{U+B[1-t][1-d]\}-Q) / \{S'p[1+s]\}$$

$$= 360[1.2000-1.0100](0.9900\{64,720+11,285[1-0.3000][1-d]\}-35,351)/\{48,851*240[1+0.0500]\}$$

$$= \underline{19.00}\%$$

Law-6347:

If both (**U**= Utilized or Starting Capital= 64,720 millions USD), (**t**= T/B= Tax Rate= 30.00%), (**d**= D/A= Dividend Portion or Payout= 30.00%), (**s**= [S/S']-1= Sales Growth= 5.00%), (**l**= L/E= Leverage or Gearing Ratio= 99.00%), (**q**= [C-P]/X= Quick or Acid Test Ratio= 1.01 times), (**S'**= Sales of Past Year= 48,851 millions USD), (**B**= Before Tax Income= 11,285 millions USD), (**Q**= Quoted Longterm Liabilities= 35,351 millions USD), (**v**= V/S= Variable Portion= 19.00%), and (**c**= C/X= Current Ratio= 1.20 times), then it's (**p**= Procured Inventory Days planned) is:

$$p = 360[c-q](l\{U+B[1-t][1-d]\}-Q) / \{S'v[1+s]\}$$

$$= 360[1.2000-1.0100](0.9900 \{64,720+11,285[1-0.3000][1-d]\}-35,351)/\{48,851*0.1900[1+0.0500]\}$$

$$= \underline{240} \text{ days}$$

Finance Construction-8, *Tim Asikin, Steve Asikin, Indra Senihardja*

Law-6348:
If both (**U**= Utilized or Starting Capital= 64,720 millions USD), (**t**= T/B= Tax Rate= 30.00%), (**d**= D/A= Dividend Portion or Payout= 30.00%), (**p**= 360 P/V= Procured Inventory Days= 240 Days), (**l**= L/E= Leverage or Gearing Ratio= 99.00%), (**q**= [C-P]/X= Quick or Acid Test Ratio= 1.01 times), (**S'**= Sales of Past Year= 48,851 millions USD), (**B**= Before Tax Income= 11,285 millions USD), (**Q**= Quoted Longterm Liabilities= 35,351 millions USD), (**v**= V/S= Variable Portion= 19.00%), and (**c**= C/X= Current Ratio= 1.20 times), then it's (**s**= Sales Growth planned) is:

s= 360[**c-q**](**l** {U+B[1-**t**][1-**d**]}-**Q**)
/[**S'vp**]-1
= 360[1.2000-1.0100](0.9900
{64,720+11,285[1-0.3000]
[1-0.3000]}-35,351)
/[48,851*0.1900*240]-1
= 5.00%

Law-6349:

If both (**U**= Utilized or Starting Capital= 64,720 millions USD), (**t**= T/B= Tax Rate= 30.00%), (**d**= D/A= Dividend Portion or Payout= 30.00%), (**p**= 360 P/V= Procured Inventory Days= 240 Days), (**l**= L/E= Leverage or Gearing Ratio= 99.00%), (**q**= [C-P]/X= Quick or Acid Test Ratio= 1.01 times), (**S'**= Sales of Past Year= 48,851 millions USD), (**B**= Before Tax Income= 11,285 millions USD), (**Q**= Quoted Longterm Liabilities= 35,351 millions USD), (**v**= V/S= Variable Portion= 19.00%), and (**s**= [S/S']-1= Sales Growth= 5.00%), then it's (**c**= Current Ratio planned) is:

$$c = q + S'vp[1+s]/[360(l\{U+B[1-t][1-d]\}-Q)]$$
$$= 1.0100 + 48,851*0.1900*240$$
$$[1+0.0500]/[360(0.9900$$
$$\{64,720+11,285[1-0.3000]$$
$$[1-0.3000]\}-35,351)]$$
$$= 1.20 \text{ times}$$

Finance Construction-8, *Tim Asikin, Steve Asikin, Indra Senihardja*

<u>Law-6350</u>:

If both (**U**= Utilized or Starting Capital= <u>64,720</u> millions USD), (**t**= T/B= Tax Rate= <u>30.00</u>%), (**d**= D/A= Dividend Portion or Payout= 30.00%), (**p**= 360 P/V= Procured Inventory Days= <u>240</u> Days), (**l**= L/E= Leverage or Gearing Ratio= <u>99.00</u>%), **c**= C/X= Current Ratio= <u>1.20</u> times), (**S'**= Sales of Past Year= <u>48,851</u> millions USD), (**B**= Before Tax Income= <u>11,285</u> millions USD), (**Q**= Quoted Longterm Liabilities= <u>35,351</u> millions USD), (**v**= V/S= Variable Portion= <u>19.00</u>%), and (**s**= [S/S']-1= Sales Growth= <u>5.00</u>%), then it's (**q**= Quick or Acid Test Ratio planned) is:

$$q = c - S'vp[1+s]/[360(l\{U+B[1-t][1-d]\}-Q)]$$
$$= 1.2000 - 48,851*0.1900*240$$
$$[1+0.0500]/[360(0.9900$$
$$\{64,720+11,285[1-0.3000]$$
$$[1-0.3000]\} - 35,351)]$$
$$= \underline{1.01} \text{ times}$$

Finance Construction-8, *Tim Asikin, Steve Asikin, Indra Senihardja*

Law-6351:

If both (**U**= Utilized or Starting Capital= 64,720 millions USD), (**T**= Tax Paid= 3,385 millions USD), (**O**= Operational Surplus= 11,798 millions USD), (**I**= L/E= Leverage or Gearing Ratio= 99.00%), (**D**= Dividend Paid= 2,370 millions USD), (**I**= Interest Expense= 513 millions USD), and (**X**= Xpress or Current Debt= 34,196 millions USD), then it's (**Q**= Quoted Longterm Liabilities planned) is:

$$Q = I\,[U+O-I-T-D]-X$$
$$= 0.9900[64{,}720+11{,}798-513$$
$$-3{,}385-2{,}370]-34{,}196$$
$$= \underline{35{,}351} \text{ millions USD}$$

Finance Construction-8, *Tim Asikin, Steve Asikin, Indra Senihardja*

Law-6352:

If both (**U**= Utilized or Starting Capital= 64,720 millions USD), (**T**= Tax Paid= 3,385 millions USD), (**O**= Operational Surplus= 11,798 millions USD), (**Q**= Quoted Longterm Liabilities= 35,351 millions USD), (**D**= Dividend Paid= 2,370 millions USD), (**I**= Interest Expense= 513 millions USD), and (**X**= Xpress or Current Debt= 34,196 millions USD), then it's (*I* = Leverage or Gearing Ratio planned) is:

I = [**X**+**Q**]/[**U**+**O**-**I**-**T**-**D**]
  = [34,196+35,351]/[64,720
    +11,798-513-3,385-2,370]
  = 99.00%

Law-6353:

If both (I= L/E= Leverage or Gearing Ratio= 99.00%), (T= Tax Paid= 3,385 millions USD), (O= Operational Surplus= 11,798 millions USD), (Q= Quoted Longterm Liabilities= 35,351 millions USD), (D= Dividend Paid= 2,370 millions USD), (I= Interest Expense= 513 millions USD), and (X= Xpress or Current Debt= 34,196 millions USD), then it's (U= Utilized or Starting Capital planned) is:

$U = I+T+D-O+[X+Q]/I$
$= 513+3,385+2,370-11,798$
$+[34,196+35,351]/0.9900$
$= \underline{64,720}$ millions USD

Finance Construction-8, *Tim Asikin, Steve Asikin, Indra Senihardja*

Law-6354:

If both (I= L/E= Leverage or Gearing Ratio= 99.00%), (**T**= Tax Paid= 3,385 millions USD), (**U**= Utilized or Starting Capital= 64,720 millions USD), (**Q**= Quoted Longterm Liabilities= 35,351 millions USD), (**D**= Dividend Paid= 2,370 millions USD), (**I**= Interest Expense= 513 millions USD), and (**X**= Xpress or Current Debt= 34,196 millions USD), then it's (**O**= Operational Surplus planned) is:

$$O = I+T+D-U+[X+Q]/I$$
$$= 513+3,385+2,370-64,720$$
$$+[34,196+35,351]/0.9900$$
$$= 11,798 \text{ millions USD}$$

Law-6355:

If both (**I**= L/E= Leverage or Gearing Ratio= 99.00%), (**T**= Tax Paid= 3,385 millions USD), (**U**= Utilized or Starting Capital= 64,720 millions USD), (**Q**= Quoted Longterm Liabilities= 35,351 millions USD), (**D**= Dividend Paid= 2,370 millions USD), (**O**= Operational Surplus= 11,798 millions USD), and (**X**= Xpress or Current Debt= 34,196 millions USD), then it's (**I**= Interest Expense planned) is:

I= U+O-T-D-[X+Q]/I

$= 64,720+11,798-3,385-2,370$
$ -[34,196+35,351]/0.9900$
$= \underline{513}$ millions USD

Finance Construction-8, *Tim Asikin, Steve Asikin, Indra Senihardja*

Law-6356:

If both (F= L/E= Leverage or Gearing Ratio= 99.00%), (I= Interest Expense= 513 millions USD), (U= Utilized or Starting Capital= 64,720 millions USD), (Q= Quoted Longterm Liabilities= 35,351 millions USD), (D= Dividend Paid= 2,370 millions USD), (O= Operational Surplus= 11,798 millions USD), and (X= Xpress or Current Debt= 34,196 millions USD), then it's (T= Tax Paid planned) is:

$T = U+O-I-D-[X+Q]/F$
  = 64,720+11,798-513-2,370
    -[34,196+35,351]/0.9900
  = 3,385 millions USD

Finance Construction-8, *Tim Asikin, Steve Asikin, Indra Senihardja*

Law-6357:

If both (I= L/E= Leverage or Gearing Ratio= 99.00%), (I= Interest Expense= 513 millions USD), (U= Utilized or Starting Capital= 64,720 millions USD), (Q= Quoted Longterm Liabilities= 35,351 millions USD), (T= Tax Paid= 3,385 millions USD), (O= Operational Surplus= 11,798 millions USD), and (X= Xpress or Current Debt= 34,196 millions USD), then it's (D= Dividend Paid planned) is:

$D = U+O-I-T-[X+Q]/I$

$\quad = 64,720+11,798-513-3,385$
$\quad\quad - [34,196+35,351]/0.9900$
$\quad = \underline{2,370}$ millions USD

Finance Construction-8, *Tim Asikin, Steve Asikin, Indra Senihardja*

Law-6358:

If both (F= L/E= Leverage or Gearing Ratio= 99.00%), (I= Interest Expense= 513 millions USD), (U= Utilized or Starting Capital= 64,720 millions USD), (Q= Quoted Longterm Liabilities= 35,351 millions USD), (T= Tax Paid= 3,385 millions USD), (O= Operational Surplus= 11,798 millions USD), and (D= Dividend Paid= 2,370 millions USD), then it's (X= Xpress or Current Debt planned) is:

$X = F[U+O-I-T-D]-Q$
= 0.9900[64,720+11,798-513
    -3,385- 2,370]-35,351
= 34,196 millions USD

Finance Construction-8, *Tim Asikin, Steve Asikin, Indra Senihardja*

Law-6359:

If both (**P**= Procured Inventories= 6,497 millions USD), (**c**= C/X= Current Ratio= 1.20 times), (**l**= L/E= Leverage or Gearing Ratio= 99.00%), (**I**= Interest Expense= 513 millions USD), (**U**= Utilized or Starting Capital= 64,720 millions USD), (**q**= [C-P]/X= Quick or Acid Test Ratio= 1.01 times), (**T**= Tax Paid= 3,385 millions USD), (**O**= Operational Surplus= 11,798 millions USD), and (**D**= Dividend Paid= 2,370 millions USD), then it's (**Q**= Quoted Longterm Liabilities planned) is:

$$Q = l[U+O-I-T-D] - P/[c-q]$$
$$= 0.9900[64,720+11,798-513$$
$$-3,385-2,370]-6,497$$
$$/[1.2000-1.01000]$$
$$= \underline{35,351} \text{ millions USD}$$

Law-6360:

If both (q= [C-P]/X= Quick or Acid Test Ratio= 1.01 times), (P= Procured Inventories= 6,497 millions USD), (Q= Quoted Longterm Liabilities= 35,351 millions USD), (I= Interest Expense= 513 millions USD), (U= Utilized or Starting Capital= 64,720 millions USD), (c= C/X= Current Ratio= 1.20 times), (T= Tax Paid= 3,385 millions USD), (O= Operational Surplus= 11,798 millions USD), and (D= Dividend Paid= 2,370 millions USD), then it's (I = Leverage or Gearing Ratio planned) is:

I = {Q+P/[c-q]}/[U+O-I-T-D]
= {35,351+6,497/{[1.2000-1.01000]}
/[64,720+11,798-513-3,385
-2,370]
= 99.00%

Finance Construction-8, *Tim Asikin, Steve Asikin, Indra Senihardja*

Law-6361:

If both (**P**= Procured Inventories= 6,497 millions USD), (**c**= C/X= Current Ratio= 1.20 times), (**Q**= Quoted Longterm Liabilities= 35,351 millions USD), (**I**= Interest Expense= 513 millions USD), (**l**= L/E= Leverage or Gearing Ratio= 99.00%), (**q**= [C-P]/X= Quick or Acid Test Ratio= 1.01 times), (**T**= Tax Paid= 3,385 millions USD), (**O**= Operational Surplus= 11,798 millions USD), and (**D**= Dividend Paid= 2,370 millions USD), then it's (**U**= Utilized or Starting Capital planned) is:

$$U = I+T+D-O+\{Q+P/[c-q]\}/l$$
$$= 513+3,385+2,370-11,798+\{35,351 \\ +6,497/[1.2000-1.01000]\} \\ /0.9900$$
$$= \underline{64,720} \text{ millions USD}$$

Law-6362:

If both (**q**= [C-P]/X= Quick or Acid Test Ratio= 1.01 times), (**P**= Procured Inventories= 6,497 millions USD), (**Q**= Quoted Longterm Liabilities= 35,351 millions USD), (**I**= Interest Expense= 513 millions USD), (*I*= L/E= Leverage or Gearing Ratio= 99.00%), (**c**= C/X= Current Ratio= 1.20 times), (**T**= Tax Paid= 3,385 millions USD), (**U**= Utilized or Starting Capital= 64,720 millions USD), and (**D**= Dividend Paid= 2,370 millions USD), then it's (**O**= Operational Surplus planned) is:

$$O = I+T+D-U+\{Q+P/[c-q]\}/I$$
$$= 513+3,385+2,370-64,720+\{35,351 +6,497/[1.2000-1.01000]\}/0.9900$$
$$= \underline{11,285} \text{ millions USD}$$

Law-6363:

If both (q= [C-P]/X= Quick or Acid Test Ratio= 1.01 times), (c= C/X= Current Ratio= 1.20 times), (Q= Quoted Longterm Liabilities= 35,351 millions USD), (O= Operational Surplus= 11,798 millions USD), (I= L/E= Leverage or Gearing Ratio= 99.00%), (P= Procured Inventories= 6,497 millions USD), (T= Tax Paid= 3,385 millions USD), (U= Utilized or Starting Capital= 64,720 millions USD), and (D= Dividend Paid= 2,370 millions USD), then it's (I= Interest Expense planned) is:

I= U+O-T-D-{Q+P/[c-q]}/I
= 64,720+11,798-3,385-2,370
-{35,351+6,497/[1.2000
-1.01000]}/0.9900
= 513 millions USD

Finance Construction-8, *Tim Asikin, Steve Asikin, Indra Senihardja*

<u>Law-6364</u>:

If both (**q**= [C-P]/X= Quick or Acid Test Ratio= <u>1.01</u> times), (**P**= Procured Inventories= <u>6,497</u> millions USD), (**Q**= Quoted Longterm Liabilities= <u>35,351</u> millions USD), (**O**= Operational Surplus= <u>11,798</u> millions USD), (**l**= L/E= Leverage or Gearing Ratio= <u>99.00</u>%), (**c**= C/X= Current Ratio= <u>1.20</u> times), (**I**= Interest Expense= <u>513</u> millions USD), (**U**= Utilized or Starting Capital= <u>64,720</u> millions USD), and (**D**= Dividend Paid= <u>2,370</u> millions USD), then it's (**T**= Tax Paid planned) is:

$$T= U+O-I-D-\{Q+P/[c-q]\}/l$$
$$= 64,720+11,798-513-2,370$$
$$-\{35,351+6,497/[1.2000$$
$$-1.01000]\}/0.9900$$
$$= \underline{3,385} \text{ millions USD}$$

Finance Construction-8, *Tim Asikin, Steve Asikin, Indra Senihardja*

Law-6365:

If both (q= [C-P]/X= Quick or Acid Test Ratio= 1.01 times), (c= C/X= Current Ratio= 1.20 times), (Q= Quoted Longterm Liabilities= 35,351 millions USD), (O= Operational Surplus= 11,798 millions USD), (I= L/E= Leverage or Gearing Ratio= 99.00%), (P= Procured Inventories= 6,497 millions USD), (I= Interest Expense= 513 millions USD), (U= Utilized or Starting Capital= 64,720 millions USD), and (T= Tax Paid= 3,385 millions USD), then it's (D= Dividend Paid planned) is:

D= U+O-I-T-{Q+P/[c-q]}/I
= 64,720+11,798-513-3,385
   -{35,351+6,497/[1.2000
   -1.01000]}/0.9900
= 2,370 millions USD

Finance Construction-8, *Tim Asikin, Steve Asikin, Indra Senihardja*

Law-6366:

If both (**q**= [C-P]/X= Quick or Acid Test Ratio= 1.01 times), (**D**= Dividend Paid= 2,370 millions USD), (**Q**= Quoted Longterm Liabilities= 35,351 millions USD), (**O**= Operational Surplus= 11,798 millions USD), (**l**= L/E= Leverage or Gearing Ratio= 99.00%), (**c**= C/X= Current Ratio= 1.20 times), (**I**= Interest Expense= 513 millions USD), (**U**= Utilized or Starting Capital= 64,720 millions USD), and (**T**= Tax Paid= 3,385 millions USD), then it's (**P**= Procured Inventories planned) is:

$$P = [c-q]\{l\,[U+O-I-T-D]-Q\}$$
$$= [1.2000-1.01000]\{0.9900[64,720$$
$$+11,798-513-3,385-2,370]$$
$$-35,351\}$$
$$= \underline{6,497} \text{ millions USD}$$

Law-6367:

If both (q= [C-P]/X= Quick or Acid Test Ratio= 1.01 times), (D= Dividend Paid= 2,370 millions USD), (Q= Quoted Longterm Liabilities= 35,351 millions USD), (O= Operational Surplus= 11,798 millions USD), (I= L/E= Leverage or Gearing Ratio= 99.00%), (P= Procured Inventories= 6,497 millions USD), (I= Interest Expense= 513 millions USD), (U= Utilized or Starting Capital= 64,720 millions USD), and (T= Tax Paid= 3,385 millions USD), then it's (c= Current Ratio planned) is:

$$c = q + P/\{I[U+O-I-T-D]-Q\}$$
$$= 1.01000 + 6,497/\{0.9900[64,720 + 11,798 - 513 - 3,385 - 2,370] - 35,351\}$$
$$= 1.20 \text{ times}$$

Law-6368:
If both (**c**= C/X= Current Ratio= 1.20 times), (**D**= Dividend Paid= 2,370 millions USD), (**Q**= Quoted Longterm Liabilities= 35,351 millions USD), (**O**= Operational Surplus= 11,798 millions USD), (**l**= L/E= Leverage or Gearing Ratio= 99.00%), (**P**= Procured Inventories= 6,497 millions USD), (**I**= Interest Expense= 513 millions USD), (**U**= Utilized or Starting Capital= 64,720 millions USD), and (**T**= Tax Paid= 3,385 millions USD), then it's (**q**= Quick or Acid Test Ratio planned) is:

$$q = c - P / \{ l [U+O-I-T-D] - Q \}$$
$$= 1.2000 - 6,497 / \{0.9900[64,720 + 11,798 - 513 - 3,385 - 2,370] - 35,351\}$$
$$= 1.01 \text{ times}$$

Finance Construction-8, *Tim Asikin, Steve Asikin, Indra Senihardja*

Law-6369:

If both (**c**= C/X= Current Ratio= 1.20 times), (**D**= Dividend Paid= 2,370 millions USD), (**q**= [C-P]/X= Quick or Acid Test Ratio= 1.01 times), (**O**= Operational Surplus= 11,798 millions USD), (**I**= L/E= Leverage or Gearing Ratio= 99.00%), (**p**= 360 P/V= Procured Inventory Days= 240 Days), (**V**= Variable Cost= 9,746 millions USD), (**I**= Interest Expense= 513 millions USD), (**U**= Utilized or Starting Capital= 64,720 millions USD), and (**T**= Tax Paid= 3,385 millions USD), then it's (**Q**= Quoted Longterm Liabilities planned) is:

$$Q = I[U+O-I-T-D]-Vp/\{360[c-q]\}$$
$$= 0.9900[64,720+11,798-513$$
$$-3,385-2,370]-9.746*240$$
$$/\{360[1.2000-1.0100]\}$$
$$= \underline{35,351} \text{ millions USD}$$

Law-6370:

If both (**c**= C/X= Current Ratio= 1.20 times), (**D**= Dividend Paid= 2,370 millions USD), (**q**= [C-P]/X= Quick or Acid Test Ratio= 1.01 times), (**O**= Operational Surplus= 11,798 millions USD), (**Q**= Quoted Longterm Liabilities= 35,351 millions USD), (**p**= 360 P/V= Procured Inventory Days= 240 Days), (**V**= Variable Cost= 9,746 millions USD), (**I**= Interest Expense= 513 millions USD), (**U**= Utilized or Starting Capital= 64,720 millions USD), and (**T**= Tax Paid= 3,385 millions USD), then it's (**l** = Leverage or Gearing Ratio planned) is:

$$l = (Q+Vp/\{360[c-q]\})/[U+O-I-T-D]$$
$$= (35{,}351+9{.}746*240/\{360[1{.}2000-1{.}0100]\})/[64{,}720+11{,}798-513-3{,}385-2{,}370]$$
$$= 99{.}00\%$$

Law-6371:

If both (**c**= C/X= Current Ratio= 1.20 times), (**D**= Dividend Paid= 2,370 millions USD), (**q**= [C-P]/X= Quick or Acid Test Ratio= 1.01 times), (**O**= Operational Surplus= 11,798 millions USD), (**Q**= Quoted Longterm Liabilities= 35,351 millions USD), (**p**= 360 P/V= Procured Inventory Days= 240 Days), (**V**= Variable Cost= 9,746 millions USD), (**I**= Interest Expense= 513 millions USD), (**l**= L/E= Leverage or Gearing Ratio= 99.00%), and (**T**= Tax Paid= 3,385 millions USD), then it's (**U**= Utilized or Starting Capital planned) is:

$$U = I+T+D-O+(Q+Vp/\{360[c-q]\})/l$$
$$= 513+3,385+2,370-11,798+(35,351$$
$$+9.746*240/\{360[1.2000$$
$$-1.0100]\})/0.9900$$
$$= \underline{64,720} \text{ millions USD}$$

Finance Construction-8, *Tim Asikin, Steve Asikin, Indra Senihardja*

Law-6372:

If both (**c**= C/X= Current Ratio= 1.20 times), (**D**= Dividend Paid= 2,370 millions USD), (**q**= [C-P]/X= Quick or Acid Test Ratio= 1.01 times), (**U**= Utilized or Starting Capital= 64,720 millions USD), (**Q**= Quoted Longterm Liabilities= 35,351 millions USD), (**p**= 360 P/V= Procured Inventory Days= 240 Days), (**V**= Variable Cost= 9,746 millions USD), (**I**= Interest Expense= 513 millions USD), (**l**= L/E= Leverage or Gearing Ratio= 99.00%), and (**T**= Tax Paid= 3,385 millions USD), then it's (**O**= Operational Surplus planned) is:

$$O = I+T+D-U+(Q+Vp/\{360[c-q]\})/l$$
$$= 513+3,385+2,370-64,720(35,351$$
$$+9,746*240/\{360[1.2000$$
$$-1.0100]\})/0.9900$$
$$= \underline{11,285} \text{ millions USD}$$

Law-6373:

If both (**c**= C/X= Current Ratio= 1.20 times), (**D**= Dividend Paid= 2,370 millions USD), (**q**= [C-P]/X= Quick or Acid Test Ratio= 1.01 times), (**U**= Utilized or Starting Capital= 64,720 millions USD), (**Q**= Quoted Longterm Liabilities= 35,351 millions USD), (**p**= 360 P/V= Procured Inventory Days= 240 Days), (**V**= Variable Cost= 9,746 millions USD), (**O**= Operational Surplus= 11,798 millions USD), (**l**= L/E= Leverage or Gearing Ratio= 99.00%), and (**T**= Tax Paid= 3,385 millions USD), then it's (**I**= Interest Expense planned) is:

$$I= U+O-T-D-(Q+Vp/\{360[c-q]\})/l$$
$$= 64{,}720+11{,}798-3{,}385-2{,}370-(35{,}351$$
$$+9.746*240/\{360[1.2000$$
$$-1.0100]\})/0.9900$$
$$= \underline{513} \text{ millions USD}$$

Finance Construction-8, *Tim Asikin, Steve Asikin, Indra Senihardja*

Law-6374:

If both (**c**= C/X= Current Ratio= 1.20 times), (**D**= Dividend Paid= 2,370 millions USD), (**q**= [C-P]/X= Quick or Acid Test Ratio= 1.01 times), (**U**= Utilized or Starting Capital= 64,720 millions USD), (**Q**= Quoted Longterm Liabilities= 35,351 millions USD), (**p**= 360 P/V= Procured Inventory Days= 240 Days), (**V**= Variable Cost= 9,746 millions USD), (**O**= Operational Surplus= 11,798 millions USD), (**l**= L/E= Leverage or Gearing Ratio= 99.00%), and (**I**= Interest Expense= 513 millions USD), then it's (**T**= Tax Paid planned) is:

$$T = U+O-I-D-(Q+Vp/\{360[c-q]\})/l$$
$$= 64,720+11,798-513-2,370-35,351$$
$$+9,746*240/\{360[1.2000$$
$$-1.0100]\})/0.9900$$
$$= \underline{3,385} \text{ millions USD}$$

Law-6375:

If both (**c**= C/X= Current Ratio= 1.20 times), (**T**= Tax Paid= 3,385 millions USD), (**q**= [C-P]/X= Quick or Acid Test Ratio= 1.01 times), (**U**= Utilized or Starting Capital= 64,720 millions USD), (**Q**= Quoted Longterm Liabilities= 35,351 millions USD), (**p**= 360 P/V= Procured Inventory Days= 240 Days), (**V**= Variable Cost= 9,746 millions USD), (**O**= Operational Surplus= 11,798 millions USD), (**I**= L/E= Leverage or Gearing Ratio= 99.00%), and (**I**= Interest Expense= 513 millions USD), then it's (**D**= Dividend Paid planned) is:

$$D = U+O-I-T-(Q+Vp/\{360[c-q]\})/I$$
$$= 64{,}720+11{,}798-513-3{,}385-35{,}351$$
$$\quad +9.746*240/\{360[1.2000$$
$$\quad -1.0100]\})/0.9900$$
$$= 2{,}370 \text{ millions USD}$$

Law-6376:

If both (**c**= C/X= Current Ratio= 1.20 times), (**T**= Tax Paid= 3,385 millions USD), (**q**= [C-P]/X= Quick or Acid Test Ratio= 1.01 times), (**U**= Utilized or Starting Capital= 64,720 millions USD), (**Q**= Quoted Longterm Liabilities= 35,351 millions USD), (**p**= 360 P/V= Procured Inventory Days= 240 Days), (**D**= Dividend Paid= 2,370 millions USD), (**O**= Operational Surplus= 11,798 millions USD), (**l**= L/E= Leverage or Gearing Ratio= 99.00%), and (**I**= Interest Expense= 513 millions USD), then it's (**V**= Variable Cost planned) is:

$$V = 360[c-q]\{l\,[U+O-I-T-D]-Q\}/p$$
$$= 360[1.2000-1.0100]\{0.9900$$
$$[64{,}720+11{,}798-513-3{,}385$$
$$-2{,}370]-35{,}351\}/240$$
$$= 9{,}746 \text{ millions USD}$$

Law-6377:

If both (**c**= C/X= Current Ratio= 1.20 times), (**T**= Tax Paid= 3,385 millions USD), (**q**= [C-P]/X= Quick or Acid Test Ratio= 1.01 times), (**U**= Utilized or Starting Capital= 64,720 millions USD), (**Q**= Quoted Longterm Liabilities= 35,351 millions USD), (**V**= Variable Cost= 9,746 millions USD), (**D**= Dividend Paid= 2,370 millions USD), (**O**= Operational Surplus= 11,798 millions USD), (**I**= L/E= Leverage or Gearing Ratio= 99.00%), and (**I**= Interest Expense= 513 millions USD), then it's (**p**= Procured Inventory Days planned) is:

$$p = 360[c-q]\{I[U+O-I-T-D]-Q\}/V$$
$$= 360[1.2000-1.0100]\{0.9900[64,720 \\ +11,798-513-3,385-2,370] \\ -35,351\}/9,746$$
$$= \underline{240} \text{ days}$$

Finance Construction-8, *Tim Asikin, Steve Asikin, Indra Senihardja*

Law-6378:

If both (**p**= 360P/V= Procured Inventory Days= 240 Days), (**T**= Tax Paid= 3,385 millions USD), (**q**= [C-P]/X= Quick or Acid Test Ratio= 1.01 times), (**U**= Utilized or Starting Capital= 64,720 millions USD), (**Q**= Quoted Longterm Liabilities= 35,351 millions USD), (**V**= Variable Cost= 9,746 millions USD), (**D**= Dividend Paid= 2,370 millions USD), (**O**= Operational Surplus= 11,798 millions USD), (**l**= L/E= Leverage or Gearing Ratio= 99.00%), and (**I**= Interest Expense= 513 millions USD), then it's (**c**= Current Ratio planned) is:

$$c = q + Vp/(360\{l\,[U+O-I-T-D]-Q\})$$
$$= 1.0100 + 9,746*240/(360\{0.9900\,[64,720+11,798-513-3,385-2,370]-35,351\})$$
$$= 1.20 \text{ times}$$

Law-6379:

If both (**p**= 360 P/V= Procured Inventory Days= <u>240</u> Days), (**T**= Tax Paid= <u>3,385</u> millions USD), (**c**= C/X= Current Ratio= <u>1.20</u> times), (**U**= Utilized or Starting Capital= <u>64,720</u> millions USD), (**Q**= Quoted Longterm Liabilities= <u>35,351</u> millions USD), (**V**= Variable Cost= <u>9,746</u> millions USD), (**D**= Dividend Paid= <u>2,370</u> millions USD), (**O**= Operational Surplus= <u>11,798</u> millions USD), (**I**= L/E= Leverage or Gearing Ratio= <u>99.00</u>%), and (**I**= Interest Expense= <u>513</u> millions USD), then it's (**q**= Quick or Acid Test Ratio planned) is:

$$q = c - Vp/(360\{I[U+O-I-T-D]-Q\})$$
$$= 1.2000 - 9{,}746 * 240/(360\{0.9900\,[64{,}720+11{,}798-513-3{,}385-2{,}370]-35{,}351\})$$
$$= \underline{1.01} \text{ times}$$

Law-6380:

If both (**p**= 360 P/V= Procured Inventory Days= <u>240</u> Days), (**T**= Tax Paid= <u>3,385</u> millions USD), (**c**= C/X= Current Ratio= <u>1.20</u> times), (**U**= Utilized or Starting Capital= <u>64,720</u> millions USD), (**q**= [C-P]/X= Quick or Acid Test Ratio= <u>1.01</u> times), (**S**= Sales or Revenues= <u>51,294</u> millions USD), (**v**= V/S= Variable Portion= <u>19.00</u>%), (**D**= Dividend Paid= <u>2,370</u> millions USD), (**O**= Operational Surplus= <u>11,798</u> millions USD), (**l**= L/E= Leverage or Gearing Ratio= <u>99.00</u>%), and (**I**= Interest Expense= <u>513</u> millions USD), then it's (**Q**= Quoted Longterm Liabilities planned) is:

$$Q = l[U+O-I-T-D]-Svp/\{360[c-q]\}$$
$$= 0.9900[64,720+11,798-513$$
$$-3,385-2,370]-51,294$$
$$*0.1900*240/\{360$$
$$[1.2000-1.0100]\}$$
$$= \underline{35,351} \text{ millions USD}$$

Law-6381:

If both (**p**= 360 P/V= Procured Inventory Days= 240 Days), (**T**= Tax Paid= 3,385 millions USD), (**c**= C/X= Current Ratio= 1.20 times), (**U**= Utilized or Starting Capital= 64,720 millions USD), (**q**= [C-P]/X= Quick or Acid Test Ratio= 1.01 times), (**S**= Sales or Revenues= 51,294 millions USD), (**v**= V/S= Variable Portion= 19.00%), (**D**= Dividend Paid= 2,370 millions USD), (**O**= Operational Surplus= 11,798 millions USD), (**Q**= Quoted Longterm Liabilities= 35,351 millions USD), and (**I**= Interest Expense= 513 millions USD), then it's (***I*** = Leverage or Gearing Ratio planned) is:

I = (**Q**+**Svp**/{360[**c-q**]})/[**U**+**O**-**I**-**T**-**D**]
= (35,351+51,294*0.1900*240/{360
  [1.2000-1.0100]}/[64,720
  +11,798-513-3,385-2,370]
= 99.00%

Law-6382:

If both (**p**= 360 P/V= Procured Inventory Days= 240 Days), (**T**= Tax Paid= 3,385 millions USD), (**c**= C/X= Current Ratio= 1.20 times), (**l**= L/E= Leverage or Gearing Ratio= 99.00%), (**q**= [C-P]/X= Quick or Acid Test Ratio= 1.01 times), (**S**= Sales or Revenues= 51,294 millions USD), (**v**= V/S= Variable Portion= 19.00%), (**D**= Dividend Paid= 2,370 millions USD), (**O**= Operational Surplus= 11,798 millions USD), (**Q**= Quoted Longterm Liabilities= 35,351 millions USD), and (**I**= Interest Expense= 513 millions USD), then it's (**U** = Utilized or Starting Capital planned) is:

$$U = I+T+D-O+(Q+Svp/\{360[c-q]\})/l$$
$$= 513+3,385+2,370-11,798+(35,351$$
$$+51,294*0.1900*240/\{360$$
$$[1.2000-1.0100]\}/0.9900$$
$$= 64,720 \text{ millions USD}$$

Law-6383:

If both (**p**= 360 P/V= Procured Inventory Days= 240 Days), (**T**= Tax Paid= 3,385 millions USD), (**c**= C/X= Current Ratio= 1.20 times), (**l**= L/E= Leverage or Gearing Ratio= 99.00%), (**q**= [C-P]/X= Quick or Acid Test Ratio= 1.01 times), (**S**= Sales or Revenues= 51,294 millions USD), (**v**= V/S= Variable Portion= 19.00%), (**D**= Dividend Paid= 2,370 millions USD), (**U**= Utilized or Starting Capital= 64,720 millions USD), (**Q**= Quoted Longterm Liabilities= 35,351 millions USD), and (**I**= Interest Expense= 513 millions USD), then it's (**O**= Operational Surplus planned) is:

$$O = I+T+D-U+(Q+Svp/\{360[c-q]\})/l$$
$$= 513+3,385+2,370-64,720+(35,351$$
$$+51,294*0.1900*240/\{360$$
$$[1.2000-1.0100]\}/0.9900$$
$$= \underline{11,798} \text{ millions USD}$$

Finance Construction-8, *Tim Asikin, Steve Asikin, Indra Senihardja*

Law-6384:

If both (**p**= 360 P/V= Procured Inventory Days= 240 Days), (**T**= Tax Paid= 3,385 millions USD), (**c**= C/X= Current Ratio= 1.20 times), (**l**= L/E= Leverage or Gearing Ratio= 99.00%), (**q**= [C-P]/X= Quick or Acid Test Ratio= 1.01 times), (**S**= Sales or Revenues= 51,294 millions USD), (**v**= V/S= Variable Portion= 19.00%), (**D**= Dividend Paid= 2,370 millions USD), (**U**= Utilized or Starting Capital= 64,720 millions USD), (**Q**= Quoted Longterm Liabilities= 35,351 millions USD), and (**O**= Operational Surplus= 11,798 millions USD), then it's (**I**= Interest Expense planned) is:

$$I = U+O-T-D-(Q+Svp/\{360[c-q]\})/l$$
$$= 64{,}720+11{,}798-3{,}385-2{,}370-(35{,}351$$
$$+51{,}294*0.1900*240/\{360$$
$$[1.2000-1.0100]\}/0.9900$$
$$= \underline{513} \text{ millions USD}$$

Law-6385:

If both (**p**= 360 P/V= Procured Inventory Days= 240 Days), (**c**= C/X= Current Ratio= 1.20 times), (**I**= Interest Expense= 513 millions USD), (**f**= L/E= Leverage or Gearing Ratio= 99.00%), (**q**= [C-P]/X= Quick or Acid Test Ratio= 1.01 times), (**S**= Sales or Revenues= 51,294 millions USD), (**v**= V/S= Variable Portion= 19.00%), (**D**= Dividend Paid= 2,370 millions USD), (**U**= Utilized or Starting Capital= 64,720 millions USD), (**Q**= Quoted Longterm Liabilities= 35,351 millions USD), and (**O**= Operational Surplus= 11,798 millions USD), then it's (**T**= Tax Paid planned) is:

$$T = U+O-I-D-(Q+Svp/\{360[c-q]\})/f$$
$$= 64,720+11,798-513-2,370-(35,351$$
$$+51,294*0.1900*240/\{360$$
$$[1.2000-1.0100]\}/0.9900$$
$$= 3,385 \text{ millions USD}$$

Law-6386:

If both (**p**= 360 P/V= Procured Inventory Days= 240 Days), (**I**= Interest Expense= 513 millions USD), (**c**= C/X= Current Ratio= 1.20 times), (**f**= L/E= Leverage or Gearing Ratio= 99.00%), (**q**= [C-P]/X= Quick or Acid Test Ratio= 1.01 times), (**$**= Sales or Revenues= 51,294 millions USD), (**v**= V/S= Variable Portion= 19.00%), (**I**= Interest Expense= 513 millions USD), (**U**= Utilized or Starting Capital= 64,720 millions USD), (**Q**= Quoted Longterm Liabilities= 35,351 millions USD), and (**O**= Operational Surplus= 11,798 millions USD), then it's (**D**= Dividend Paid planned) is:

$$D = U+O-I-T-U-(Q+\$vp/\{360[c-q]\})/f$$
$$= 64{,}720+11{,}798-513-3{,}385-35{,}351$$
$$+51{,}294*0.1900*240/\{360$$
$$[1.2000-1.0100]\}/0.9900$$
$$= \underline{2{,}370} \text{ millions USD}$$

Law-6387:

If both (**p**= 360 P/V= Procured Inventory Days= 240 Days), (**T**= Tax Paid= 3,385 millions USD), (**c**= C/X= Current Ratio= 1.20 times), (**l**= L/E= Leverage or Gearing Ratio= 99.00%), (**q**= [C-P]/X= Quick or Acid Test Ratio= 1.01 times), (**D**= Dividend Paid= 2,370 millions USD), (**v**= V/S= Variable Portion= 19.00%), (**I**= Interest Expense= 513 millions USD), (**U**= Utilized or Starting Capital= 64,720 millions USD), (**Q**= Quoted Longterm Liabilities= 35,351 millions USD), and (**O**= Operational Surplus= 11,798 millions USD), then it's (**S**= Sales or Revenues planned) is:

$$S = 360[c-q]\{l\,[U+O-I-T-D]-Q\}/[pv]$$
$$= 360[1.2000-1.0100]\{0.9900\{[64,720 + 11,798-513-3,385-2,370] -35,351\}/[0.1900*240]$$
$$= \underline{51,294} \text{ millions USD}$$

Law-6388:

If both (**p**= 360 P/V= Procured Inventory Days= 240 Days), (**T**= Tax Paid= 3,385 millions USD), (**c**= C/X= Current Ratio= 1.20 times), (**l**= L/E= Leverage or Gearing Ratio= 99.00%), (**q**= [C-P]/X= Quick or Acid Test Ratio= 1.01 times), (**D**= Dividend Paid= 2,370 millions USD), (**S**= Sales or Revenues= 51,294 millions USD), (**I**= Interest Expense= 513 millions USD), (**U**= Utilized or Starting Capital= 64,720 millions USD), (**Q**= Quoted Longterm Liabilities= 35,351 millions USD), and (**O**= Operational Surplus= 11,798 millions USD), then it's (**v**= Variable Portion planned) is:

$$v = 360[c-q]\{l[U+O-I-T-D]-Q\}/[Sp]$$
$$= 360[1.2000-1.0100]\{0.9900\{[64,720+11,798-513-3,385-2,370]-35,351\}/[51,294*240]$$
$$= \underline{19.00\%}$$

Law-6389:

If both (**T**= Tax Paid= 3,385 millions USD), (**v**= V/S= Variable Portion= 19.00%), (**$**= Sales or Revenues= 51,294 millions USD), (**c**= C/X= Current Ratio= 1.20 times), (**l**= L/E= Leverage or Gearing Ratio= 99.00%), (**q**= [C-P]/X= Quick or Acid Test Ratio= 1.01 times), (**D**= Dividend Paid= 2,370 millions USD), (**I**= Interest Expense= 513 millions USD), (**U**= Utilized or Starting Capital= 64,720 millions USD), (**Q**= Quoted Longterm Liabilities= 35,351 millions USD), and (**O**= Operational Surplus= 11,798 millions USD), then it's (**p**= Procured Inventory Days planned) is:

$$\begin{aligned}
\textbf{p} &= 360[\textbf{c-q}]\{\textbf{l}\,[\textbf{U+O-I-T-D}]\textbf{-Q}\}/[\textbf{\$v}] \\
&= 360[1.2000\text{-}1.0100]\{0.9900\{[64{,}720 \\
&\quad +11{,}798\text{-}513\text{-}3{,}385\text{-}2{,}370] \\
&\quad \text{-}35{,}351\}/[48{,}851*240] \\
&= \underline{240} \text{ days}
\end{aligned}$$

Finance Construction-8, *Tim Asikin, Steve Asikin, Indra Senihardja*

Law-6390:

If both (**T**= Tax Paid= 3,385 millions USD), (**v**= V/S= Variable Portion= 19.00%), (**$**= Sales or Revenues= 51,294 millions USD), (**p**= 360 P/V= Procured Inventory Days= 240 Days), (**I**= L/E= Leverage or Gearing Ratio= 99.00%), (**q**= [C-P]/X= Quick or Acid Test Ratio= 1.01 times), (**D**= Dividend Paid= 2,370 millions USD), (**I**= Interest Expense= 513 millions USD), (**U**= Utilized or Starting Capital= 64,720 millions USD), (**Q**= Quoted Longterm Liabilities= 35,351 millions USD), and (**O**= Operational Surplus= 11,798 millions USD), then it's (**c**= Current Ratio planned) is:

c= **q+$vp**/(360{**I** [**U+O-I-T-D**]-**Q**})
 = 1.0100+51,294*0.1900*240/(360
   {0.9900{[64,720+11,798-513
   -3,385-2,370]-35,351})
 = 1.20 days

Law-6391:

If both (**T**= Tax Paid= 3,385 millions USD), (**v**= V/S= Variable Portion= 19.00%), (**$**= Sales or Revenues= 51,294 millions USD), (**p**= 360 P/V= Procured Inventory Days= 240 Days), (**f**= L/E= Leverage or Gearing Ratio= 99.00%), (**c**= C/X= Current Ratio= 1.20 times), (**D**= Dividend Paid= 2,370 millions USD), (**I**= Interest Expense= 513 millions USD), (**U**= Utilized or Starting Capital= 64,720 millions USD), (**Q**= Quoted Longterm Liabilities= 35,351 millions USD), and (**O**= Operational Surplus= 11,798 millions USD), then it's (**q**= Quick or Acid Test Ratio planned) is:

$q = c\text{-}\$vp/(360\{f[U+O-I-T-D]-Q\})$
 = 1.2000-51,294*0.1900*240/(360
  {0.9900{[64,720+11,798-513
  -3,385-2,370]-35,351})
 = 1.01 days

Law-6392:

If both (**T**= Tax Paid= 3,385 millions USD), (**v**= V/S= Variable Portion= 19.00%), (**S'**= Sales of Past Year= 48,851 millions USD), (**s**= [S/S']-1= Sales Growth= 5.00%), (**p**= 360 P/V= Procured Inventory Days= 240 Days), (**l**= L/E= Leverage or Gearing Ratio= 99.00%), (**c**= C/X= Current Ratio= 1.20 times), (**D**= Dividend Paid= 2,370 millions USD), (**I**= Interest Expense= 513 millions USD), (**U**= Utilized or Starting Capital= 64,720 millions USD), (**q**= [C-P]/X= Quick or Acid Test Ratio= 1.01 times), and (**O**= Operational Surplus= 11,798 millions USD), then it's (**Q**= Quoted Longterm Liabilities planned) is:

$$Q = l[U+O-I-T-D]-S'vp[1+s]/\{360[c-q]\}$$
$$= 0.9900[64,720+11,798-513-3,385$$
$$-2,370]- 48,851*0.1900*240$$
$$[1+0.0500]/\{360[1.2000$$
$$-1.0100]\}$$
$$= 35,351 \text{ millions USD}$$

Law-6393:

If both (**T**= Tax Paid= 3,385 millions USD), (**v**= V/S= Variable Portion= 19.00%), (**$'**= Sales of Past Year= 48,851 millions USD), (**s**= [S/S']-1= Sales Growth= 5.00%), (**p**= 360 P/V= Procured Inventory Days= 240 Days), (**Q**= Quoted Longterm Liabilities= 35,351 millions USD), (**c**= C/X= Current Ratio= 1.20 times), (**D**= Dividend Paid= 2,370 millions USD), (**I**= Interest Expense= 513 millions USD), (**U**= Utilized or Starting Capital= 64,720 millions USD), (**q**= [C-P]/X= Quick or Acid Test Ratio= 1.01 times), and (**O**= Operational Surplus= 11,798 millions USD), then it's (**l** = Leverage or Gearing Ratio planned) is:

l = (**Q**+**$'vp**[1+**s**]/{360[**c**-**q**]})
/ [**U**+**O**-**I**-**T**-**D**]
= (35,351+48,851*0.1900*240
[1+0.0500]/{360[1.2000
-1.0100]})/[64,720+11,798
-513-3,385-2,370]
= 99.00%

Finance Construction-8, *Tim Asikin, Steve Asikin, Indra Senihardja*

Law-6394:
If both (T= Tax Paid= 3,385 millions USD), (v= V/S= Variable Portion= 19.00%), (S'= Sales of Past Year= 48,851 millions USD), (s= [S/S']-1= Sales Growth= 5.00%), (p= 360 P/V= Procured Inventory Days= 240 Days), (Q= Quoted Longterm Liabilities= 35,351 millions USD), (c= C/X= Current Ratio= 1.20 times), (D= Dividend Paid= 2,370 millions USD), (I= Interest Expense= 513 millions USD), (l= L/E= Leverage or Gearing Ratio= 99.00%), (q= [C-P]/X= Quick or Acid Test Ratio= 1.01 times), and (O= Operational Surplus= 11,798 millions USD), then it's (U = Utilized or Starting Capital planned) is:

$$U = I+T+D-O+(Q+S'vp[1+s]/\{360[c-q]\})/l$$
$$= 513+3,385+2,370-11,798+(35,351$$
$$+48,851*0.1900*240$$
$$[1+0.0500]/\{360[1.2000$$
$$-1.0100]\})/0.9900$$
$$= \underline{64,720} \text{ millions USD}$$

Law-6395:

If both (**T**= Tax Paid= 3,385 millions USD), (**v**= V/S= Variable Portion= 19.00%), (**S'**= Sales of Past Year= 48,851 millions USD), (**s**= [S/S']-1= Sales Growth= 5.00%), (**p**= 360 P/V= Procured Inventory Days= 240 Days), (**Q**= Quoted Longterm Liabilities= 35,351 millions USD), (**c**= C/X= Current Ratio= 1.20 times), (**D**= Dividend Paid= 2,370 millions USD), (**I**= Interest Expense= 513 millions USD), (**l**= L/E= Leverage or Gearing Ratio= 99.00%), (**q**= [C-P]/X= Quick or Acid Test Ratio= 1.01 times), and (**U**= Utilized or Starting Capital= 64,720 millions USD), then it's (**O**= Operational Surplus planned) is:

$$O = I+T+D-U+(Q+S'vp[1+s]/\{360[c-q]\})/l$$
$$= 513+3,385+2,370-64,720+(35,351$$
$$+48,851*0.1900*240$$
$$[1+0.0500]/\{360[1.2000$$
$$-1.0100]\})/0.9900$$
$$= \underline{11,798} \text{ millions USD}$$

Law-6396:

If both (**T**= Tax Paid= 3,385 millions USD), (**v**= V/S= Variable Portion= 19.00%), (**S'**= Sales of Past Year= 48,851 millions USD), (**s**= [S/S']-1= Sales Growth= 5.00%), (**p**= 360 P/V= Procured Inventory Days= 240 Days), (**Q**= Quoted Longterm Liabilities= 35,351 millions USD), (**c**= C/X= Current Ratio= 1.20 times), (**D**= Dividend Paid= 2,370 millions USD), (**O**= Operational Surplus= 11,798 millions USD), (**l**= L/E= Leverage or Gearing Ratio= 99.00%), (**q**= [C-P]/X= Quick or Acid Test Ratio= 1.01 times), and (**U**= Utilized or Starting Capital= 64,720 millions USD), then it's (**I**= Interest Expense planned) is:

$$I = U+O-T-D-(Q+S'vp[1+s]/\{360[c-q]\})/l$$
$$= 64,720+11,798-3,385-2,370-(35,351$$
$$+48,851*0.1900*240$$
$$[1+0.0500]/\{360[1.2000$$
$$-1.0100]\})/0.9900$$
$$= \underline{513} \text{ millions USD}$$

Law-6397:

If both (**I**= Interest Expense= 513 millions USD), (**v**= V/S= Variable Portion= 19.00%), (**S'**= Sales of Past Year= 48,851 millions USD), (**s**= [S/S']-1= Sales Growth= 5.00%), (**p**= 360 P/V= Procured Inventory Days= 240 Days), (**Q**= Quoted Longterm Liabilities= 35,351 millions USD), (**c**= C/X= Current Ratio= 1.20 times), (**D**= Dividend Paid= 2,370 millions USD), (**O**= Operational Surplus= 11,798 millions USD), (**I**= L/E= Leverage or Gearing Ratio= 99.00%), (**q**= [C-P]/X= Quick or Acid Test Ratio= 1.01 times), and (**U**= Utilized or Starting Capital= 64,720 millions USD), then it's (**T** = Tax paid planned) is:

T= **U**+**O**-**I**-**D**-(**Q**+**S'vp**[1+**s**]/{360[**c**-**q**]})/**I**

= 64,720+11,798-513-2,370-(35,351
+48,851*0.1900*240
[1+0.0500]/{360[1.2000
-1.0100]})/0.9900

= 3,385 millions USD

Law-6398:

If both (**I**= Interest Expense= 513 millions USD), (**v**= V/S= Variable Portion= 19.00%), (**$'**= Sales of Past Year= 48,851 millions USD), (**s**= [S/S']-1= Sales Growth= 5.00%), (**p**= 360 P/V= Procured Inventory Days= 240 Days), (**Q**= Quoted Longterm Liabilities= 35,351 millions USD), (**c**= C/X= Current Ratio= 1.20 times), (**T**= Tax Paid= 3,385 millions USD), (**O**= Operational Surplus= 11,798 millions USD), (**I**= L/E= Leverage or Gearing Ratio= 99.00%), (**q**= [C-P]/X= Quick or Acid Test Ratio= 1.01 times), and (**U**= Utilized or Starting Capital= 64,720 millions USD), then it's (**D**= Dividend paid planned) is:

$$D = U+O-I-T-(Q+\$'vp[1+s]/\{360[c-q]\})/I$$
$$= 64,720+11,798-513-3,385-(35,351$$
$$+48,851*0.1900*240$$
$$[1+0.0500]/\{360[1.2000$$
$$-1.0100]\})/0.9900$$
$$= \underline{2,370} \text{ millions USD}$$

Law-6399:

If both (**I**= Interest Expense= 513 millions USD), (**v**= V/S= Variable Portion= 19.00%), (**D**= Dividend Paid= 2,370 millions USD), (**s**= [S/S']-1= Sales Growth= 5.00%), (**p**= 360 P/V= Procured Inventory Days= 240 Days), (**Q**= Quoted Longterm Liabilities= 35,351 millions USD), (**c**= C/X= Current Ratio= 1.20 times), (**T**= Tax Paid= 3,385 millions USD), (**O**= Operational Surplus= 11,798 millions USD), (**l**= L/E= Leverage or Gearing Ratio= 99.00%), (**q**= [C-P]/X= Quick or Acid Test Ratio= 1.01 times), and (**U**= Utilized or Starting Capital= 64,720 millions USD), then it's (**S'** = Sales Past) must be:

$$S' = 360[c-q]\{I[U+O-I-T-D]-Q\}/\{pv[1+s]\}$$
$$= 360[1.2000-1.0100]\{0.9900$$
$$[64,720+11,798-513-3,385$$
$$-2,370]-35,351\}/240$$
$$*0.1900[1+0.0500]\}$$
$$= \underline{48,851} \text{ millions USD}$$

Law-6400:

If both (**I**= Interest Expense= 513 millions USD), (**S'**= Sales of Past Year= 48,851 millions USD), (**D**= Dividend Paid= 2,370 millions USD), (**s**= [S/S']-1= Sales Growth= 5.00%), (**p**= 360 P/V= Procured Inventory Days= 240 Days), (**Q**= Quoted Longterm Liabilities= 35,351 millions USD), (**c**= C/X= Current Ratio= 1.20 times), (**T**= Tax Paid= 3,385 millions USD), (**O**= Operational Surplus= 11,798 millions USD), (**I**= L/E= Leverage or Gearing Ratio= 99.00%), (**q**= [C-P]/X= Quick or Acid Test Ratio= 1.01 times), and (**U**= Utilized or Starting Capital= 64,720 millions USD), then it's (**v**= Variable Portion planned) is:

$$v = 360[c-q]\{I[U+O-I-T-D]-Q\}/\{S'p[1+s]\}$$
$$= 360[1.2000-1.0100]\{0.9900$$
$$[64,720+11,798-513-3,385$$
$$-2,370]-35,351\})/\{48,851$$
$$*240[1+0.0500]\}$$
$$= 19.00\%$$

Law-6401:

If both (**I**= Interest Expense= 513 millions USD), (**S'**= Sales of Past Year= 48,851 millions USD), (**D**= Dividend Paid= 2,370 millions USD), (**s**= [S/S']-1= Sales Growth= 5.00%), (**v**= V/S= Variable Portion= 19.00%), (**Q**= Quoted Longterm Liabilities= 35,351 millions USD), (**c**= C/X= Current Ratio= 1.20 times), (**T**= Tax Paid= 3,385 millions USD), (**O**= Operational Surplus= 11,798 millions USD), (**F**= L/E= Leverage or Gearing Ratio= 99.00%), (**q**= [C-P]/X= Quick or Acid Test Ratio= 1.01 times), and (**U**= Utilized or Starting Capital= 64,720 millions USD), then it's (**p**= Procured Inventory Days planned) is:

$$p = 360[c-q]\{F[U+O-I-T-D]-Q\}/\{S'v[1+s]\}$$
$$= 360[1.2000-1.0100]\{0.9900[64,720+11,798-513-3,385-2,370]-35,351\}/\{48,851*0.1900[1+0.0500]\}$$
$$= \underline{240} \text{ days}$$

Finance Construction-8, *Tim Asikin, Steve Asikin, Indra Senihardja*

Law-6402:

If both (**I**= Interest Expense= 513 millions USD), (**$'**= Sales of Past Year= 48,851 millions USD), (**D**= Dividend Paid= 2,370 millions USD), (**p**= 360 P/V= Procured Inventory Days= 240 Days), (**v**= V/S= Variable Portion= 19.00%), (**Q**= Quoted Longterm Liabilities= 35,351 millions USD), (**c**= C/X= Current Ratio= 1.20 times), (**T**= Tax Paid= 3,385 millions USD), (**O**= Operational Surplus= 11,798 millions USD), (**l**= L/E= Leverage or Gearing Ratio= 99.00%), (**q**= [C-P]/X= Quick or Acid Test Ratio= 1.01 times), and (**U**= Utilized or Starting Capital= 64,720 millions USD), then it's (**s**= Sales Growth planned) is:

s= 360[**c-q**]{**l** [**U+O-I-T-D**]-**Q**})/[**$'pv**]-1
= 360[1.2000-1.0100]{0.9900[64,720
   +11,798-513-3,385-2,370]
   - 35,351})/[48,851*240
   *0.1900]-1
= 5.00%

Law-6403:

If both (**I**= Interest Expense= 513 millions USD), (**S'**= Sales of Past Year= 48,851 millions USD), (**D**= Dividend Paid= 2,370 millions USD), (**p**= 360 P/V= Procured Inventory Days= 240 Days), (**v**= V/S= Variable Portion= 19.00%), (**Q**= Quoted Longterm Liabilities= 35,351 millions USD), (**s**= [S/S']-1= Sales Growth= 5.00%), (**T**= Tax Paid= 3,385 millions USD), (**O**= Operational Surplus= 11,798 millions USD), (**I**= L/E= Leverage or Gearing Ratio= 99.00%), (**q**= [C-P]/X= Quick or Acid Test Ratio= 1.01 times), and (**U**= Utilized or Starting Capital= 64,720 millions USD), then it's (**c**= Current Ratio planned) is:

$$c = q + S'vp[1+s]/(360\{I[U+O-I-T-D]-Q\})$$
$$= 1.0100 + 48,851*0.1900*240$$
$$[1+0.0500]/(360\{0.9900$$
$$[64,720+11,798-513-3,385$$
$$-2,370]- 35,351\})$$
$$= \underline{1.20} \text{ times}$$

Law-6404:

If both (**I**= Interest Expense= 513 millions USD), (**S'**= Sales of Past Year= 48,851 millions USD), (**D**= Dividend Paid= 2,370 millions USD), (**p**= 360 P/V= Procured Inventory Days= 240 Days), (**v**= V/S= Variable Portion= 19.00%), (**Q**= Quoted Longterm Liabilities= 35,351 millions USD), (**s**= [S/S']-1= Sales Growth= 5.00%), (**T**= Tax Paid= 3,385 millions USD), (**O**= Operational Surplus= 11,798 millions USD), (**I**= L/E= Leverage or Gearing Ratio= 99.00%), (**c**= C/X= Current Ratio= 1.20 times), and (**U**= Utilized or Starting Capital= 64,720 millions USD), then it's (**q**= Quick or Acid Test Ratio planned) is:

$$q = c - S'vp[1+s]/(360\{I [U+O-I-T-D]-Q\})$$
$$= 1.2000 - 48,851*0.1900*240$$
$$[1+0.0500]/(360\{0.9900$$
$$[64,720+11,798-513-3,385$$
$$-2,370]- 35,351\})$$
$$= \underline{1.01} \text{ times}$$

Law-6405:

If both (**I**= Interest Expense= 513 millions USD), (**X**= Xpress or Current Debt= 34,196 millions USD), (**T**= Tax Paid= 3,385 millions USD), (**O**= Operational Surplus= 11,798 millions USD), (**l**= L/E= Leverage or Gearing Ratio= 99.00%), (**d**= D/A= Dividend Portion or Payout= 30.00%), and (**U**= Utilized or Starting Capital= 64,720 millions USD), then it's (**Q**= Quoted Longterm Liabilities planned) is:

$$Q = l\{U+[O-I-T][1-d]\}-X$$
$$= 0.9900\{64,720+[11,798-513$$
$$-3,385][1-0.3000]\}-34,196$$
$$= 35,351 \text{ millions USD}$$

Law-6406:
  If both (**I**= Interest Expense= 513 millions USD), (**X**= Xpress or Current Debt= 34,196 millions USD), (**T**= Tax Paid= 3,385 millions USD), (**O**= Operational Surplus= 11,798 millions USD), (**Q**= Quoted Longterm Liabilities= 35,351 millions USD), (**d**= D/A= Dividend Portion or Payout= 30.00%), and (**U**= Utilized or Starting Capital= 64,720 millions USD), then it's (**l** = Leverage or Gearing Ratio planned) is:

$$l = [X+Q]/\{U+[O-I-T][1-d]\}$$
$$= [34,196+35,351]/\{64,720 +[11,798-513-3,385] [1-0.3000]\}$$
$$= \underline{99.00}\%$$

Law-6407:

If both (**I**= Interest Expense= 513 millions USD), (**X**= Xpress or Current Debt= 34,196 millions USD), (**T**= Tax Paid= 3,385 millions USD), (**O**= Operational Surplus= 11,798 millions USD), (**Q**= Quoted Longterm Liabilities= 35,351 millions USD), (**d**= D/A= Dividend Portion or Payout= 30.00%), and (**I**= L/E= Leverage or Gearing Ratio= 99.00%), then it's (**U**= Utilized or Starting Capital planned) is:

$$U = [X+Q]/I - [O-I-T][1-d]\}$$
$$= [34,196+35,351]/0.9900 - [11,798 - 513 - 3,385][1 - 0.3000]$$
$$= \underline{64,720} \text{ millions USD}$$

Finance Construction-8, *Tim Asikin, Steve Asikin, Indra Senihardja*

Law-6408:

If both (**I**= Interest Expense= 513 millions USD), (**X**= Xpress or Current Debt= 34,196 millions USD), (**T**= Tax Paid= 3,385 millions USD), (**U**= Utilized or Starting Capital= 64,720 millions USD), (**Q**= Quoted Longterm Liabilities= 35,351 millions USD), (**d**= D/A= Dividend Portion or Payout= 30.00%), and (**l**= L/E= Leverage or Gearing Ratio= 99.00%), then it's (**O**= Operational Surplus planned) is:

$$O = I+T+\{[X+Q]/l - U\}/[1-d]\}$$
$$= 513+3,385+\{[34,196+35,351]/0.9900-64,720\}/[1-0.3000]$$
$$= \underline{11,798} \text{ millions USD}$$

Finance Construction-8, *Tim Asikin, Steve Asikin, Indra Senihardja*

<u>Law-6409</u>:

If both (**O**= Operational Surplus= <u>11,798</u> millions USD), (**X**= Xpress or Current Debt= <u>34,196</u> millions USD), (**T**= Tax Paid= <u>3,385</u> millions USD), (**U**= Utilized or Starting Capital= <u>64,720</u> millions USD), (**Q**= Quoted Longterm Liabilities= <u>35,351</u> millions USD), (**d**= D/A= Dividend Portion or Payout= <u>30.00%</u>), and (**I**= L/E= Leverage or Gearing Ratio= <u>99.00%</u>), then it's (**I**= Interest Expense planned) is:

$$I = O-T-\{[X+Q]/I-U\}/[1-d]\}$$
$$= 11{,}798-3{,}385-\{[34{,}196+35{,}351]$$
$$/0.9900-64{,}720\}/[1-0.3000]$$
$$= \underline{513} \text{ millions USD}$$

Finance Construction-8, *Tim Asikin, Steve Asikin, Indra Senihardja*

Law-6410:

If both (**O**= Operational Surplus= 11,798 millions USD), (**X**= Xpress or Current Debt= 34,196 millions USD), (**I**= Interest Expense= 513 millions USD), (**U**= Utilized or Starting Capital= 64,720 millions USD), (**Q**= Quoted Longterm Liabilities= 35,351 millions USD), (**d**= D/A= Dividend Portion or Payout= 30.00%), and (**I**= L/E= Leverage or Gearing Ratio= 99.00%), then it's (**T**= Tax Paid planned) is:

$$T = O - I - \{[X+Q]/I - U\}/[1-d]\}$$
$$= 11{,}798 - 513 - \{[34{,}196 + 35{,}351]$$
$$/0.9900 - 64{,}720\}/[1 - 0.3000]$$
$$= 3{,}385 \text{ millions USD}$$

Law-6411:

If both (**O**= Operational Surplus= 11,798 millions USD), (**X**= Xpress or Current Debt= 34,196 millions USD), (**I**= Interest Expense= 513 millions USD), (**U**= Utilized or Starting Capital= 64,720 millions USD), (**Q**= Quoted Longterm Liabilities= 35,351 millions USD), (**T**= Tax Paid= 3,385 millions USD), and (**l**= L/E= Leverage or Gearing Ratio= 99.00%), then it's (**d**= Dividend Portion or Payout planned) is:

$$d = 1 - \{[X+Q]/l - U\}/[O-I-T]$$
$$= 1 - \{[34{,}196+35{,}351]/0.9900 - 64{,}720\}/[11{,}798-513-3{,}385]$$
$$= 30.00\%$$

Law-6412:

If both (**O**= Operational Surplus= 11,798 millions USD), (**d**= D/A= Dividend Portion or Payout= 30.00%), (**I**= Interest Expense= 513 millions USD), (**U**= Utilized or Starting Capital= 64,720 millions USD), (**Q**= Quoted Longterm Liabilities= 35,351 millions USD), (**T**= Tax Paid= 3,385 millions USD), and (**I**= L/E= Leverage or Gearing Ratio= 99.00%), then it's (**X**= Xpress or Current Debt planned) is:

$$X = I\{U+[O-I-T][1-d]\}-Q$$
$$= 0.9900\{64,720+[11,798-513-3,385][1-0.3000]\}-35,351$$
$$= 34,196 \text{ millions USD}$$

Finance Construction-8, *Tim Asikin, Steve Asikin, Indra Senihardja*

Law-6413:
If both (**O**= Operational Surplus= 11,798 millions USD), (**P**= Procured Inventories= 6,497 millions USD), (**c**= C/X= Current Ratio= 1.20 times), (**q**= [C-P]/X= Quick or Acid Test Ratio= 1.01 times), (**d**= D/A= Dividend Portion or Payout= 30.00%), (**I**= Interest Expense= 513 millions USD), (**U**= Utilized or Starting Capital= 64,720 millions USD), (**T**= Tax Paid= 3,385 millions USD), and (**I**= L/E= Leverage or Gearing Ratio= 99.00%), then it's (**Q**= Quoted Longterm Liabilities planned) is:

$$Q = I\{U+[O-I-T][1-d]\} - P/[c-q]$$
$$= 0.9900\{64,720+[11,798-513-3,385][1-0.3000]\}-6,497$$
$$/[1.2000-1.0100]$$
$$= \underline{35,351} \text{ millions USD}$$

Law-6414:

If both (**O**= Operational Surplus= 11,798 millions USD), (**P**= Procured Inventories= 6,497 millions USD), (**c**= C/X= Current Ratio= 1.20 times), (**q**= [C-P]/X= Quick or Acid Test Ratio= 1.01 times), (**d**= D/A= Dividend Portion or Payout= 30.00%), (**I**= Interest Expense= 513 millions USD), (**U**= Utilized or Starting Capital= 64,720 millions USD), (**T**= Tax Paid= 3,385 millions USD), and (**Q**= Quoted Longterm Liabilities= 35,351 millions USD), then it's (**l** = Leverage or Gearing Ratio planned) is:

$$l = \{P/[c-q]+Q\}/\{U+[O-I-T][1-d]\}$$
$$= \{6,497/[1.2000-1.0100]+35,351\}/\{64,720+[11,798-513-3,385][1-0.3000]\}$$
$$= 99.00\%$$

Law-6415:

If both (**O**= Operational Surplus= 11,798 millions USD), (**P**= Procured Inventories= 6,497 millions USD), (**c**= C/X= Current Ratio= 1.20 times), (**q**= [C-P]/X= Quick or Acid Test Ratio= 1.01 times), (**d**= D/A= Dividend Portion or Payout= 30.00%), (**I**= Interest Expense= 513 millions USD), (**l**= L/E= Leverage or Gearing Ratio= 99.00%), (**T**= Tax Paid= 3,385 millions USD), and (**Q**= Quoted Longterm Liabilities= 35,351 millions USD), then it's (**U**= Utilized or Starting Capital planned) is:

$$U = (\{P/[c-q]+Q\}/l) - [O-I-T][1-d]$$
$$= (\{6,497/[1.2000-1.0100]+35,351\}/0.9900) - [11,798-513-3,385][1-0.3000]$$
$$= 64,720 \text{ millions USD}$$

Finance Construction-8, *Tim Asikin, Steve Asikin, Indra Senihardja*

Law-6416:
If both (**U**= Utilized or Starting Capital= 64,720 millions USD), (**P**= Procured Inventories= 6,497 millions USD), (**c**= C/X= Current Ratio= 1.20 times), (**q**= [C-P]/X= Quick or Acid Test Ratio= 1.01 times), (**d**= D/A= Dividend Portion or Payout= 30.00%), (**I**= Interest Expense= 513 millions USD), (**l**= L/E= Leverage or Gearing Ratio= 99.00%), (**T**= Tax Paid= 3,385 millions USD), and (**Q**= Quoted Longterm Liabilities= 35,351 millions USD), then it's (**O**= Operational Surplus planned) is:

$$\mathbf{O} = \mathbf{I} + \mathbf{T} + (\{\mathbf{P}/[\mathbf{c}-\mathbf{q}]+\mathbf{Q}\}/\mathbf{l} - \mathbf{U})/[1-\mathbf{d}]$$
$$= 513+3{,}385+(\{6{,}497/[1.2000-1.0100]+35{,}351\}/0.9900 -64{,}720)/[1-0.3000]$$
$$= 11{,}798 \text{ millions USD}$$

Law-6417:

If both (**U**= Utilized or Starting Capital= 64,720 millions USD), (**P**= Procured Inventories= 6,497 millions USD), (**c**= C/X= Current Ratio= 1.20 times), (**q**= [C-P]/X= Quick or Acid Test Ratio= 1.01 times), (**d**= D/A= Dividend Portion or Payout= 30.00%), (**O**= Operational Surplus= 11,798 millions USD), (**l**= L/E= Leverage or Gearing Ratio= 99.00%), (**T**= Tax Paid= 3,385 millions USD), and (**Q**= Quoted Longterm Liabilities= 35,351 millions USD), then it's (**I**= Interest Expense planned) is:

$$I = O - T - (\{P/[c-q]+Q\}/l - U)/[1-d]$$
$$= 11{,}798 - 3{,}385 - (\{6{,}497/[1.2000 - 1.0100] + 35{,}351\}/0.9900 - 64{,}720)/[1 - 0.3000]$$
$$= 513 \text{ millions USD}$$

Finance Construction-8, *Tim Asikin, Steve Asikin, Indra Senihardja*

<u>Law-6418</u>:
If both (**U**= Utilized or Starting Capital= <u>64,720</u> millions USD), (**P**= Procured Inventories= <u>6,497</u> millions USD), (**c**= C/X= Current Ratio= <u>1.20</u> times), (**q**= [C-P]/X= Quick or Acid Test Ratio= <u>1.01</u> times), (**d**= D/A= Dividend Portion or Payout= 30.00%), (**O**= Operational Surplus= <u>11,798</u> millions USD), (**l**= L/E= Leverage or Gearing Ratio= <u>99.00</u>%), (**I**= Interest Expense= <u>513</u> millions USD), and (**Q**= Quoted Longterm Liabilities= <u>35,351</u> millions USD), then it's (**T**= Tax Paid planned) is:

$$T = O-I-(\{P/[c-q]+Q\}/l - U)/[1-d]$$
$$= 11{,}798 - 513 - (\{6{,}497/[1.2000 - 1.0100] + 35{,}351\}/0.9900 - 64{,}720)/[1 - 0.3000]$$
$$= \underline{3{,}385} \text{ millions USD}$$

Finance Construction-8, *Tim Asikin, Steve Asikin, Indra Senihardja*

Law-6419:

If both (**U**= Utilized or Starting Capital= 64,720 millions USD), (**P**= Procured Inventories= 6,497 millions USD), (**c**= C/X= Current Ratio= 1.20 times), (**q**= [C-P]/X= Quick or Acid Test Ratio= 1.01 times), (**T**= Tax Paid= 3,385 millions USD), (**O**= Operational Surplus= 11,798 millions USD), (**/**= L/E= Leverage or Gearing Ratio= 99.00%), (**I**= Interest Expense= 513 millions USD), and (**Q**= Quoted Longterm Liabilities= 35,351 millions USD), then it's (**d**= Dividend Portion or Payout planned) is:

$$d = 1-(\{P/[c-q]+Q\}/I-U)/[O-I-T]$$
$$= 1-(\{6,497/[1.2000-1.0100]$$
$$+35,351\}/0.9900-64,720)$$
$$/[11,798-513-3,385]$$
$$= 30.00\%$$

Law-6420:

If both (**U**= Utilized or Starting Capital= 64,720 millions USD), (**d**= D/A= Dividend Portion or Payout= 30.00%), (**c**= C/X= Current Ratio= 1.20 times), (**q**= [C-P]/X= Quick or Acid Test Ratio= 1.01 times), (**T**= Tax Paid= 3,385 millions USD), (**O**= Operational Surplus= 11,798 millions USD), (**l**= L/E= Leverage or Gearing Ratio= 99.00%), (**I**= Interest Expense= 513 millions USD), and (**Q**= Quoted Longterm Liabilities= 35,351 millions USD), then it's (**P**= Procured Inventories planned) is:

$$P = [c-q](l\{U+[O-I-T][1-d]\}-Q)$$
$$= [1.2000-1.0100](0.9900\{64,720$$
$$+[11,798-513-3,385]$$
$$[1-0.3000]\}-35,351)$$
$$= \underline{6,497} \text{ millions USD}$$

Finance Construction-8, *Tim Asikin, Steve Asikin, Indra Senihardja*

<u>Law-6421</u>:

If both (**U**= Utilized or Starting Capital= <u>64,720</u> millions USD), (**d**= D/A= Dividend Portion or Payout= 30.00%), (**P**= Procured Inventories= <u>6,497</u> millions USD), (**q**= [C-P]/X= Quick or Acid Test Ratio= <u>1.01</u> times), (**T**= Tax Paid= <u>3,385</u> millions USD), (**O**= Operational Surplus= <u>11,798</u> millions USD), (**I**= L/E= Leverage or Gearing Ratio= <u>99.00%</u>), (**I**= Interest Expense= <u>513</u> millions USD), and (**Q**= Quoted Longterm Liabilities= <u>35,351</u> millions USD), then it's (**c**= Current Ratio planned) is:

$$c = q + P/(I\{U+[O-I-T][1-d]\}-Q)$$
$$= 1.0100 + 6,497/(0.9900\{64,720 + [11,798-513-3,385][1-0.3000]\}-35,351)$$
$$= \underline{1.20} \text{ times}$$

Finance Construction-8, *Tim Asikin, Steve Asikin, Indra Senihardja*

Law-6422:

If both (**U**= Utilized or Starting Capital= 64,720 millions USD), (**d**= D/A= Dividend Portion or Payout= 30.00%), (**P**= Procured Inventories= 6,497 millions USD), (**c**= C/X= Current Ratio= 1.20 times), (**T**= Tax Paid= 3,385 millions USD), (**O**= Operational Surplus= 11,798 millions USD), (**l**= L/E= Leverage or Gearing Ratio= 99.00%), (**I**= Interest Expense= 513 millions USD), and (**Q**= Quoted Longterm Liabilities= 35,351 millions USD), then it's (**q**= Quick or Acid Test Ratio planned) is:

$$q= c-P/(l\{U+[O-I-T][1-d]\}-Q)$$
$$= 1.2000-6,497/(0.9900\{64,720$$
$$+[11,798-513-3,385]$$
$$[1-0.3000]\}-35,351)$$
$$= \underline{1.01} \text{ times}$$

Law-6423:

If both (**U**= Utilized or Starting Capital= 64,720 millions USD), (**d**= D/A= Dividend Portion or Payout= 30.00%), (**p**= 360 P/V= Procured Inventory Days= 240 Days), (**V**= Variable Cost= 9,746 millions USD), (**c**= C/X= Current Ratio= 1.20 times), (**T**= Tax Paid= 3,385 millions USD), (**O**= Operational Surplus= 11,798 millions USD), (**l**= L/E= Leverage or Gearing Ratio= 99.00%), (**I**= Interest Expense= 513 millions USD), and (**q**= [C-P]/X= Quick or Acid Test Ratio= 1.01 times), then it's (**Q**= Quoted Longterm Liabilities planned) is:

$$Q = l\{U+[O-I-T][1-d]\}-Vp/\{360[c-q]\}$$
$$= 0.9900\{64,720+[11,798-513-3,385]$$
$$[1-0.3000]\}-9,746*240/\{360$$
$$[1.2000-1.0100]\}$$
$$= 35,351 \text{ millions USD}$$

Law-6424:

If both (**U**= Utilized or Starting Capital= 64,720 millions USD), (**d**= D/A= Dividend Portion or Payout= 30.00%), (**p**= 360 P/V= Procured Inventory Days= 240 Days), (**V**= Variable Cost= 9,746 millions USD), (**c**= C/X= Current Ratio= 1.20 times), (**T**= Tax Paid= 3,385 millions USD), (**O**= Operational Surplus= 11,798 millions USD), (**Q**= Quoted Longterm Liabilities= 35,351 millions USD), (**I**= Interest Expense= 513 millions USD), and (**q**= [C-P]/X= Quick or Acid Test Ratio= 1.01 times), then it's (***I*** = Leverage or Gearing Ratio planned) is:

$$I = (Vp/\{360[c-q]\}+Q)/\{U+[O-I-T][1-d]\}$$
$$= (9,746*240/\{360[1.2000$$
$$-1.0100]\}+35,351)/\{64,720$$
$$+[11,798-513-3,385]$$
$$[1-0.3000]\}$$
$$= \underline{99.00}\%$$

Law-6425:

If both (f= L/E= Leverage or Gearing Ratio= 99.00%), (d= D/A= Dividend Portion or Payout= 30.00%), (p= 360 P/V= Procured Inventory Days= 240 Days), (V= Variable Cost= 9,746 millions USD), (c= C/X= Current Ratio= 1.20 times), (T= Tax Paid= 3,385 millions USD), (O= Operational Surplus= 11,798 millions USD), (Q= Quoted Longterm Liabilities= 35,351 millions USD), (I= Interest Expense= 513 millions USD), and (q= [C-P]/X= Quick or Acid Test Ratio= 1.01 times), then it's (U= Utilized or Starting Capital planned) is:

U= [(Vp/{360[c-q]}+Q)/f]-[O-I-T][1-d]
 = [(9,746*240/{360[1.2000-1.0100]} +35,351)/0,9900]-[11,798 -513-3,385][1-0.3000]
 = 64,720 millions USD

Finance Construction-8, *Tim Asikin, Steve Asikin, Indra Senihardja*

Law-6426:

If both (I= L/E= Leverage or Gearing Ratio= 99.00%), (d= D/A= Dividend Portion or Payout= 30.00%), (p= 360 P/V= Procured Inventory Days= 240 Days), (V= Variable Cost= 9,746 millions USD), (c= C/X= Current Ratio= 1.20 times), (T= Tax Paid= 3,385 millions USD), (U= Utilized or Starting Capital= 64,720 millions USD), (Q= Quoted Longterm Liabilities= 35,351 millions USD), (I= Interest Expense= 513 millions USD), and (q= [C-P]/X= Quick or Acid Test Ratio= 1.01 times), then it's (O= Operational Surplus planned) is:

O = I+T+[(Vp/{360[c-q]}+Q)/I -U]/[1-d]
= 513+3,385+[(9,746*240/{360
 [1.2000-1.0100]}+35,351)
 /0.9900-64,720]/[1-0.3000]
= 11,798 millions USD

Law-6427:

If both (**I**= L/E= Leverage or Gearing Ratio= 99.00%), (**d**= D/A= Dividend Portion or Payout= 30.00%), (**p**= 360 P/V= Procured Inventory Days= 240 Days), (**V**= Variable Cost= 9,746 millions USD), (**c**= C/X= Current Ratio= 1.20 times), (**T**= Tax Paid= 3,385 millions USD), (**U**= Utilized or Starting Capital= 64,720 millions USD), (**Q**= Quoted Longterm Liabilities= 35,351 millions USD), (**O**= Operational Surplus= 11,798 millions USD), and (**q**= [C-P]/X= Quick or Acid Test Ratio= 1.01 times), then it's (**I**= Interest Expense planned) is:

$$I = O-T-[(Vp/\{360[c-q]\}+Q)/I-U]/[1-d]$$
$$= 11,798-3,385-[(9,746*240/\{360[1.2000-1.0100]\}+35,351)/0.9900-64,720]/[1-0.3000]$$
$$= 513 \text{ millions USD}$$

Law-6428:

If both (l= L/E= Leverage or Gearing Ratio= 99.00%), (**d**= D/A= Dividend Portion or Payout= 30.00%), (**p**= 360 P/V= Procured Inventory Days= 240 Days), (**V**= Variable Cost= 9,746 millions USD), (**c**= C/X= Current Ratio= 1.20 times), (**I**= Interest Expense= 513 millions USD), (**U**= Utilized or Starting Capital= 64,720 millions USD), (**Q**= Quoted Longterm Liabilities= 35,351 millions USD), (**O**= Operational Surplus= 11,798 millions USD), and (**q**= [C-P]/X= Quick or Acid Test Ratio= 1.01 times), then it's (**T**= Tax Paid planned) is:

$$T = O-I-[(Vp/\{360[c-q]\}+Q)/I-U]/[1-d]$$
$$= 11,798-513-[(9,746*240/\{360[1.2000-1.0100]\}+35,351)/0.9900-64,720]/[1-0.3000]$$
$$= 3,385 \text{ millions USD}$$

Law-6429:

If both (**I**= L/E= Leverage or Gearing Ratio= 99.00%), (**T**= Tax Paid= 3,385 millions USD), (**p**= 360 P/V= Procured Inventory Days= 240 Days), (**V**= Variable Cost= 9,746 millions USD), (**c**= C/X= Current Ratio= 1.20 times), (**I**= Interest Expense= 513 millions USD), (**U**= Utilized or Starting Capital= 64,720 millions USD), (**Q**= Quoted Longterm Liabilities= 35,351 millions USD), (**O**= Operational Surplus= 11,798 millions USD), and (**q**= [C-P]/X= Quick or Acid Test Ratio= 1.01 times), then it's (**d**= Dividend Portion or Payout planned) is:

$$d = 1-[(Vp/\{360[c-q]\}+Q)/I-U]/[O-I-T]$$
$$= 1-[(9,746*240/\{360[1.2000-1.0100]\}+35,351)/0.9900-64,720]/[11,798-513-3,385]$$
$$= 30.00\%$$

Law-6430:

If both (I= L/E= Leverage or Gearing Ratio= 99.00%), (T= Tax Paid= 3,385 millions USD), (p= 360 P/V= Procured Inventory Days= 240 Days), (d= D/A= Dividend Portion or Payout= 30.00%), (c= C/X= Current Ratio= 1.20 times), (I= Interest Expense= 513 millions USD), (U= Utilized or Starting Capital= 64,720 millions USD), (Q= Quoted Longterm Liabilities= 35,351 millions USD), (O= Operational Surplus= 11,798 millions USD), and (q= [C-P]/X= Quick or Acid Test Ratio= 1.01 times), then it's (V= Variable Cost planned) is:

$$V = 360[c-q](I\{U+[O-I-T][1-d]\}-Q)/p$$
$$= 360[1.2000-1.0100](0.9900$$
$$\{64,720]+[11,798-513$$
$$-3,385][1-0.3000]-35,351)$$
$$/240$$
$$= 9,746 \text{ millions USD}$$

Law-6431:

If both (**l**= L/E= Leverage or Gearing Ratio= 99.00%), (**T**= Tax Paid= 3,385 millions USD), (**V**= Variable Cost= 9,746 millions USD), (**d**= D/A= Dividend Portion or Payout= 30.00%), (**c**= C/X= Current Ratio= 1.20 times), (**I**= Interest Expense= 513 millions USD), (**U**= Utilized or Starting Capital= 64,720 millions USD), (**Q**= Quoted Longterm Liabilities= 35,351 millions USD), (**O**= Operational Surplus= 11,798 millions USD), and (**q**= [C-P]/X= Quick or Acid Test Ratio= 1.01 times), then it's (**p**= Procured Inventory Days planned) is:

$$p = 360[c-q](l\{U+[O-I-T][1-d]\}-Q)/V$$
$$= 360[1.2000-1.0100](0.9900\{64,720]+[11,798-513-3,385][1-0.3000]\}-35,351)/9,746$$
$$= \underline{240} \text{ days}$$

Law-6432:

If both (f= L/E= Leverage or Gearing Ratio= 99.00%), (T= Tax Paid= 3,385 millions USD), (V= Variable Cost= 9,746 millions USD), (d= D/A= Dividend Portion or Payout= 30.00%), (p= 360 P/V= Procured Inventory Days= 240 Days), (I= Interest Expense= 513 millions USD), (U= Utilized or Starting Capital= 64,720 millions USD), (Q= Quoted Longterm Liabilities= 35,351 millions USD), (O= Operational Surplus= 11,798 millions USD), and (q= [C-P]/X= Quick or Acid Test Ratio= 1.01 times), then it's (c= Current Ratio planned) is:

$$c = q+Vp/[360(f\{U+[O-I-T][1-d]\}-Q)]$$
$$= 1.0100+9,746*240/[360(0,9900 \\ \{64,720\}+[11,798-513-3,385] \\ [1-0.3000]\}-35,351)]$$
$$= 1.20 \text{ times}$$

Law-6433:

If both (**I**= L/E= Leverage or Gearing Ratio= 99.00%), (**T**= Tax Paid= 3,385 millions USD), (**V**= Variable Cost= 9,746 millions USD), (**d**= D/A= Dividend Portion or Payout= 30.00%), (**p**= 360 P/V= Procured Inventory Days= 240 Days), (**I**= Interest Expense= 513 millions USD), (**U**= Utilized or Starting Capital= 64,720 millions USD), (**Q**= Quoted Longterm Liabilities= 35,351 millions USD), (**O**= Operational Surplus= 11,798 millions USD), and (**c**= C/X= Current Ratio= 1.20 times), then it's (**q**= Quick or Acid Test Ratio planned) is:

$$q = c\text{-}Vp/[360(I\{U+[O\text{-}I\text{-}T][1\text{-}d]\}\text{-}Q)]$$
$$= 1.2000 - 9{,}746*240/[360(0{,}9900\{64{,}720\} + [11{,}798 - 513 - 3{,}385][1 - 0.3000]\} - 35{,}351)]$$
$$= 1.01 \text{ times}$$

Finance Construction-8, *Tim Asikin, Steve Asikin, Indra Senihardja*

Law-6434:

If both (**l**= L/E= Leverage or Gearing Ratio= 99.00%), (**T**= Tax Paid= 3,385 millions USD), (**S**= Sales or Revenues= 51,294 millions USD), (**v**= V/S= Variable Portion= 19.00%), (**d**= D/A= Dividend Portion or Payout= 30.00%), (**p**= 360 P/V= Procured Inventory Days= 240 Days), (**I**= Interest Expense= 513 millions USD), (**U**= Utilized or Starting Capital= 64,720 millions USD), (**q**= [C-P]/X= Quick or Acid Test Ratio= 1.01 times), (**O**= Operational Surplus= 11,798 millions USD), and (**c**= C/X= Current Ratio= 1.20 times), then it's (**Q**= Quoted Longterm Liabilities planned) is:

$$Q = l\{U+[O-I-T][1-d]\}-Svp/\{360[c-q]\}$$
$$= 0.9900\{64,720]+[11,798-513$$
$$-3,385][1-0.3000]\}-51,294$$
$$*0.1900*240/\{360[1.2000$$
$$-1.0100]\}$$
$$= \underline{35,351} \text{ millions USD}$$

Law-6435:
If both (**Q**= Quoted Longterm Liabilities= 35,351 millions USD), (**T**= Tax Paid= 3,385 millions USD), (**$**= Sales or Revenues= 51,294 millions USD), (**v**= V/S= Variable Portion= 19.00%), (**d**= D/A= Dividend Portion or Payout= 30.00%), (**p**= 360 P/V= Procured Inventory Days= 240 Days), (**I**= Interest Expense= 513 millions USD), (**U**= Utilized or Starting Capital= 64,720 millions USD), (**q**= [C-P]/X= Quick or Acid Test Ratio= 1.01 times), (**O**= Operational Surplus= 11,798 millions USD), and (**c**= C/X= Current Ratio= 1.20 times), then it's (**l** = Leverage or Gearing Ratio planned) is:

l = (**$vp**/{360[**c-q**]}+**Q**)/{**U**+[**O-I-T**][1-**d**]}
   = (51,294*0.1900*240/{360[1.2000
       -1.0100]}+35,351)/{64,720]
       +[11,798-513-3,385]
       [1-0.3000]}
   = 99.00%

Law-6436:

If both (**Q**= Quoted Longterm Liabilities= 35,351 millions USD), (**T**= Tax Paid= 3,385 millions USD), (**$**= Sales or Revenues= 51,294 millions USD), (**v**= V/S= Variable Portion= 19.00%), (**d**= D/A= Dividend Portion or Payout= 30.00%), (**p**= 360 P/V= Procured Inventory Days= 240 Days), (**I**= Interest Expense= 513 millions USD), (**l**= L/E= Leverage or Gearing Ratio= 99.00%), (**q**= [C-P]/X= Quick or Acid Test Ratio= 1.01 times), (**O**= Operational Surplus= 11,798 millions USD), and (**c**= C/X= Current Ratio= 1.20 times), then it's (**U**= Utilized or Starting Capital planned) is:

U= **[($vp**/{360[**c-q**]}+**Q**)/**l**]-[**O-I-T**][1-**d**]
 = **[**(51,294*0.1900*240/{360[1.2000
   -1.0100]}+35,351)/0.9900**]**
   -[11,798-513-3,385]
   [1-0.3000]
 = 64,720 millions USD

Law-6437:
If both (**Q**= Quoted Longterm Liabilities= 35,351 millions USD), (**T**= Tax Paid= 3,385 millions USD), (**$**= Sales or Revenues= 51,294 millions USD), (**v**= V/S= Variable Portion= 19.00%), (**d**= D/A= Dividend Portion or Payout= 30.00%), (**p**= 360 P/V= Procured Inventory Days= 240 Days), (**I**= Interest Expense= 513 millions USD), (**F**= L/E= Leverage or Gearing Ratio= 99.00%), (**q**= [C-P]/X= Quick or Acid Test Ratio= 1.01 times), (**U**= Utilized or Starting Capital= 64,720 millions USD), and (**c**= C/X= Current Ratio= 1.20 times), then it's (**O**= Operational Surplus planned) is:

O= **I**+**T**+[(**$vp**/{360[**c**-**q**]}+**Q**)/**I** -**U**]/[1-**d**]
= 513+3,385 +[(51,294*0.1900*240
/{360[1.2000-1.0100]}
+35,351)/0.9900-64,720]
/[1-0.3000]
= 11,798 millions USD

Finance Construction-8, *Tim Asikin, Steve Asikin, Indra Senihardja*

Law-6438:
If both (**Q**= Quoted Longterm Liabilities= 35,351 millions USD), (**T**= Tax Paid= 3,385 millions USD), (**$**= Sales or Revenues= 51,294 millions USD), (**v**= V/S= Variable Portion= 19.00%), (**d**= D/A= Dividend Portion or Payout= 30.00%), (**p**= 360 P/V= Procured Inventory Days= 240 Days), (**O**= Operational Surplus= 11,798 millions USD), (**l**= L/E= Leverage or Gearing Ratio= 99.00%), (**q**= [C-P]/X= Quick or Acid Test Ratio= 1.01 times), (**U**= Utilized or Starting Capital= 64,720 millions USD), and (**c**= C/X= Current Ratio= 1.20 times), then it's (**I**= Interest Expense planned) is:

$$I = O-T-[(\$vp/\{360[c-q]\}+Q)/l -U]/[1-d]$$
$$= 11{,}798-3{,}385-[(51{,}294*0.1900$$
$$*240/\{360[1.2000-1.0100]\}$$
$$+35{,}351)/0.9900-64{,}720]$$
$$/[1-0.3000]$$
$$= \underline{513} \text{ millions USD}$$

Law-6439:

If both (**Q**= Quoted Longterm Liabilities= 35,351 millions USD), (**I**= Interest Expense= 513 millions USD), (**S**= Sales or Revenues= 51,294 millions USD), (**v**= V/S= Variable Portion= 19.00%), (**d**= D/A= Dividend Portion or Payout= 30.00%), (**p**= 360 P/V= Procured Inventory Days= 240 Days), (**O**= Operational Surplus= 11,798 millions USD), (**l**= L/E= Leverage or Gearing Ratio= 99.00%), (**q**= [C-P]/X= Quick or Acid Test Ratio= 1.01 times), (**U**= Utilized or Starting Capital= 64,720 millions USD), and (**c**= C/X= Current Ratio= 1.20 times), then it's (**T**= Tax Paid planned) is:

$$T = O-I-[(Svp/\{360[c-q]\}+Q)/l-U]/[1-d]$$
$$= 11{,}798-513-[(51{,}294*0.1900*240/\{360[1.2000-1.0100]\}+35{,}351)/0.9900-64{,}720]/[1-0.3000]$$
$$= 3{,}385 \text{ millions USD}$$

Finance Construction-8, *Tim Asikin, Steve Asikin, Indra Senihardja*

<u>Law-6440</u>:

If both (**Q**= Quoted Longterm Liabilities= <u>35,351</u> millions USD), (**I**= Interest Expense= <u>513</u> millions USD), (**S**= Sales or Revenues= <u>51,294</u> millions USD), (**v**= V/S= Variable Portion= <u>19.00</u>%), (**T**= Tax Paid= <u>3,385</u> millions USD), (**p**= 360 P/V= Procured Inventory Days= <u>240</u> Days), (**O**= Operational Surplus= <u>11,798</u> millions USD), (**l**= L/E= Leverage or Gearing Ratio= <u>99.00</u>%), (**q**= [C-P]/X= Quick or Acid Test Ratio= <u>1.01</u> times), (**U**= Utilized or Starting Capital= <u>64,720</u> millions USD), and (**c**= C/X= Current Ratio= <u>1.20</u> times), then it's (**d**= Dividend Portion or Payout planned) is:

$$d = 1 - [(Svp/\{360[c-q]\} + Q)/I - U]/[O-I-T]$$
$$= 1 - [(51{,}294 * 0.1900 * 240/\{360[1.2000 - 1.0100]\} + 35{,}351)/0.9900 - 64{,}720]/[11{,}798 - 513 - 3{,}385]$$
$$= \underline{30.00}\%$$

Law-6441:
If both (**Q**= Quoted Longterm Liabilities= 35,351 millions USD), (**I**= Interest Expense= 513 millions USD), (**d**= D/A= Dividend Portion or Payout= 30.00%), (**v**= V/S= Variable Portion= 19.00%), (**T**= Tax Paid= 3,385 millions USD), (**p**= 360 P/V= Procured Inventory Days= 240 Days), (**O**= Operational Surplus= 11,798 millions USD), (**l**= L/E= Leverage or Gearing Ratio= 99.00%), (**q**= [C-P]/X= Quick or Acid Test Ratio= 1.01 times), (**U**= Utilized or Starting Capital= 64,720 millions USD), and (**c**= C/X= Current Ratio= 1.20 times), then it's (**S**= Sales or Revenues planned) is:

$$S = 360[c-q](l\{U+[O-I-T][1-d]\}-Q)/[vp]$$
$$= 360[1.2000-1.0100](0.9900$$
$$\{64,720+[11,798-513-3,385]$$
$$[1-0.3000]\}-35,531)$$
$$/[0.1900*240]$$
$$= \underline{51,294} \text{ millions USD}$$

Law-6442:

If both (**Q**= Quoted Longterm Liabilities= 35,351 millions USD), (**I**= Interest Expense= 513 millions USD), (**d**= D/A= Dividend Portion or Payout= 30.00%), (**$**= Sales or Revenues= 51,294 millions USD), (**T**= Tax Paid= 3,385 millions USD), (**p**= 360 P/V= Procured Inventory Days= 240 Days), (**O**= Operational Surplus= 11,798 millions USD), (**l**= L/E= Leverage or Gearing Ratio= 99.00%), (**q**= [C-P]/X= Quick or Acid Test Ratio= 1.01 times), (**U**= Utilized or Starting Capital= 64,720 millions USD), and (**c**= C/X= Current Ratio= 1.20 times), then it's (**v**= Variable Portion planned) is:

$$v = 360[c-q](l\{U+[O-I-T][1-d]\}-Q)/[\$p]$$
$$= 360[1.2000-1.0100](0.9900$$
$$\{64,720+[11,798-513-3,385]$$
$$[1-0.3000]\}-35,531)$$
$$/[51,294*240]$$
$$= \underline{19.00\%}$$

Law-6443:

If both (**Q**= Quoted Longterm Liabilities= 35,351 millions USD), (**I**= Interest Expense= 513 millions USD), (**d**= D/A= Dividend Portion or Payout= 30.00%), (**S**= Sales or Revenues= 51,294 millions USD), (**T**= Tax Paid= 3,385 millions USD), (**v**= V/S= Variable Portion= 19.00%), (**O**= Operational Surplus= 11,798 millions USD), (**I**= L/E= Leverage or Gearing Ratio= 99.00%), (**q**= [C-P]/X= Quick or Acid Test Ratio= 1.01 times), (**U**= Utilized or Starting Capital= 64,720 millions USD), and (**c**= C/X= Current Ratio= 1.20 times), then it's (**p**= Procured Inventory Days planned) is:

$$p = 360[c-q](I\{U+[O-I-T][1-d]\}-Q)/[Sv]$$
$$= 360[1.2000-1.0100](0.9900\{64,720+[11,798-513-3,385][1-0.3000]\}-35,531)/[51,294*0.1900]$$
$$= \underline{240} \text{ days}$$

Law-6444:

If both (**Q**= Quoted Longterm Liabilities= 35,351 millions USD), (**I**= Interest Expense= 513 millions USD), (**d**= D/A= Dividend Portion or Payout= 30.00%), (**S**= Sales or Revenues= 51,294 millions USD), (**T**= Tax Paid= 3,385 millions USD), (**v**= V/S= Variable Portion= 19.00%), (**O**= Operational Surplus= 11,798 millions USD), (**I**= L/E= Leverage or Gearing Ratio= 99.00%), (**q**= [C-P]/X= Quick or Acid Test Ratio= 1.01 times), (**U**= Utilized or Starting Capital= 64,720 millions USD), and (**p**= 360 P/V= Procured Inventory Days= 240 Days), then it's (**c**= Current Ratio planned) is:

$$p = q + Svp/[360(I\{U+[O-I-T][1-d]\}-Q)]$$
$$= 1.0100 + 51,294*0.1900*240$$
$$/[360\,(0.9900\{64,720$$
$$+[11,798-513-3,385]$$
$$[1-0.3000]\}-35,531)]$$
$$= \underline{1.20} \text{ times}$$

Law-6445:

If both (**Q**= Quoted Longterm Liabilities= 35,351 millions USD), (**I**= Interest Expense= 513 millions USD), (**d**= D/A= Dividend Portion or Payout= 30.00%), (**S**= Sales or Revenues= 51,294 millions USD), (**T**= Tax Paid= 3,385 millions USD), (**v**= V/S= Variable Portion= 19.00%), (**O**= Operational Surplus= 11,798 millions USD), (**l**= L/E= Leverage or Gearing Ratio= 99.00%), (**c**= C/X= Current Ratio= 1.20 times), (**U**= Utilized or Starting Capital= 64,720 millions USD), and (**p**= 360 P/V= Procured Inventory Days= 240 Days), then it's (**q**= Quick or Acid Test Ratio planned) is:

$$q = c\text{-}Svp/[360(I\{U+[O\text{-}I\text{-}T][1\text{-}d]\}\text{-}Q)]$$
$$= 1.2000 - 51{,}294*0.1900*240/[360(0.9900\{64{,}720+[11{,}798-513-3{,}385][1-0.3000]\}-35{,}531)]$$
$$= 1.01 \text{ times}$$

Finance Construction-8, *Tim Asikin, Steve Asikin, Indra Senihardja*

Law-6446:

If both (**I**= Interest Expense= 513 millions USD), (**d**= D/A= Dividend Portion or Payout= 30.00%), (**S'**= Sales of Past Year= 48,851 millions USD), (**s**= [S/S']-1= Sales Growth= 5.00%), (**c**= C/X= Current Ratio= 1.20 times), (**T**= Tax Paid= 3,385 millions USD), (**v**= V/S= Variable Portion= 19.00%), (**O**= Operational Surplus= 11,798 millions USD), (**l**= L/E= Leverage or Gearing Ratio= 99.00%), (**q**= [C-P]/X= Quick or Acid Test Ratio= 1.01 times), (**U**= Utilized or Starting Capital= 64,720 millions USD), and (**p**= 360 P/V= Procured Inventory Days= 240 Days), then it's (**Q**= Quoted Longterm Liabilities planned) is:

$$Q = l\{U+[O-I-T][1-d]\} - S'vp[1+s]$$
$$/\{360[c-q]\}$$
$$= 0.9900\{64,720+[11,798-513$$
$$-3,385][1-0.3000]\}-48,851$$
$$*0.1900*240[1+0.0500]/\{360$$
$$[1.2000-1.0100]\}$$
$$= 35,351 \text{ millions USD}$$

Law-6447:

If both (**I**= Interest Expense= 513 millions USD), (**d**= D/A= Dividend Portion or Payout= 30.00%), (**S'**= Sales of Past Year= 48,851 millions USD), (**s**= [S/S']-1= Sales Growth= 5.00%), (**c**= C/X= Current Ratio= 1.20 times), (**T**= Tax Paid= 3,385 millions USD), (**v**= V/S= Variable Portion= 19.00%), (**O**= Operational Surplus= 11,798 millions USD), (**Q**= Quoted Longterm Liabilities= 35,351 millions USD), (**q**= [C-P]/X= Quick or Acid Test Ratio= 1.01 times), (**U**= Utilized or Starting Capital= 64,720 millions USD), and (**p**= 360 P/V= Procured Inventory Days= 240 Days), then it's (**I** = Leverage or Gearing Ratio planned) is:

$$I = (S'vp[1+s]/\{360[c-q]\}+Q)/\{U+[O-I-T][1-d]\}$$
$$= (48,851*0.1900*240[1+0.0500]/\{360[1.2000-1.0100]\}+35,351)/\{64,720+[11,798-513-3,385][1-0.3000]\}$$
$$= 99.00\%$$

Law-6448:

If both (I= Interest Expense= 513 millions USD), (d= D/A= Dividend Portion or Payout= 30.00%), ($'= Sales of Past Year= 48,851 millions USD), (s= [S/S']-1= Sales Growth= 5.00%), (c= C/X= Current Ratio= 1.20 times), (T= Tax Paid= 3,385 millions USD), (v= V/S= Variable Portion= 19.00%), (O= Operational Surplus= 11,798 millions USD), (Q= Quoted Longterm Liabilities= 35,351 millions USD), (q= [C-P]/X= Quick or Acid Test Ratio= 1.01 times), (l= L/E= Leverage or Gearing Ratio= 99.00%), and (p= 360 P/V= Procured Inventory Days= 240 Days), then it's (U= Utilized or Starting Capital planned) is:

$$U = [(\$'vp[1+s]/\{360[c-q]\}) + Q]/l - [O-I-T][1-d]\}$$
$$= [(48,851*0.1900*240[1+0.0500] /\{360[1.2000-1.0100]\}) +35,351]/0.9900-[11,798 -513-3,385][1-0.3000]\}$$
$$= 64,720 \text{ millions USD}$$

Law-6449:

If both (**I**= Interest Expense= 513 millions USD), (**d**= D/A= Dividend Portion or Payout= 30.00%), (**S'**= Sales of Past Year= 48,851 millions USD), (**s**= [S/S']-1= Sales Growth= 5.00%), (**c**= C/X= Current Ratio= 1.20 times), (**T**= Tax Paid= 3,385 millions USD), (**v**= V/S= Variable Portion= 19.00%), (**U**= Utilized or Starting Capital= 64,720 millions USD), (**Q**= Quoted Longterm Liabilities= 35,351 millions USD), (**q**= [C-P]/X= Quick or Acid Test Ratio= 1.01 times), (**I**= L/E= Leverage or Gearing Ratio= 99.00%), and (**p**= 360 P/V= Procured Inventory Days= 240 Days), then it's (**O**= Operational Surplus planned) is:

$$O = I+T+[(Q+S'vp[1+s]/\{360[c-q]\})/I-U]/[1-d]\}$$
$$= 513+3,385+[(35,351+48,851*0.1900*240[1+0.0500]/\{360[1.2000-1.0100]\})/0.9900-64,720]/[1-0.3000]$$
$$= 11,798 \text{ millions USD}$$

Law-6450:

If both (**O**= Operational Surplus= 11,798 millions USD), (**d**= D/A= Dividend Portion or Payout= 30.00%), (**S'**= Sales of Past Year= 48,851 millions USD), (**s**= [S/S']-1= Sales Growth= 5.00%), (**c**= C/X= Current Ratio= 1.20 times), (**T**= Tax Paid= 3,385 millions USD), (**v**= V/S= Variable Portion= 19.00%), (**U**= Utilized or Starting Capital= 64,720 millions USD), (**Q**= Quoted Longterm Liabilities= 35,351 millions USD), (**q**= [C-P]/X= Quick or Acid Test Ratio= 1.01 times), (**l**= L/E= Leverage or Gearing Ratio= 99.00%), and (**p**= 360 P/V= Procured Inventory Days= 240 Days), then it's (**I**= Interest Expense planned) is:

$$I = O-T-[(Q+S'vp[1+s]/\{360[c-q]\})/l-U]/[1-d]$$
$$= 11{,}798-3{,}385-[(35{,}351+48{,}851\\
*0.1900*240[1+0.0500]\\
/\{360[1.2000-1.0100]\})\\
/0.9900-64{,}720]/[1-0.3000]$$
$$= 513 \text{ millions USD}$$

Law-6451:

If both (**O**= Operational Surplus= 11,798 millions USD), (**d**= D/A= Dividend Portion or Payout= 30.00%), (**S'**= Sales of Past Year= 48,851 millions USD), (**s**= [S/S']-1= Sales Growth= 5.00%), (**c**= C/X= Current Ratio= 1.20 times), (**I**= Interest Expense= 513 millions USD), (**v**= V/S= Variable Portion= 19.00%), (**U**= Utilized or Starting Capital= 64,720 millions USD), (**Q**= Quoted Longterm Liabilities= 35,351 millions USD), (**q**= [C-P]/X= Quick or Acid Test Ratio= 1.01 times), (**l**= L/E= Leverage or Gearing Ratio= 99.00%), and (**p**= 360 P/V= Procured Inventory Days= 240 Days), then it's (**T**= Tax Paid planned) is:

T= **O**-**I**-[(**Q**+**S'vp**[1+**s**]/{360[**c**-**q**]})/**l** -**U**]
/[1-**d**]

= 11,798-513-**[**(35,351+48,851
*0.1900*240[1+0.0500]
/{360[1.2000-1.0100]})
/0.9900**]**-64,720}/[1-0.3000]

= 3,385 millions USD

Law-6452:

If both (**O**= Operational Surplus= 11,798 millions USD), (**I**= Interest Expense= 513 millions USD), (**$'**= Sales of Past Year= 48,851 millions USD), (**s**= [S/S']-1= Sales Growth= 5.00%), (**c**= C/X= Current Ratio= 1.20 times), (**T**= Tax Paid= 3,385 millions USD), (**v**= V/S= Variable Portion= 19.00%), (**U**= Utilized or Starting Capital= 64,720 millions USD), (**Q**= Quoted Longterm Liabilities= 35,351 millions USD), (**q**= [C-P]/X= Quick or Acid Test Ratio= 1.01 times), (**l**= L/E= Leverage or Gearing Ratio= 99.00%), and (**p**= 360 P/V= Procured Inventory Days= 240 Days), then it's (**d**= Dividend Portion planned) is:

$$d = 1 - [(Q + S'vp[1+s]/\{360[c-q]\})/l - U]/[O-I-T]$$
$$= 1 - [(35,351 + 48,851*0.1900*240[1+0.0500]/\{360[1.2000 - 1.0100]\})/0.9900 - 64,720]/[11,798 - 513 - 3,385]$$
$$= 30.00\%$$

Finance Construction-8, *Tim Asikin, Steve Asikin, Indra Senihardja*

<u>Law-6453</u>:

If both (**O**= Operational Surplus= <u>11,798</u> millions USD), (**I**= Interest Expense= <u>513</u> millions USD), (**d**= D/A= Dividend Portion or Payout= 30.00%), (**s**= [S/S']-1= Sales Growth= <u>5.00</u>%), (**c**= C/X= Current Ratio= <u>1.20</u> times), (**T**= Tax Paid= <u>3,385</u> millions USD), (**v**= V/S= Variable Portion= <u>19.00</u>%), (**U**= Utilized or Starting Capital= <u>64,720</u> millions USD), (**Q**= Quoted Longterm Liabilities= <u>35,351</u> millions USD), (**q**= [C-P]/X= Quick or Acid Test Ratio= <u>1.01</u> times), (**l**= L/E= Leverage or Gearing Ratio= <u>99.00</u>%), and (**p**= 360 P/V= Procured Inventory Days= <u>240</u> Days), then it's (**S'**= Sales Past) must be:

S'= 360[**c-q**](**l** {**U**+[**O-I-T**][1-**d**]}-**Q**)
/{**vp**[1+**s**]}
= 360[1.2000-1.0100](0.9900{64,720
+[11,798-513-3,385]
[1-0.3000]}-35,351)/{0.1900
*240[1+0.0500]}
= <u>48,851</u> millions USD

Law-6454:

If both (**O**= Operational Surplus= 11,798 millions USD), (**I**= Interest Expense= 513 millions USD), (**d**= D/A= Dividend Portion or Payout= 30.00%), (**s**= [S/S']-1= Sales Growth= 5.00%), (**c**= C/X= Current Ratio= 1.20 times), (**T**= Tax Paid= 3,385 millions USD), (**S'**= Sales of Past Year= 48,851 millions USD), (**U**= Utilized or Starting Capital= 64,720 millions USD), (**Q**= Quoted Longterm Liabilities= 35,351 millions USD), (**q**= [C-P]/X= Quick or Acid Test Ratio= 1.01 times), (**l**= L/E= Leverage or Gearing Ratio= 99.00%), and (**p**= 360 P/V= Procured Inventory Days= 240 Days), then it's (**v**= Variable Portion planned) is:

$$v = 360[c-q](l\{U+[O-I-T][1-d]\}-Q)/\{S'p[1+s]\}$$
$$= 360[1.2000-1.0100](0.9900\{64,720 +[11,798-513-3,385][1-0.3000]\}-35,351)/\{48,851*240[1+0.0500]\}$$
$$= 19.00\%$$

Law-6455:

If both (**O**= Operational Surplus= 11,798 millions USD), (**I**= Interest Expense= 513 millions USD), (**d**= D/A= Dividend Portion or Payout= 30.00%), (**s**= [S/S']-1= Sales Growth= 5.00%), (**c**= C/X= Current Ratio= 1.20 times), (**T**= Tax Paid= 3,385 millions USD), (**S'**= Sales of Past Year= 48,851 millions USD), (**U**= Utilized or Starting Capital= 64,720 millions USD), (**Q**= Quoted Longterm Liabilities= 35,351 millions USD), (**q**= [C-P]/X= Quick or Acid Test Ratio= 1.01 times), (**l**= L/E= Leverage or Gearing Ratio= 99.00%), and (**v**= V/S= Variable Portion= 19.00%), then it's (**p**= Procured Inventory Days planned) is:

$$\mathbf{p} = 360[\mathbf{c}\text{-}\mathbf{q}](\mathbf{\mathit{l}}\{\mathbf{U}+[\mathbf{O}\text{-}\mathbf{I}\text{-}\mathbf{T}][1\text{-}\mathbf{d}]\}\text{-}\mathbf{Q})$$
$$/\{\mathbf{S'v}[1+\mathbf{s}]\}$$
$$= 360[1.2000\text{-}1.0100](0.9900$$
$$\{64,720+[11,798\text{-}513\text{-}3,385]$$
$$[1\text{-}0.3000]\}\text{-}35,351)/\{48,851$$
$$*0.1900[1+0.0500]\}$$
$$= \underline{240} \text{ days}$$

Law-6456:
If both (**O**= Operational Surplus= 11,798 millions USD), (**I**= Interest Expense= 513 millions USD), (**d**= D/A= Dividend Portion or Payout= 30.00%), (**p**= 360 P/V= Procured Inventory Days= 240 Days), (**c**= C/X= Current Ratio= 1.20 times), (**T**= Tax Paid= 3,385 millions USD), (**$'**= Sales of Past Year= 48,851 millions USD), (**U**= Utilized or Starting Capital= 64,720 millions USD), (**Q**= Quoted Longterm Liabilities= 35,351 millions USD), (**q**= [C-P]/X= Quick or Acid Test Ratio= 1.01 times), (**l**= L/E= Leverage or Gearing Ratio= 99.00%), and (**v**= V/S= Variable Portion= 19.00%), then it's (**s**= Sales Growth planned) is:

$s = 360[\mathbf{c-q}](\mathbf{\mathit{l}}\{\mathbf{U}+[\mathbf{O}-\mathbf{I}-\mathbf{T}][1-\mathbf{d}]\}-\mathbf{Q})$
$\quad /[\mathbf{\$'vp}]-1$
$= 360[1.2000-1.0100](0.9900\{64,720$
$\quad +[11,798-513-3,385]$
$\quad [1-0.3000]\}-35,351)/[48,851$
$\quad *0.1900*240]-1$
$= \underline{5.00}\%$

Law-6457:

If both (**O**= Operational Surplus= 11,798 millions USD), (**I**= Interest Expense= 513 millions USD), (**d**= D/A= Dividend Portion or Payout= 30.00%), (**p**= 360 P/V= Procured Inventory Days= 240 Days), (**s**= [S/S']-1= Sales Growth= 5.00%), (**T**= Tax Paid= 3,385 millions USD), (**S'**= Sales of Past Year= 48,851 millions USD), (**U**= Utilized or Starting Capital= 64,720 millions USD), (**Q**= Quoted Longterm Liabilities= 35,351 millions USD), (**q**= [C-P]/X= Quick or Acid Test Ratio= 1.01 times), (**l**= L/E= Leverage or Gearing Ratio= 99.00%), and (**v**= V/S= Variable Portion= 19.00%), then it's (**c**= Current Ratio planned) is:

$$c = q+S'\upsilon p[1+s]/[360(I\{U+[O-I-T][1-d]\}-Q)]$$
$$= 1.0100+48,851*0.1900*240$$
$$[1+0.0500]/[360(0.9900$$
$$\{64,720+[11,798-513-3,385]$$
$$[1-0.3000]\}-35,351)]$$
$$= 1.20 \text{ times}$$

Law-6458:

If both (**O**= Operational Surplus= 11,798 millions USD), (**I**= Interest Expense= 513 millions USD), (**d**= D/A= Dividend Portion or Payout= 30.00%), (**p**= 360 P/V= Procured Inventory Days= 240 Days), (**s**= [S/S']-1= Sales Growth= 5.00%), (**T**= Tax Paid= 3,385 millions USD), (**S'**= Sales of Past Year= 48,851 millions USD), (**U**= Utilized or Starting Capital= 64,720 millions USD), (**Q**= Quoted Longterm Liabilities= 35,351 millions USD), (**c**= C/X= Current Ratio= 1.20 times), (**l**= L/E= Leverage or Gearing Ratio= 99.00%), and (**v**= V/S= Variable Portion= 19.00%), then it's (**q**= Quick or Acid Test Ratio planned) is:

$$q = c - S'vp[1+s]/[360(I\{U+[O-I-T][1-d]\}-Q)]$$
$$= 1.2000 - 48,851*0.1900*240$$
$$[1+0.0500]/[360(0.9900$$
$$\{64,720+[11,798-513-3,385]$$
$$[1-0.3000]\}-35,351)]$$
$$= 1.01 \text{ times}$$

Law-6459:

If both (**O**= Operational Surplus= 11,798 millions USD), (**T**= Tax Paid= 3,385 millions USD), (**I**= Interest Expense= 513 millions USD), (**d**= D/A= Dividend Portion or Payout= 30.00%), (**A**= After Tax Income= 7,899 millions USD), (**U**= Utilized or Starting Capital= 64,720 millions USD), (**l**= L/E= Leverage or Gearing Ratio= 99.00%), and (**X**= Xpress or Current Debt= 34,196 millions USD), then it's (**Q**= Quoted Longterm Liabilities planned) is:

$$Q = l[U+O-I-T-Ad]-X$$
$$= 0.9900[64,720+11,798-513-3,385$$
$$-7,899*0.3000]-34,196$$
$$= 35,351 \text{ millions USD}$$

Law-6460:
If both (**O**= Operational Surplus= 11,798 millions USD), (**T**= Tax Paid= 3,385 millions USD), (**I**= Interest Expense= 513 millions USD), (**d**= D/A= Dividend Portion or Payout= 30.00%), (**A**= After Tax Income= 7,899 millions USD), (**U**= Utilized or Starting Capital= 64,720 millions USD), (**Q**= Quoted Longterm Liabilities= 35,351 millions USD), and (**X**= Xpress or Current Debt= 34,196 millions USD), then it's (**l** = Leverage or Gearing Ratio planned) is:

$$l = [Q+X]/[U+O-I-T-Ad]$$
$$= [35,351+34,196]/[64,720+11,798 -513-3,385-7,899*0.3000]$$
$$= \underline{99.00\%}$$

Finance Construction-8, *Tim Asikin, Steve Asikin, Indra Senihardja*

Law-6461:

If both (**O**= Operational Surplus= 11,798 millions USD), (**T**= Tax Paid= 3,385 millions USD), (**I**= Interest Expense= 513 millions USD), (**d**= D/A= Dividend Portion or Payout= 30.00%), (**A**= After Tax Income= 7,899 millions USD), (**I**= L/E= Leverage or Gearing Ratio= 99.00%), (**Q**= Quoted Longterm Liabilities= 35,351 millions USD), and (**X**= Xpress or Current Debt= 34,196 millions USD), then it's (**U**= Utilized or Starting Capital planned) is:

$$U = I + T + Ad - O + [Q + X]/I$$
$$= 513 + 3,385 + 7,899 \cdot 0.3000 - 11,798$$
$$+ [35,351 + 34,196]/0.9900$$
$$= \underline{64,720} \text{ millions USD}$$

Finance Construction-8, *Tim Asikin, Steve Asikin, Indra Senihardja*

Law-6462:

If both (**T**= Tax Paid= 3,385 millions USD), (**I**= Interest Expense= 513 millions USD), (**U**= Utilized or Starting Capital= 64,720 millions USD), (**d**= D/A= Dividend Portion or Payout= 30.00%), (**A**= After Tax Income= 7,899 millions USD), (**I**= L/E= Leverage or Gearing Ratio= 99.00%), (**Q**= Quoted Longterm Liabilities= 35,351 millions USD), and (**X**= Xpress or Current Debt= 34,196 millions USD), then it's (**O**= Operational Surplus planned) is:

$$O = I+T+Ad-U+[Q+X]/I$$
$$= 513+3,385+7,899*0.3000-64,720$$
$$+[35,351+34,196]/0.9900$$
$$= \underline{11,798} \text{ millions USD}$$

Law-6463:

If both (**T**= Tax Paid= 3,385 millions USD), (**O**= Operational Surplus= 11,798 millions USD), (**U**= Utilized or Starting Capital= 64,720 millions USD), (**d**= D/A= Dividend Portion or Payout= 30.00%), (**A**= After Tax Income= 7,899 millions USD), (**l**= L/E= Leverage or Gearing Ratio= 99.00%), (**Q**= Quoted Longterm Liabilities= 35,351 millions USD), and (**X**= Xpress or Current Debt= 34,196 millions USD), then it's (**I**= Interest Expense planned) is:

I= U+O-T-Ad-[Q+X]/l

$= 64{,}720+11{,}798-3{,}385-7{,}899*0.3000$
$-[35{,}351+34{,}196]/0.9900$
$= \underline{513}$ millions USD

Law-6464:
If both (**I**= Interest Expense= 513 millions USD), (**O**= Operational Surplus= 11,798 millions USD), (**U**= Utilized or Starting Capital= 64,720 millions USD), (**d**= D/A= Dividend Portion or Payout= 30.00%), (**A**= After Tax Income= 7,899 millions USD), (**l**= L/E= Leverage or Gearing Ratio= 99.00%), (**Q**= Quoted Longterm Liabilities= 35,351 millions USD), and (**X**= Xpress or Current Debt= 34,196 millions USD), then it's (**T**= Tax Paid planned) is:

$$T = U+O-I-Ad-[Q+X]/l$$
$$= 64{,}720+11{,}798-513-7{,}899*0.3000$$
$$-[35{,}351+34{,}196]/0.9900$$
$$= 3{,}385 \text{ millions USD}$$

Finance Construction-8, *Tim Asikin, Steve Asikin, Indra Senihardja*

Law-6465:

If both (**I**= Interest Expense= 513 millions USD), (**O**= Operational Surplus= 11,798 millions USD), (**U**= Utilized or Starting Capital= 64,720 millions USD), (**d**= D/A= Dividend Portion or Payout= 30.00%), (**T**= Tax Paid= 3,385 millions USD), (**l**= L/E= Leverage or Gearing Ratio= 99.00%), (**Q**= Quoted Longterm Liabilities= 35,351 millions USD), and (**X**= Xpress or Current Debt= 34,196 millions USD), then it's (**A**= After Tax Income planned) is:

$$A = \{U+O-I-T-[Q+X]/l\}/d$$
$$= \{64,720+11,798-513-3,385-[35,351+34,196]/0.9900\}/0.3000$$
$$= 7,899 \text{ millions USD}$$

Law-6466:

If both (**I**= Interest Expense= 513 millions USD), (**O**= Operational Surplus= 11,798 millions USD), (**U**= Utilized or Starting Capital= 64,720 millions USD), (**A**= After Tax Income= 7,899 millions USD), (**T**= Tax Paid= 3,385 millions USD), (**I**= L/E= Leverage or Gearing Ratio= 99.00%), (**Q**= Quoted Longterm Liabilities= 35,351 millions USD), and (**X**= Xpress or Current Debt= 34,196 millions USD), then it's (**d**= Dividend Portion or Payout planned) is:

$$d = \{U+O-I-T-[Q+X]/I\}/A$$
$$= \{64,720+11,798-513-3,385-[35,351+34,196]/0.9900\}/7,899$$
$$= \underline{30.00\%}$$

Law-6467:

If both (**I**= Interest Expense= 513 millions USD), (**O**= Operational Surplus= 11,798 millions USD), (**U**= Utilized or Starting Capital= 64,720 millions USD), (**A**= After Tax Income= 7,899 millions USD), (**T**= Tax Paid= 3,385 millions USD), (**I**= L/E= Leverage or Gearing Ratio= 99.00%), (**Q**= Quoted Longterm Liabilities= 35,351 millions USD), and (**d**= D/A= Dividend Portion or Payout= 30.00%), then it's (**X**= Xpress or Current Debt planned) is:

$$X = I\,[U+O-I-T-Ad]-Q$$
$$= 0.9900[64{,}720+11{,}798-513-3{,}385$$
$$-7{,}899 * 0.3000]-35{,}351$$
$$= 34{,}196 \text{ millions USD}$$

Law-6468:

If both (**I**= Interest Expense= 513 millions USD), (**O**= Operational Surplus= 11,798 millions USD), (**U**= Utilized or Starting Capital= 64,720 millions USD), (**A**= After Tax Income= 7,899 millions USD), (**T**= Tax Paid= 3,385 millions USD), (**q**= [C-P]/X= Quick or Acid Test Ratio= 1.01 times), (**c**= C/X= Current Ratio= 1.20 times), (**P**= Procured Inventories= 6,497 millions USD), (**f**= L/E= Leverage or Gearing Ratio= 99.00%), and (**d**= D/A= Dividend Portion or Payout= 30.00%), then it's (**Q**= Quoted Longterm Liabilities planned) is:

$$Q = f[U+O-I-T-Ad]-P/[c-q]$$
$$= 0.9900[64,720+11,798-513-3,385$$
$$-7,899 * 0.3000]-6,497$$
$$/[1.2000-1.0100]$$
$$= 35,351 \text{ millions USD}$$

Law-6469:

If both (**I**= Interest Expense= 513 millions USD), (**O**= Operational Surplus= 11,798 millions USD), (**U**= Utilized or Starting Capital= 64,720 millions USD), (**A**= After Tax Income= 7,899 millions USD), (**T**= Tax Paid= 3,385 millions USD), (**q**= [C-P]/X= Quick or Acid Test Ratio= 1.01 times), (**c**= C/X= Current Ratio= 1.20 times), (**P**= Procured Inventories= 6,497 millions USD), (**Q**= Quoted Longterm Liabilities= 35,351 millions USD), and (**d**= D/A= Dividend Portion or Payout= 30.00%), then it's (***l*** = Leverage or Gearing Ratio planned) is:

$$l = \{Q+P/[c-q]\}/[U+O-I-T-Ad]$$
$$= \{35,351+6,497/[1.2000-1.0100]\}$$
$$/[64,720+11,798-513-3,385$$
$$-7,899*0.3000]$$
$$= 99.00\%$$

Finance Construction-8, *Tim Asikin, Steve Asikin, Indra Senihardja*

Law-6470:
If both (**I**= Interest Expense= 513 millions USD), (**O**= Operational Surplus= 11,798 millions USD), (**l**= L/E= Leverage or Gearing Ratio= 99.00%), (**A**= After Tax Income= 7,899 millions USD), (**T**= Tax Paid= 3,385 millions USD), (**q**= [C-P]/X= Quick or Acid Test Ratio= 1.01 times), (**c**= C/X= Current Ratio= 1.20 times), (**P**= Procured Inventories= 6,497 millions USD), (**Q**= Quoted Longterm Liabilities= 35,351 millions USD), and (**d**= D/A= Dividend Portion or Payout= 30.00%), then it's (**U**= Utilized or Starting Capital planned) is:

$$U = I+T+Ad-O+\{Q+P/[c-q]\}/l$$
$$= 513+3,385+7,899*0.3000-11,798$$
$$+\{35,351+6,497/[1.2000$$
$$-1.0100]\}/0.9900$$
$$= 64,720 \text{ millions USD}$$

Law-6471:

If both (**I**= Interest Expense= 513 millions USD), (**U**= Utilized or Starting Capital= 64,720 millions USD), (**l**= L/E= Leverage or Gearing Ratio= 99.00%), (**A**= After Tax Income= 7,899 millions USD), (**T**= Tax Paid= 3,385 millions USD), (**q**= [C-P]/X= Quick or Acid Test Ratio= 1.01 times), (**c**= C/X= Current Ratio= 1.20 times), (**P**= Procured Inventories= 6,497 millions USD), (**Q**= Quoted Longterm Liabilities= 35,351 millions USD), and (**d**= D/A= Dividend Portion or Payout= 30.00%), then it's (**O**= Operational Surplus planned) is:

$$O = I+T+Ad-U+\{Q+P/[c-q]\}/l$$
$$= 513+3,385+7,899*0.3000-64,720$$
$$+\{35,351+6,497/[1.2000$$
$$-1.0100]\}/0.9900$$
$$= 11,798 \text{ millions USD}$$

Finance Construction-8, *Tim Asikin, Steve Asikin, Indra Senihardja*

Law-6472:
If both (**O**= Operational Surplus= 11,798 millions USD), (**U**= Utilized or Starting Capital= 64,720 millions USD), (**I**= L/E= Leverage or Gearing Ratio= 99.00%), (**A**= After Tax Income= 7,899 millions USD), (**T**= Tax Paid= 3,385 millions USD), (**q**= [C-P]/X= Quick or Acid Test Ratio= 1.01 times), (**c**= C/X= Current Ratio= 1.20 times), (**P**= Procured Inventories= 6,497 millions USD), (**Q**= Quoted Longterm Liabilities= 35,351 millions USD), and (**d**= D/A= Dividend Portion or Payout= 30.00%), then it's (**I**= Interest Expense planned) is:

    I= **O**+**U**-**T**-**A**d-{**Q**+**P**/[**c**-**q**]}/**I**
         = 11,798+64,720-3,385-7,899*0.3000
            -{35,351+6,497/[1.2000
            -1.0100]}/0.9900
         = 513 millions USD

Finance Construction-8, *Tim Asikin, Steve Asikin, Indra Senihardja*

Law-6473:

If both (**O**= Operational Surplus= 11,798 millions USD), (**U**= Utilized or Starting Capital= 64,720 millions USD), (**I**= L/E= Leverage or Gearing Ratio= 99.00%), (**A**= After Tax Income= 7,899 millions USD), (**I**= Interest Expense= 513 millions USD), (**q**= [C-P]/X= Quick or Acid Test Ratio= 1.01 times), (**c**= C/X= Current Ratio= 1.20 times), (**P**= Procured Inventories= 6,497 millions USD), (**Q**= Quoted Longterm Liabilities= 35,351 millions USD), and (**d**= D/A= Dividend Portion or Payout= 30.00%), then it's (**T**= Tax Paid planned) is:

$$I = O+U-I-Ad-\{Q+P/[c-q]\}/I$$
$$= 11,798+64,720-513-7,899*0.3000$$
$$-\{35,351+6,497/[1.2000$$
$$-1.0100]\}/0.9900$$
$$= 3,385 \text{ millions USD}$$

Finance Construction-8, *Tim Asikin, Steve Asikin, Indra Senihardja*

<u>Law-6474</u>:

If both (**O**= Operational Surplus= <u>11,798</u> millions USD), (**U**= Utilized or Starting Capital= <u>64,720</u> millions USD), (**I**= L/E= Leverage or Gearing Ratio= <u>99.00</u>%), (**T**= Tax Paid= <u>3,385</u> millions USD), (**I**= Interest Expense= <u>513</u> millions USD), (**q**= [C-P]/X= Quick or Acid Test Ratio= <u>1.01</u> times), (**c**= C/X= Current Ratio= <u>1.20</u> times), (**P**= Procured Inventories= <u>6,497</u> millions USD), (**Q**= Quoted Longterm Liabilities= <u>35,351</u> millions USD), and (**d**= D/A= Dividend Portion or Payout= 30.00%), then it's (**T**= Tax Paid planned) is:

$$A = (O+U-I-T-\{Q+P/[c-q]\}/I\,)/d$$
$$= 11{,}798+64{,}720-513-3{,}385-\{35{,}351$$
$$+\{6{,}497/[1.2000-1.0100]\}$$
$$/0.9900)/0.3000$$
$$= \underline{7{,}899} \text{ millions USD}$$

Law-6475:

If both (**O**= Operational Surplus= 11,798 millions USD), (**U**= Utilized or Starting Capital= 64,720 millions USD), (**F**= L/E= Leverage or Gearing Ratio= 99.00%), (**T**= Tax Paid= 3,385 millions USD), (**I**= Interest Expense= 513 millions USD), (**q**= [C-P]/X= Quick or Acid Test Ratio= 1.01 times), (**c**= C/X= Current Ratio= 1.20 times), (**P**= Procured Inventories= 6,497 millions USD), (**Q**= Quoted Longterm Liabilities= 35,351 millions USD), and (**A**= After Tax Income= 7,899 millions USD), then it's (**d**= Dividend Portion or Payout planned) is:

$$d = (O+U-I-T-\{Q+P/[c-q]\}/F)/A$$
$$= 11{,}798+64{,}720-513-3{,}385$$
$$\quad -\{35{,}351+\{6{,}497/[1.2000$$
$$\quad -1.0100]\}/0.9900)/7{,}899$$
$$= 30.00\%$$

Law-6476:

If both (**O**= Operational Surplus= 11,798 millions USD), (**U**= Utilized or Starting Capital= 64,720 millions USD), (**l**= L/E= Leverage or Gearing Ratio= 99.00%), (**T**= Tax Paid= 3,385 millions USD), (**I**= Interest Expense= 513 millions USD), (**q**= [C-P]/X= Quick or Acid Test Ratio= 1.01 times), (**c**= C/X= Current Ratio= 1.20 times), (**d**= D/A= Dividend Portion or Payout= 30.00%), (**Q**= Quoted Longterm Liabilities= 35,351 millions USD), and (**A**= After Tax Income= 7,899 millions USD), then it's (**P**= Procured Inventories planned) is:

$$P = [c-q]\{l\,[U+O-I-T-Ad]-Q\}$$
$$= [1.2000-1.0100]\{0.9900[64,720 + 11,798-513-3,385 -7,899*0.3000]-35,351\}$$
$$= 6,497 \text{ millions USD}$$

Law-6477:

If both (**O**= Operational Surplus= 11,798 millions USD), (**U**= Utilized or Starting Capital= 64,720 millions USD), (***l***= L/E= Leverage or Gearing Ratio= 99.00%), (**T**= Tax Paid= 3,385 millions USD), (**I**= Interest Expense= 513 millions USD), (**q**= [C-P]/X= Quick or Acid Test Ratio= 1.01 times), (**P**= Procured Inventories= 6,497 millions USD), (**d**= D/A= Dividend Portion or Payout= 30.00%), (**Q**= Quoted Longterm Liabilities= 35,351 millions USD), and (**A**= After Tax Income= 7,899 millions USD), then it's (**c**= Current Ratio planned) is:

$$c = q + P/\{\mathit{l}\,[U+O-I-T-Ad]-Q\}$$
$$= 1.0100 + 6{,}497/\{0.9900[64{,}720 + 11{,}798 - 513 - 3{,}385 - 7{,}899 * 0.3000] - 35{,}351\}$$
$$= 1.20 \text{ times}$$

Law-6478:

If both (**O**= Operational Surplus= 11,798 millions USD), (**U**= Utilized or Starting Capital= 64,720 millions USD), (***l***= L/E= Leverage or Gearing Ratio= 99.00%), (**T**= Tax Paid= 3,385 millions USD), (**I**= Interest Expense= 513 millions USD), (**c**= C/X= Current Ratio= 1.20 times), (**P**= Procured Inventories= 6,497 millions USD), (**d**= D/A= Dividend Portion or Payout= 30.00%), (**Q**= Quoted Longterm Liabilities= 35,351 millions USD), and (**A**= After Tax Income= 7,899 millions USD), then it's (**q**= Quick or Acid Test Ratio planned) is:

$$q = c-P/\{\textit{l}\,[U+O-I-T-Ad]-Q\}$$
$$= 1.2000-6,497/\{0.9900[64,720+11,798-513-3,385-7,899*0.3000]-35,351\}$$
$$= \underline{1.01}\text{ times}$$

Law-6479:

If both (**O**= Operational Surplus= 11,798 millions USD), (**U**= Utilized or Starting Capital= 64,720 millions USD), (**I**= L/E= Leverage or Gearing Ratio= 99.00%), (**T**= Tax Paid= 3,385 millions USD), (**I**= Interest Expense= 513 millions USD), (**c**= C/X= Current Ratio= 1.20 times), (**V**= Variable Cost= 9,746 millions USD), (**p**= 360 P/V= Procured Inventory Days= 240 Days), (**d**= D/A= Dividend Portion or Payout= 30.00%), (**q**= [C-P]/X= Quick or Acid Test Ratio= 1.01 times), and (**A**= After Tax Income= 7,899 millions USD), then it's (**Q**= Quoted Longterm Liabilities planned) is:

$$Q = I[U+O-I-T-Ad] - Vp/\{360[c-q]\}$$
$$= 0.9900[64,720+11,798-513-3,385 -7,899*0.3000]-9,746*240 /\{360[1.2000-1.0100]\}$$
$$= \underline{35,351} \text{ millions USD}$$

Law-6480:

If both (**O**= Operational Surplus= 11,798 millions USD), (**U**= Utilized or Starting Capital= 64,720 millions USD), (**Q**= Quoted Longterm Liabilities= 35,351 millions USD), (**T**= Tax Paid= 3,385 millions USD), (**I**= Interest Expense= 513 millions USD), (**c**= C/X= Current Ratio= 1.20 times), (**V**= Variable Cost= 9,746 millions USD), (**p**= 360 P/V= Procured Inventory Days= 240 Days), (**d**= D/A= Dividend Portion or Payout= 30.00%), (**q**= [C-P]/X= Quick or Acid Test Ratio= 1.01 times), and (**A**= After Tax Income= 7,899 millions USD), then it's (**l** = Leverage or Gearing Ratio planned) is:

$$l = (Q+Vp/\{360[c-q]\})/[U+O-I-T-Ad]$$
$$= (35,351+9,746*240/\{360[1.2000 -1.0100]\})/[64,720+11,798 -513-3,385-7,899*0.3000]$$
$$= \underline{99.00\%}$$

Law-6481:

If both (**O**= Operational Surplus= 11,798 millions USD), (**I**= L/E= Leverage or Gearing Ratio= 99.00%), (**Q**= Quoted Longterm Liabilities= 35,351 millions USD), (**T**= Tax Paid= 3,385 millions USD), (**I**= Interest Expense= 513 millions USD), (**c**= C/X= Current Ratio= 1.20 times), (**V**= Variable Cost= 9,746 millions USD), (**p**= 360 P/V= Procured Inventory Days= 240 Days), (**d**= D/A= Dividend Portion or Payout= 30.00%), (**q**= [C-P]/X= Quick or Acid Test Ratio= 1.01 times), and (**A**= After Tax Income= 7,899 millions USD), then it's (**U**= Utilized or Starting Capital planned) is:

$$U = I+T+Ad-O+(Q+Vp/\{360[c-q]\})/I$$
$$= 513+3,385+7,899*0.3000-11,798$$
$$+(35,351+9,746*240/\{360[1.2000-1.0100]\})/0.9900$$
$$= 64,720 \text{ millions USD}$$

Finance Construction-8, *Tim Asikin, Steve Asikin, Indra Senihardja*

Law-6482:

If both (**U**= Utilized or Starting Capital= 64,720 millions USD), (**I**= L/E= Leverage or Gearing Ratio= 99.00%), (**Q**= Quoted Longterm Liabilities= 35,351 millions USD), (**T**= Tax Paid= 3,385 millions USD), (**I**= Interest Expense= 513 millions USD), (**c**= C/X= Current Ratio= 1.20 times), (**V**= Variable Cost= 9,746 millions USD), (**p**= 360 P/V= Procured Inventory Days= 240 Days), (**d**= D/A= Dividend Portion or Payout= 30.00%), (**q**= [C-P]/X= Quick or Acid Test Ratio= 1.01 times), and (**A**= After Tax Income= 7,899 millions USD), then it's (**O**= Operational Surplus planned) is:

$$O = I+T+Ad-U+(Q+Vp/\{360[c-q]\})/I$$
$$= 513+3,385+7,899*0.3000-64,720$$
$$+(35,351+9,746*240$$
$$/\{360[1.2000-1.0100]\})$$
$$/0.9900$$
$$= 11,798 \text{ millions USD}$$

Finance Construction-8, *Tim Asikin, Steve Asikin, Indra Senihardja*

Law-6483:

If both (**U**= Utilized or Starting Capital= 64,720 millions USD), (**F**= L/E= Leverage or Gearing Ratio= 99.00%), (**Q**= Quoted Longterm Liabilities= 35,351 millions USD), (**T**= Tax Paid= 3,385 millions USD), (**O**= Operational Surplus= 11,798 millions USD), (**c**= C/X= Current Ratio= 1.20 times), (**V**= Variable Cost= 9,746 millions USD), (**p**= 360 P/V= Procured Inventory Days= 240 Days), (**d**= D/A=Dividend Portion or Payout= 30.00%), (**q**= [C-P]/X= Quick or Acid Test Ratio= 1.01 times), and (**A**= After Tax Income= 7,899 millions USD), then it's (**I**= Interest Expense planned) is:

I= **O**+**U**-**T**-**Ad**-(**Q**+**Vp**/{360[**c**-**q**]})/**F**
= 11,798+64,720-3,385-7,899*0.3000
-(35,351+9,746*240/{360
[1.2000-1.0100]})/0.9900
= 513 millions USD

Law-6484:

If both (**U**= Utilized or Starting Capital= 64,720 millions USD), (**l**= L/E= Leverage or Gearing Ratio= 99.00%), (**Q**= Quoted Longterm Liabilities= 35,351 millions USD), (**I**= Interest Expense= 513 millions USD), (**O**= Operational Surplus= 11,798 millions USD), (**c**= C/X= Current Ratio= 1.20 times), (**V**= Variable Cost= 9,746 millions USD), (**p**= 360 P/V= Procured Inventory Days= 240 Days), (**d**= D/A= Dividend Portion or Payout= 30.00%), (**q**= [C-P]/X= Quick or Acid Test Ratio= 1.01 times), and (**A**= After Tax Income= 7,899 millions USD), then it's (**T**= Tax Paid planned) is:

$$T = O+U-I-Ad-(Q+Vp/\{360[c-q]\})/l$$
$$= 11{,}798+64{,}720-513-7{,}899*0.3000$$
$$-(35{,}351+9{,}746*240/\{360$$
$$[1.2000-1.0100]\})/0.9900$$
$$= 3{,}385 \text{ millions USD}$$

Law-6485:

If both (**U**= Utilized or Starting Capital= 64,720 millions USD), (**I**= L/E= Leverage or Gearing Ratio= 99.00%), (**Q**= Quoted Longterm Liabilities= 35,351 millions USD), (**I**= Interest Expense= 513 millions USD), (**O**= Operational Surplus= 11,798 millions USD), (**c**= C/X= Current Ratio= 1.20 times), (**V**= Variable Cost= 9,746 millions USD), (**p**= 360 P/V= Procured Inventory Days= 240 Days), (**d**= D/A= Dividend Portion or Payout= 30.00%), (**q**= [C-P]/X= Quick or Acid Test Ratio= 1.01 times), and (**T**= Tax Paid= 3,385 millions USD), then it's (**A**= After Tax Income planned) is:

A= **[O+U-I-T-(Q+Vp**/{360[**c-q**]})/**I**]/**d**
= **[**11,798+64,720-513-3,385-(35,351
+9,746*240/{360[1.2000
-1.0100]})/0.9900**]**/0.3000
= 7,899 millions USD

Finance Construction-8, *Tim Asikin, Steve Asikin, Indra Senihardja*

Law-6486:

If both (**U**= Utilized or Starting Capital= 64,720 millions USD), (**l**= L/E= Leverage or Gearing Ratio= 99.00%), (**Q**= Quoted Longterm Liabilities= 35,351 millions USD), (**I**= Interest Expense= 513 millions USD), (**O**= Operational Surplus= 11,798 millions USD), (**c**= C/X= Current Ratio= 1.20 times), (**V**= Variable Cost= 9,746 millions USD), (**p**= 360 P/V= Procured Inventory Days= 240 Days), (**A**= After Tax Income= 7,899 millions USD), (**q**= [C-P]/X= Quick or Acid Test Ratio= 1.01 times), and (**T**= Tax Paid= 3,385 millions USD), then it's (**d**= Dividend Portion or payout planned) is:

$$d = [O+U-I-T-(Q+Vp/\{360[c-q]\})/l\,]/A$$
$$= [11{,}798+64{,}720-513-3{,}385-(35{,}351$$
$$+9{,}746*240/\{360[1.2000$$
$$-1.0100]\})/0.9900]/7{,}899$$
$$= 30.00\%$$

Law-6487:

If both (**U**= Utilized or Starting Capital= 64,720 millions USD), (**l**= L/E= Leverage or Gearing Ratio= 99.00%), (**Q**= Quoted Longterm Liabilities= 35,351 millions USD), (**I**= Interest Expense= 513 millions USD), (**O**= Operational Surplus= 11,798 millions USD), (**c**= C/X= Current Ratio= 1.20 times), (**d**= D/A= Dividend Portion or Payout= 30.00%), (**p**= 360 P/V= Procured Inventory Days= 240 Days), (**A**= After Tax Income= 7,899 millions USD), (**q**= [C-P]/X= Quick or Acid Test Ratio= 1.01 times), and (**T**= Tax Paid= 3,385 millions USD), then it's (**V**= Variable Cost planned) is:

V= 360[**c-q**]{**l** [**O+U-I-T-Ad**]-**Q**}/**p**
= 360[1.2000-1.0100]{0.9900[11,798
+64,720-513-3,385-7,899
*0.3000]-35,351}/240
= 9,746 millions USD

Law-6488:

If both (**U**= Utilized or Starting Capital= 64,720 millions USD), (**I**= L/E= Leverage or Gearing Ratio= 99.00%), (**Q**= Quoted Longterm Liabilities= 35,351 millions USD), (**I**= Interest Expense= 513 millions USD), (**O**= Operational Surplus= 11,798 millions USD), (**c**= C/X= Current Ratio= 1.20 times), (**d**= D/A= Dividend Portion or Payout= 30.00%), (**V**= Variable Cost= 9,746 millions USD), (**A**= After Tax Income= 7,899 millions USD), (**q**= [C-P]/X= Quick or Acid Test Ratio= 1.01 times), and (**T**= Tax Paid= 3,385 millions USD), then it's (**p**= Procured Inventory Days planned) is:

$p = 360[c-q]\{I[O+U-I-T-Ad]-Q\}/V$
$= 360[1.2000-1.0100]\{0.9900$
$[11,798+64,720-513$
$-3,385-7,899*0.3000]$
$-35,351\}/9,746$
$= \underline{240}$ days

Law-6489:

If both (**U**= Utilized or Starting Capital= 64,720 millions USD), (**f**= L/E= Leverage or Gearing Ratio= 99.00%), (**Q**= Quoted Longterm Liabilities= 35,351 millions USD), (**I**= Interest Expense= 513 millions USD), (**O**= Operational Surplus= 11,798 millions USD), (**p**= 360 P/V= Procured Inventory Days= 240 Days), (**d**= D/A= Dividend Portion or Payout= 30.00%), (**V**= Variable Cost= 9,746 millions USD), (**A**= After Tax Income= 7,899 millions USD), (**q**= [C-P]/X= Quick or Acid Test Ratio= 1.01 times), and (**T**= Tax Paid= 3,385 millions USD), then it's (**c**= Current Ratio planned) is:

$$c = q + Vp/(360\{f[O+U-I-T-Ad]-Q\})$$
$$= 1.0100 + 9{,}746*240/(360\{0.9900[11{,}798+64{,}720-513-3{,}385-7{,}899*0.3000]-35{,}351\})$$
$$= 1.20 \text{ times}$$

Finance Construction-8, *Tim Asikin, Steve Asikin, Indra Senihardja*

Law-6490:

If both (**U**= Utilized or Starting Capital= 64,720 millions USD), (**l**= L/E= Leverage or Gearing Ratio= 99.00%), (**Q**= Quoted Longterm Liabilities= 35,351 millions USD), (**I**= Interest Expense= 513 millions USD), (**O**= Operational Surplus= 11,798 millions USD), (**p**= 360 P/V= Procured Inventory Days= 240 Days), (**d**= D/A= Dividend Portion or Payout= 30.00%), (**V**= Variable Cost= 9,746 millions USD), (**A**= After Tax Income= 7,899 millions USD), (**c**= C/X= Current Ratio= 1.20 times), and (**T**= Tax Paid= 3,385 millions USD), then it's (**q**= Quick or Acid Test Ratio planned) is:

q= **c-Vp**/(360{**l** [**O-I-T-Ad**]-**Q**})
= 1.2000-9,746*240/(360{0.9900
[11,798+64,720-513-3,385
-7,899*0.3000]-35,351})
= 1.01 times

Law-6491:

If both (**U**= Utilized or Starting Capital= 64,720 millions USD), (**f**= L/E= Leverage or Gearing Ratio= 99.00%), (**q**= [C-P]/X= Quick or Acid Test Ratio= 1.01 times), (**I**= Interest Expense= 513 millions USD), (**O**= Operational Surplus= 11,798 millions USD), (**p**= 360 P/V= Procured Inventory Days= 240 Days), (**d**= D/A= Dividend Portion or Payout= 30.00%), (**S**= Sales or Revenues= 51,294 millions USD), (**v**= V/S= Variable Portion= 19.00%), (**A**= After Tax Income= 7,899 millions USD), (**c**= C/X= Current Ratio= 1.20 times), and (**T**= Tax Paid= 3,385 millions USD), then it's (**Q**= Quoted or Longterm Liabilities planned) is:

$$Q = f[O+U-I-T-Ad]-Svp/\{360[c-q]\}$$
$$= 0.9900[11,798+64,720-513-3,385$$
$$ -7,899*0.3000]-51,294$$
$$ *0.1900*240/\{360[1.2000$$
$$ -1.0100]\}$$
$$= 35,351 \text{ millions USD}$$

Law-6492:

If both (**U**= Utilized or Starting Capital= 64,720 millions USD), (**Q**= Quoted Longterm Liabilities= 35,351 millions USD), (**q**= [C-P]/X= Quick or Acid Test Ratio= 1.01 times), (**I**= Interest Expense= 513 millions USD), (**O**= Operational Surplus= 11,798 millions USD), (**p**= 360 P/V= Procured Inventory Days= 240 Days), (**d**= D/A= Dividend Portion or Payout= 30.00%), (**S**= Sales or Revenues= 51,294 millions USD), (**v**= V/S= Variable Portion= 19.00%), (**A**= After Tax Income= 7,899 millions USD), (**c**= C/X= Current Ratio= 1.20 times), and (**T**= Tax Paid= 3,385 millions USD), then it's (***I*** = Leverage or Gearing Ratio planned) is:

$$I = (Q+Svp/\{360[c-q]\})/[O+U-I-T-Ad]$$
$$= (35,351+51,294*0.1900*240$$
$$/\{360[1.2000-1.0100]\})$$
$$/[11,798+64,720-513$$
$$-3,385-7,899*0.3000]$$
$$= 99.00\%$$

Law-6493:

If both (**I**= L/E= Leverage or Gearing Ratio= 99.00%), (**Q**= Quoted Longterm Liabilities= 35,351 millions USD), (**q**= [C-P]/X= Quick or Acid Test Ratio= 1.01 times), (**I**= Interest Expense= 513 millions USD), (**O**= Operational Surplus= 11,798 millions USD), (**p**= 360 P/V= Procured Inventory Days= 240 Days), (**d**= D/A= Dividend Portion or Payout= 30.00%), (**S**= Sales or Revenues= 51,294 millions USD), (**v**= V/S= Variable Portion= 19.00%), (**A**= After Tax Income= 7,899 millions USD), (**c**= C/X= Current Ratio= 1.20 times), and (**T**= Tax Paid= 3,385 millions USD), then it's (**U**= Utilized or Starting Capital planned) is:

U= **I**+**T**+**Ad**-**O**+(**Q**+**Svp**/{360[**c**-**q**]})/**I**
 = 513+3,385+7,899*0.3000-11,798
  + (35,351+51,294*0.1900
  *240/{360[1.2000-1.0100]})
  /0.9900
 = 64,720 millions USD

Law-6494:

If both (f= L/E= Leverage or Gearing Ratio= 99.00%), (Q= Quoted Longterm Liabilities= 35,351 millions USD), (q= [C-P]/X= Quick or Acid Test Ratio= 1.01 times), (I= Interest Expense= 513 millions USD), (U= Utilized or Starting Capital= 64,720 millions USD), (p= 360 P/V= Procured Inventory Days= 240 Days), (d= D/A= Dividend Portion or Payout= 30.00%), (S= Sales or Revenues= 51,294 millions USD), (v= V/S= Variable Portion= 19.00%), (A= After Tax Income= 7,899 millions USD), (c= C/X= Current Ratio= 1.20 times), and (T= Tax Paid= 3,385 millions USD), then it's (O= Operational Surplus planned) is:

O= I+T+Ad-U+(Q+Svp/{360[c-q]})/f
= 513+3,385+7,899*0.3000-64,720
+ (35,351+51,294*0.1900
*240/{360[1.2000-1.0100]})
/0.9900
= 11,798 millions USD

Finance Construction-8, *Tim Asikin, Steve Asikin, Indra Senihardja*

Law-6495:

If both (I= L/E= Leverage or Gearing Ratio= 99.00%), (Q= Quoted Longterm Liabilities= 35,351 millions USD), (q= [C-P]/X= Quick or Acid Test Ratio= 1.01 times), (O= Operational Surplus= 11,798 millions USD), (U= Utilized or Starting Capital= 64,720 millions USD), (p= 360 P/V= Procured Inventory Days= 240 Days), (d= D/A= Dividend Portion or Payout= 30.00%), (S= Sales or Revenues= 51,294 millions USD), (v= V/S= Variable Portion= 19.00%), (A= After Tax Income= 7,899 millions USD), (c= C/X= Current Ratio= 1.20 times), and (T= Tax Paid= 3,385 millions USD), then it's (I = Interest Expense planned) is:

I= U+O-T-Ad-(Q+Svp/{360[c-q]})/I
 = 64,720+11,798-3,385-7,899*0.3000
   - (35,351+51,294*0.1900
   *240/{360[1.2000-1.0100]})
   /0.9900
 = 513 millions USD

Law-6496:

If both (**l**= L/E= Leverage or Gearing Ratio= 99.00%), (**Q**= Quoted Longterm Liabilities= 35,351 millions USD), (**q**= [C-P]/X= Quick or Acid Test Ratio= 1.01 times), (**O**= Operational Surplus= 11,798 millions USD), (**U**= Utilized or Starting Capital= 64,720 millions USD), (**p**= 360 P/V= Procured Inventory Days= 240 Days), (**d**= D/A= Dividend Portion or Payout= 30.00%), (**$**= Sales or Revenues= 51,294 millions USD), (**v**= V/S= Variable Portion= 19.00%), (**A**= After Tax Income= 7,899 millions USD), (**c**= C/X= Current Ratio= 1.20 times), and (**I**= Interest Expense= 513 millions USD), then it's (**T**= Tax Paid planned) is:

$T = U+O-I-Ad-(Q+\$vp/\{360[c-q]\})/l$

$= 64{,}720+11{,}798-513-7{,}899*0.3000$
$\quad -(35{,}351+51{,}294*0.1900$
$\quad *240/\{360[1.2000-1.0100]\})$
$\quad /0.9900$

$= 3{,}385$ millions USD

Finance Construction-8, *Tim Asikin, Steve Asikin, Indra Senihardja*

Law-6497:

If both (**l**= L/E= Leverage or Gearing Ratio= 99.00%), (**Q**= Quoted Longterm Liabilities= 35,351 millions USD), (**q**= [C-P]/X= Quick or Acid Test Ratio= 1.01 times), (**O**= Operational Surplus= 11,798 millions USD), (**U**= Utilized or Starting Capital= 64,720 millions USD), (**p**= 360 P/V= Procured Inventory Days= 240 Days), (**d**= D/A= Dividend Portion or Payout= 30.00%), (**S**= Sales or Revenues= 51,294 millions USD), (**v**= V/S= Variable Portion= 19.00%), (**T**= Tax Paid= 3,385 millions USD), (**c**= C/X= Current Ratio= 1.20 times), and (**I**= Interest Expense= 513 millions USD), then it's (**A**= After Tax Income planned) is:

A= [U+O-I-T-(Q+Svp/{360[c-q]})/l]/d

= [64,720+11,798-513-3,385- (35,351
  +51,294*0.1900*240/{360
  [1.2000-1.0100]})/0.9900**]**
  /0.3000

= 7,899 millions USD

Finance Construction-8, *Tim Asikin, Steve Asikin, Indra Senihardja*

<u>Law-6498</u>:

If both (**l**= L/E= Leverage or Gearing Ratio= <u>99.00</u>%), (**Q**= Quoted Longterm Liabilities= <u>35,351</u> millions USD), (**q**= [C-P]/X= Quick or Acid Test Ratio= <u>1.01</u> times), (**O**= Operational Surplus= <u>11,798</u> millions USD), (**U**= Utilized or Starting Capital= <u>64,720</u> millions USD), (**p**= 360 P/V= Procured Inventory Days= <u>240</u> Days), (**A**= After Tax Income= <u>7,899</u> millions USD), (**S**= Sales or Revenues= <u>51,294</u> millions USD), (**v**= V/S= Variable Portion= <u>19.00</u>%), (**T**= Tax Paid= <u>3,385</u> millions USD), (**c**= C/X= Current Ratio= <u>1.20</u> times), and (**I**= Interest Expense= <u>513</u> millions USD), then it's (**d**= Dividend Portion or Payout planned) is:

$$d = [U+O-I-T-(Q+Svp/\{360[c-q]\})/l]/A$$
$$= [64{,}720+11{,}798-513-3{,}385-(35{,}351$$
$$+51{,}294*0.1900*240/\{360$$
$$[1.2000-1.0100]\})/0.9900]$$
$$/7{,}899$$
$$= 30.00\%$$

Law-6499:

If both (**l**= L/E= Leverage or Gearing Ratio= 99.00%), (**Q**= Quoted Longterm Liabilities= 35,351 millions USD), (**q**= [C-P]/X= Quick or Acid Test Ratio= 1.01 times), (**O**= Operational Surplus= 11,798 millions USD), (**U**= Utilized or Starting Capital= 64,720 millions USD), (**p**= 360 P/V= Procured Inventory Days= 240 Days), (**A**= After Tax Income= 7,899 millions USD), (**d**= D/A= Dividend Portion or Payout= 30.00%), (**v**= V/S= Variable Portion= 19.00%), (**T**= Tax Paid= 3,385 millions USD), (**c**= C/X= Current Ratio= 1.20 times), and (**I**= Interest Expense= 513 millions USD), then it's (**S**= Sales or Revenues planned) is:

$$S= 360[c-q]\{I[U+O-I-T-Ad]-Q\}/[vp]$$
$$= 360[1.2000-1.0100]\{0.9900[64,720$$
$$+11,798-513-3,385-7,899$$
$$*0.3000]-35,351\}$$
$$/[0.1900*240]$$
$$= 51,294 \text{ millions USD}$$

Law-6500:

If both (**l**= L/E= Leverage or Gearing Ratio= 99.00%), (**Q**= Quoted Longterm Liabilities= 35,351 millions USD), (**q**= [C-P]/X= Quick or Acid Test Ratio= 1.01 times), (**O**= Operational Surplus= 11,798 millions USD), (**U**= Utilized or Starting Capital= 64,720 millions USD), (**p**= 360 P/V= Procured Inventory Days= 240 Days), (**A**= After Tax Income= 7,899 millions USD), (**d**= D/A= Dividend Portion or Payout= 30.00%), (**$**= Sales or Revenues= 51,294 millions USD), (**T**= Tax Paid= 3,385 millions USD), (**c**= C/X= Current Ratio= 1.20 times), and (**l**= Interest Expense= 513 millions USD), then it's (**v**= Variable Portion planned) is:

$$v = 360[c-q]\{l\,[U+O-I-T-Ad]-Q\}/[\$p]$$
$$= 360[1.2000-1.0100]\{0.9900\,[64{,}720+11{,}798-513-3{,}385-7{,}899*0.3000]-35{,}351\}/[51{,}294*240]$$
$$= 19.00\%$$

Finance Construction-8, *Tim Asikin, Steve Asikin, Indra Senihardja*

The Rest will be Continued in
The Series of Book

Finance Construction 9

Corporate IFRS-GAAP (B/S-I/S) Engineering
Technologies No. 6,501-7,000 of 111,111 Laws

At
http://www.Amazon.Com

Finance Construction-8, *Tim Asikin, Steve Asikin, Indra Senihardja*

REFERENCES:

A. Books:

1) **Amin, A.R. & Asikin, S.**(2011a- 110 pages), <u>CEO Time Matrix</u>: *Productivity Management Skill that Increase CEO Effectiveness by 12400%*, Seattle (US): Amazon Createspace. http://www.amazon.com/CEO-Time-Matrix-Productivity-Effectiveness/dp/1461066069/ref=sr_1_1?s=books&ie=UTF8&qid=1387091880&sr=1-1&keywords=ceo+time+matrix. ISBN-13: 978-1461066064, ISBN-10: 1461066069
2) **Amin, A.R. & Asikin, S.** (2014- 76 pages), <u>No Urgency CEO</u>: *A High-Tech Book in Modern Management*, Seattle (US): Amazon Createspace. http://www.amazon.com/No-Urgency-CEO-Hi-Tech-Management/dp/1489509356/ref=sr_1_1?s=books&ie=UTF8&qid=1396440688&sr=1-1&keywords=no+urgency. ISBN-13: 978-1489509352, ISBN-10: 1489509356
3} **Amin, A.R. & Asikin, S.** (2011b- 292 pages), <u>The Celestial Management</u>: *Spiritual Wisdom for All Human Beings*, Seattle (US): Amazon Createspace. http://www.amazon.com/Celestial-Management-Islamic-Wisdom-Beings/dp/1456450700/ref=sr_1_1?s=books&ie=UTF8&qid=1387092036&sr=1-1&keywords=celestial+management. ISBN-13: 978-1456450700, ISBN-10: 1456450700
4) **Asikin, S.** (2009- 548 pages), <u>Arigato, Obrigado... (Thanks)</u>: *Portuguese-Japan 1550-1647 Historic Novel*, Seattle (US): Amazon Createspace. http://www.amazon.com/Arigato-Obrigado-Thanks-Portuguese-Japan-1550-1647/dp/1453786368/ref=sr_1_1?s=books&ie=UTF8&qid=1396442162&sr=1-1&keywords=arigato. ISBN-13: 978-1453786369, ISBN-10: 1453786368
5) **Asikin, S.** (2013a- 824 pages), <u>Econometric Rex</u>: *888 Marketing Promo 6666 Six Sigma Parametric Theories (of 10 Data)*, Seattle (US): Amazon Createspace. http://www.amazon.co.uk/Econometric-Rex-Marketing-Parametric-Theories/dp/1482745259, ISBN-13: 978-1482745252, ISBN-10: 1482745259
6) **Asikin, S.** (2010b- 224 pages), <u>FINANCE Architecture</u>: *VISUAL art, for Corporate Finance's Beauty, Safety and Simplicity*, Seattle (US): Amazon Createspace. http://www.amazon.co.uk/FINANCE-Architecture-Corporate-Finances-Simplicity/dp/1453829547/ref=sr_1_14?s=books&ie=UTF8&qid=1385371842&sr=1-14&keywords=finance+architecture. ISBN-13: 978-1453829547, ISBN-10: 1453829547
7) **Asikin, S.** (2010c- 150 pages), <u>Geometric FINANCE</u>: *Useful concepts that work better than Economic Noble Laureates'* Seattle (US): Amazon Createspace. http://www.amazon.co.uk/Magic-Geometric-FINANCE-concepts-Laureates/dp/1453790284/ref=tmm_pap_title_0, ISBN-13: 978-1453790281, ISBN-10: 1453790284

Finance Construction-8, *Tim Asikin, Steve Asikin, Indra Senihardja*

8) Asikin, S. (2010a- 290 pages), *Investment ALGEBRA*: *Strategic Profitable Comprehensive Business Finance Engineering Technology*, Seattle (US): Amazon Createspace. http://www.amazon.co.uk/Investment-ALGEBRA-Profitable-Comprehensive-Engineering/dp/1453856811/ref=tmm_pap_title_0?ie=UTF8&qid=1385371309&sr=1-1, ISBN-13: 978-1453856819, ISBN-10: 1453856811

9) Asikin, S. (2011a- 352 pages), *State Economics*: *Comprehensive Macro-Micro Economics' Simple Fiscal-Monetary Export-Import Accouting, Integrated Supply-Demand Managerial ... Mathematical Engineering Visual* . Seattle (US): Amazon Createspace. http://www.amazon.co.uk/STATE-ECONOMICS-Steve-Asikin-ebook/dp/B00G89Q5SS, http://www.amazon.co.uk State-Economics-Steve-Asikin-ebook/dp/B00BBPLQDI, ISBN-13: 978-1461066095, ISBN-10: 1461066093

10) Asikin, S. (2013b- 260 pages), *Technoeconomistat*: *Economic &Statistical Technology for Financial Planning*, Seattle (US): Amazon Createspace. http://www.amazon.co.uk/Technoeconomistat-Economic-Statistical-Technology-Financial/dp/1482304244, ISBN-13: 978-1482304244, ISBN-10: 1482304244

11) Asikin, S. (2011b- 540 pages), *Terima Kasih*: *Novel Internasional Sejarah Jepang-Portugis 1550-1647*, Seattle (US): Amazon Createspace. http://www.amazon.com/Terima-Kasih-Internasional-Jepang-Portugis-1550-1647/dp/146351106X/ref=sr_1_1?s=books&ie=UTF8&qid=1396442361&sr=1-1&keywords=terima, ISBN-13: 978-1463511067, ISBN-10: 146351106X

12) Asikin, S. (2010d- 294 pages), *TREASURY Planology*: *Strategic Profitable Comprehensive Business Finance Engineering Technology*, Seattle (US): Amazon Createspace. http://www.amazon.co.uk/TREASURY-PLANOLOGY-Steve-Asikin-ebook/dp/B00G88MTFW/ref=sr_1_1?s=books&ie=UTF8&qid=1385403690&sr=1-1&keywords=Treasury+Planology. ISBN-13: 978-1453891476, ISBN-10: 1453891471

13) Asikin, S. (2014a- 190 pages), *Calculus Accountancy*: *Leibnitz Newton Pacioli's Polynomial Quantitative Finance Risk Modelling Optimization*, Seattle (US): Amazon Createspace. http://www.amazon.com/Calculus-Accountancy-Polynomial-Quantitative-Optimization/dp/1495463028/ref=sr_1_1?s=books&ie=UTF8&qid=1396441338&sr=1-1&keywords=calculus+accountancy, ISBN-13: 978-1495463020, ISBN-10: 1495463028

14) Asikin, S.(2014b- 318 pages), *No Parametric*: *No Parametric: Hyperbolic Octahedron Central 3-Dimensional Orthogonal Risk Distribution Topology*, Seattle (US): Amazon Createspace. http://www.amazon.com/Parametric-Hyperbolic-Octahedron-3-Dimensional-Distribution/dp/1496089731/ref=sr_1_1?s=books&ie=UTF8&qid=1396441543&sr=1-1&keywords=No+Parametric, ISBN-13: 978-1496089731, ISBN-10: 1496089731

Finance Construction-8, *Tim Asikin, Steve Asikin, Indra Senihardja*

15) **Asikin, S.** (2014c- 138 pages), *Quick Help: Religion vs Real-Legion Philosophy*, Seattle (US): Amazon Createspace. http://www.amazon.com/Quick-Help-Religion-Real-Legion-Philosophy/dp/1497466520/ref=sr_1_2?s=books&ie=UTF8&qid=1396441740&sr=1-2&keywords=quick+help, ISBN-13: 978-1497466524, ISBN-10: 1497466520

16) **Asikin, S.** (2014d- 824 pages), *Anne of Denmark: King James I the Bible, Historic Plays Drama*, Seattle (US): Amazon Createspace. http://www.amazon.com/Anne-Denmark-James-Bible-Drama/dp/149299734X/ref=sr_1_1?s=books&ie=UTF8&qid=1396441857&sr=1-1&keywords=anne+asikin, ISBN-13: 978-1492997344, ISBN-10: 149299734X

17) **Asikin, S.** (2014e- 184 pages), *Constructive Spells: Positive Spiritual Mentality Personal Development*, Seattle (US): Amazon Createspace. http://www.amazon.com/Constructive-Spells-Spiritual-Mentality-Development/dp/1497498899/ref=sr_1_1?s=books&ie=UTF8&qid=1397664512&sr=1-1&keywords=constructive+spells; ISBN-13: 978-1497498891, ISBN-10: 1497498899

18) **Asikin, S.** (2014f- 466 pages), *Elizabeth of Russia: Another Virgin Queen Gloariana: A Romanov Plays Drama*, Seattle (US): Amazon Createspace. http://www.amazon.com/Elizabeth-RUSSIA-Another-Gloriana-Romanov/dp/1505542480/ref=sr_1_4?s=books&ie=UTF8&qid=1423888482&sr=1-4&keywords=elizabeth+russia; ISBN-13: 978-1505542486, ISBN-10: 1505542480

19) **Asikin, S.** (2014f- 708 pages), *Shinmen Munisai:Miyamoto Musashi's Father, A Sword Samurai Plays Drama*, Seattle (US): Amazon Createspace. http://www.amazon.com/Shinmen-Munisai-Miyamoto-Musashis-Samurai/dp/1507857799/ref=sr_1_1?s=books&ie=UTF8&qid=1428094280&sr=1-1&keywords=munisai; ISBN-13: 978-1507857793, ISBN-10: 1507857799

20) **Asikin, S.** (2015a-767 pages), *Math Fin Law-1: Mathematical Financial Law for Public Listed Firms Rule 1-4441*, Seattle (US): Amazon Createspace. http://www.amazon.com/Math-Fin-Law-Mathematical-Financial-ebook/dp/B00WLNX3Y4/ref=asap_bc?ie=UTF8; ISBN-13: 978-1511792219, ISBN-10: 1511792213

21) **Asikin, S.** (2015b-813 pages), *Math Fin Law-2: Mathematical Financial Law for Public Listed Firms Rule 4442-8712*, Seattle (US): Amazon Createspace. http://www.amazon.com/Math-Fin-Law-Mathematical-No-4442-8712/dp/1512285080/ref=sr_1_1?s=books&ie=UTF8&qid=1432732199&sr=1-1&keywords=math+fin+law+2; ISBN-13: 978-1512285086, ISBN-10: 1512285080

22) **Asikin, S.** (2015c-813 pages), *Math Fin Law-3: Mathematical Financial Law for Public Listed Firms Rule 8713-12575*, Seattle (US): Amazon Createspace. http://www.amazon.com/Math-Fin-Law-Mathematical-8712-12575/dp/1514276763/ref=sr_1_1?s=books&ie=UTF8&qid=1433982149&sr=1-1&keywords=math+fin+law+3, ISBN-13: 978-1514276761. ISBN-10: 1514276763

Finance Construction-8, *Tim Asikin, Steve Asikin, Indra Senihardja*

23) **Asikin, S.** (2015d-813 pages), *Math Fin Law-4:* Mathematical Financial Law for Public Listed Firms Rule 12576-16333, Seattle (US): Amazon Createspace. http://www.amazon.com/Math-Fin-Law-Mathematical-12576-16333/dp/1514685132/ref=sr_1_1?s=books&ie=UTF8&qid=1435393628&sr=1-1&keywords=math+fin+law+4, ISBN-13: 978-1514685136, ISBN-10: 1514685132

24) **Asikin, S.** (2015d-816 pages), *Math Fin Law-5:* Mathematical Financial Law for Public Listed Firms Rule 16334-19904, Seattle (US): Amazon Createspace. http://www.amazon.com/Math-Fin-Law-Mathematical-No-16334-19904/dp/1515073009/ref=sr_1_1?s=books&ie=UTF8&qid=1437224693&sr=1-1&keywords=math+fin+law+5, ISBN-13: 978-1515073000, ISBN-10: 1515073009

25) **Asikin, S.** (2015d-728 pages), *Math Fin Law-6:* Mathematical Financial Law for Public Listed Firms Rule 19905-23237, Seattle (US): Amazon Createspace. https://www.amazon.com/Math-Fin-Law-Mathematical-No-19905-23238-ebook/dp/B0129ILVNK/ref=sr_1_2?ie=UTF8&qid=1478017624&sr=8-2&keywords=Math+Fin+Law+Asikin, ISBN-13: 978-1515158691, ISBN-10: 1515158691

26) **Asikin, S.** (2016a-728 pages), *Math Fin Law-7:* Mathematical Financial Law for Public Listed Firms Rule 23238-27115, Seattle (US): Amazon Createspace. https://www.amazon.com/Math-Fin-Law-Mathematical-No-23238-27115/dp/1508518521/ref=la_B00428V6JU_1_27?s=books, ISBN-13: 978-1508518525, ISBN-10: 1508518521

27) **Asikin, S.** (2016b-728 pages), *Math Fin Law-8:* Mathematical Financial Law for Public Listed Firms Rule 27116-30330, Seattle (US): Amazon Createspace. https://www.amazon.com/dp/1541091884, https://www.amazon.com/Math-Fin-Law-Mathematical-No-27116-30330/dp/1541091884/ref=la_B00428V6JU_1_27?s=books&ie=UTF8&qid=1479398538&sr=1-27&refinements=p_82%3AB00428V6JU, ISBN-13: 978-1508518525, ISBN-10: 1508518521

28) **Asikin, S.** (2017a-828 pages), *Math Fin Law-9:* Mathematical Financial Law for Public Listed Firms Rule 30330-33373, Seattle (US): Amazon Createspace. https://www.amazon.com/Math-Fin-Law-Mathematical-30331-33373-ebook/dp/B01MRA8HZQ/ref=la_B00428V6JU_1_4?s=books&ie=UTF8&qid=1485921040&sr=1-4, ISBN-13: 978-1541092433, ISBN-10: 1541092430

29) **Asikin, S.** (2017b-823 pages), *Math Fin Law-10:* Mathematical Financial Law for Public Listed Firms Rule 33374-36242, Seattle (US): Amazon Createspace. https://www.amazon.com/s/ref=nb_sb_noss?url=search-alias%3Dstripbooks&field-keywords=math+fin+law+10, https://www.amazon.com/s/ref=nb_sb_noss?url=search-alias%3Dstripbooks&field-keywords=math+fin+law+10, ISBN-13: 978-1541092761, ISBN-10: 1541092767

30) **Asikin, S.** (2017c-823 pages), *Math Finance Law-11: Mathematical Financial Law for Public Listed Firms Rule 36243-39158*, Seattle (US): Amazon Createspace. https://www.amazon.com/s/ref=nb_sb_noss?url=search-alias%3Dstripbooks&field-keywords=math+finance+law+11, https://www.amazon.com/dp/1541215265/ref=sr_1_1?s=books&ie=UTF8&qid=1488029978&sr=1-1&keywords=math+finance+law, ISBN-13: 978-1541215269, ISBN-10: 1541215265

31) **Asikin, S.** (2017d-823 pages), *Math Finance Law-12: Mathematical Financial Law for Public Listed Firms Rule 30150-42152*, Seattle (US): Amazon Createspace. https://www.amazon.com/s/ref=nb_sb_noss?url=search-alias%3Dstripbooks&field-keywords=math+finance+law+12, https://www.amazon.com/Math-Finance-Law-Mathematical-39159-42152/dp/1541215516/ref=sr_1_2?s=books&ie=UTF8&qid=1490990342&sr=1-2&keywords=math+finance+law+12, ISBN-13: 978-1541215511, ISBN-10: 1541215516

32) **Asikin, S.** (2017e-824 pages), *Math Finance Law-13: Mathematical Financial Law for Public Listed Firms Rule 42153-44938*, Seattle (US): Amazon Createspace. https://www.amazon.com/dp/1542675219/ref=sr_1_1?s=books&ie=UTF8&qid=1491146227&sr=1-1&keywords=math+finance+law+13, ISBN-13: 978-1542675215, ISBN-10: 1542675219

33) **Asikin, S.** (2017f-824 pages), *Math Finance Law-14: Mathematical Financial Law for Public Listed Firms Rule 44939-47745*, Seattle (US): Amazon Createspace. https://www.amazon.com/dp/1542675219/ref=sr_1_1?s=books&ie=UTF8&qid=1491146227&sr=1-1&keywords=math+finance+law+14, ISBN-13: 978-1544628967, ISBN-10: 154462896X

34) **Asikin, S.** (2017g-810 pages), *Math Finance Law-15: Mathematical Financial Law for Public Listed Firms Rule 47746-50465*, Seattle (US): Amazon Createspace. https://www.amazon.com/dp/1545118647/ref=sr_1_1?s=books&ie=UTF8&qid=1493626425&sr=1-1&keywords=math+finance+law+15, ISBN-13: 978-1545118641, ISBN-10: 1545118647

35) **Asikin, S.** (2017h-816 pages), *Math Finance Law 16: Mathematical Financial Law Public Listed Firm Rule No.50,466-53,320*, Seattle (US), Amazon CreateSpace. https://www.amazon.com/dp/1545320179/ref=sr_1_1?s=books&ie=UTF8&qid=1495692695&sr=1-1&keywords=math+finance+law+16, ISBN-13: 978-1545320174, ISBN-10: 1545320179

36) **Asikin, S**. (2017i-809 pages), <u>Math Finance Law 17</u>: <u>Mathematical Financial Law Public Listed Firm Rule No.53,231-56,124</u>, Seattle (US), Amazon CreateSpace, https://www.amazon.com/dp/1545320179/ref=sr_1_1?s=books&ie=UTF8&qid=14956926956 sr=1-1&keywords=math+finance+law+17, ISBN-13: 978-1545486474, ISBN-10: 1545486476

37) **Asikin, S**. (2017j-815 pages), <u>Math Finance Law 18</u>: <u>Mathematical Financial Law Public Listed Firm Rule No.56,125-58,942</u>, Seattle (US), Amazon CreateSpace, https://www.amazon.com/dp/1545320179/ref=sr_1_1?s=books&ie=UTF8&qid=14956926956 sr=1-1&keywords=math+finance+law+18, ISBN-13: 978-1546912361, ISBN-10: 1546912363

38) **Asikin, S**. (2014-47 pages), <u>Doing Business in Comprehensive Interactive Interdisciplinary Micro-Macro Eco nomic International Accounting Architecture of Serial Well Known General Great Theories</u>, Proceedings in Finance and Risk Perspective 13, ACRN Oxford Publishing House, UK, p.197-243, https://books.google.com/books?id=4e4KAwAAQBAJ&pg=PA2196&lpg=PA2196&dq=steve+asikin+oxford&source=bl&ots=qVq9KyAmem&sig=ABdBliwuzUwRiqIsuLimuJ5ZdW4&hl=en&sa=X&s qi=2&ved=0ahUKEwjZkMrF7KjTAhUDSiYKHRED8-qQ6AEILjAC#v=onepage&q=steve%20asikin%20oxford&f=false, ISBN 978-3-9503518-1-1.

39) **Asikin, T.& Asikin, S**. (2013- 828 pages), <u>448 Poems</u>: *KARAOKE Song Book: 24 Hours Story of 30 Languages*, Seattle (US): Amazon Createspace. http:/www.amazon.com/448-Poems-KARAOKE-Song-Book/dp/1480034363/ref=sr_1_1?s=books&ie=UTF8&qid=13964420348sr=1-1&keywords=448+poems, ISBN-13: 978-1480034365, ISBN-10: 1480034363

40) **Asikin, T, Asikin, S, Senihardja, I**. (2017a- 508 pages), <u>Finance Construction 1</u>: *Corporate IFRS-GAAP (B/S-I/S) Engineering Technologies No. 1-1,000 of 111,111 Laws*, Seattle (US): Amazon Createspace. https://www.amazon.com/s/ref=nb_sb_noss?url=search-alias%3Dstripbooks&field-keywords=finance+construction+1+asikin. ISBN-13: 978-1544059525, ISBN-10: 1544059523

41) **Asikin, T, Asikin, S, Senihardja, I**. (2017b- 526 pages), <u>Finance Construction 2</u>: *Corporate IFRS-GAAP (B/S-I/S) Engineering Technologies No. 1,001-2,000 of 111,111 Laws*, Seattle (US): Amazon Createspace. https://www.amazon.com/s/ref=nb_sb_noss?url=search-alias%3Dstripbooks&field-keywords=finance+construction+2+asikin. ISBN-13: 978-1542402415, ISBN-10: 1542402417

42) **Asikin, T, Asikin, S, Senihardja, I.** (2017c- 738 pages), *Finance Construction 3: Corporate IFRS-GAAP (B/S-I/S) Engineering Technologies No. 2,001-3,000 of 111,111 Laws*, Seattle (US): Amazon Createspace. https://www.amazon.com/s/ref=nb_sb_noss?url=search-alias%3Dstripbooks&field-keywords=finance+construction+3+asikin. ISBN-13: 978-1975999292, ISBN-10: 1975999290

43) **Asikin, T, Asikin, S, Senihardja, I.** (2018a- 656 pages), *Finance Construction 4: Corporate IFRS-GAAP (B/S-I/S) Engineering Technologies No. 3,001-4,000 of 111,111 Laws*, Seattle (US): Amazon Createspace. https://www.amazon.com/s/ref=nb_sb_noss?url=search-alias%3Dstripbooks&field-keywords=finance+construction+4+asikin. ISBN-13: 978-1977659187, ISBN-10: 1977659187

44) **Asikin, T, Asikin, S, Senihardja, I.** (2018b- 656 pages), *Finance Construction 5: Corporate IFRS-GAAP (B/S-I/S) Engineering Technologies No. 4,001-5,000 of 111,111 Laws*, Seattle (US): Amazon Createspace. https://www.amazon.com/s/ref=nb_sb_noss?url=search-alias%3Dstripbooks&field-keywords=finance+construction+5+asikin. ISBN-978-1983566141, ISBN-10: 1983566144

45) **Asikin, T, Asikin, S, Senihardja, I.** (2018c- 524 pages), *Finance Construction 6: Corporate IFRS-GAAP (B/S-I/S) Engineering Technologies No. 5,001-5,500 of 111,111 Laws*, Seattle (US): Amazon Createspace. https://www.amazon.com/s/ref=nb_sb_noss?url=search-alias%3Dstripbooks&field-keywords=finance+construction+6+asikin. ISBN-978-1983566332, ISBN-10: 1983566330

46) **Asikin, T, Asikin, S, Senihardja, I.** (2018d- 524 pages), *Finance Construction 7: Corporate IFRS-GAAP (B/S-I/S) Engineering Technologies No. 5,501-6,000 of 111,111 Laws*, Seattle (US): Amazon Createspace. https://www.amazon.com/s/ref=nb_sb_noss?url=search-alias%3Dstripbooks&field-keywords=finance+construction+7+asikin. ISBN-978-1987571509, ISBN-10: 1987571509

47) **Brigham, EF & Gapenski, LC, .** (1988- Textbook), *Financial Management: Theory and Practice (Study Guide)*, NY (US): Dryden Press. http://www.amazon.com/Financial-Management-Theory-Practice-Study/dp/0030125391/ref=sr_1_1?s=books&ie=UTF8&qid=1429380835&sr=1-1 ;

48) **Chandonet, RE, .** (2011-32 pages), *Balancesheet Management*, Trends & Strategies, NY (US): Sandler O'Neil. https://www.ncbankers.org/uploads/File/Meetings/Presentations/2011CONV-Chandonnet.pdf;

49) **Cornuejols G & Tutuncu, R, .** (2006-358 pages), *Optimization Methods in Finance*, Cambridge (UK): Cambridge University Press. http://www.math.ku.dk/~rolf/CT_FinOpt.pdf;

50) **Crook, M.** (2015-6 pages), *Optimization Methods in Finance*, UBS FS (Swiss): CIO WM Research.
https://www.ubs.com/content/dam/WealthManagementAmericas/documents/investment-strategy-insights-2015-01-09-balance-sheet-optimization.pdf;

51) **Fee, Greg.** (2012-127 pages), *Catalan's Constant: (Ramanujan's Formula}: Catalan Constant to 300,000 digits*, Seattle (US): Amazon Kindle.
http://www.Amazon.com/gp/aw/d/B0082Z5IEW/ref=mp_sa_1_4?ie=UTF8%Qqid=14843678186sr=8-4&pi=AC_SX236_SY340_QL65&keywords=ramanujan&dpPl=1&dpID=51FqIwDZpRL&ref=plSrch

52) **Gardenfors, Peter.** (2014) *The Geometry of Meaning: Semantics Based on Conceptual Spaces*. Cambridge, Mass.: MIT Press. ISBN 0-262-02678-3.

53) **Gardenfors, Peter.** (2000), *Conceptual Spaces: The Geometry of Thought*. Cambridge, Mass.: MIT Press. ISBN 0-262-07199-1.

54) **Kanigel, Robert.** (2013-465 pages), *The Man Who Knew Infinity: A Life of the Genius Ramanujan*, Washington (US): Washington Square Press&Amazon Kindle.
http://www.Amazon.com/gp/aw/d/B008BW4VEGM/ref=pd_aw_sim351_1?ie=UTF8&psc=1&refRID=VYN345GVDBJ6ATD035W2&dpID=9IZgpc4ETdL

55) **Limlingan, Victor S.** (1993-1 page), *The Limlingan Financial Model*, Manila: Asian Manager. http://limlingan.com/images/article.gif

56) **Newton, Isaac.** (2015-631 pages), *Principia:The Mathematical Principles of Natural Philosophy (Active Content)*, London (UK): RSM&Amazon Kindle.
http://www.Amazon.com/gp/aw/sitb/B011SFJSJ0?ref=sib_dp_aw_kb_udp

57) **Nikisa, Evets.** (2014g- 828 pages), *Wonderful Live Spells: 144-Steps Recreative Nice Children Story, Succesful Development:* Seattle (US): Amazon Createspace. http://www.amazon.com/WONDERFUL-Live-Spells-Recreative-Development/dp/1499248423/ref=sr_1_1?s=books&ie=UTF8&qid=1418698379&sr=1-1&keywords=wonderful+asikin, ISBN-13: 978-1499248425, ISBN-10: 1499248423

58) **Nielson, SS.** (2007- 430 pages), *Practical Financial Optimization: Decision Making for Financial Engineers:* NY (US): Wiley.
https://books.google.com/books/about/Practical_Financial_Optimization.html?id=_XkwLAAACAAJ.

59) **Niswonger CR, Fess PE & Warren CE.** (1993-Textbook), *Accounting Principles:* Seattle (US): South Western Publishing Co. http://www.amazon.com/Accounting-Principles-Chapters-C-Rollin-Niswonger/dp/0538818603
60) **Omerod, P.** (1993-Textbook), (1994), *The Death of Ecoomics*, St Martin's Press, London, . http://www.amazon.com/Accounting-Principles-Chapters-C-Rollin-Niswonger/dp/0538818603, ISBN-13: 978-0312134648, ISBN-10: 0312134649
61) **Paccioli, L. (1989-Textbook),** *Summa de Arithmetica Geometria Proportioni et Proportionalita*, Venice 1494. http://www.amazon.com/Arithmetica-Geometria-Proportioni-Proportionalita-Venice/dp/B00T4HXTIW/ref=sr_1_fkmr0_2?s=books&ie=UTF8&qid=1429597966&sr=1-2-fkmr0&keywords=summa+mhematica+arithmetica
62) **Persson, Torsten & Tabellini, Guido** (2000), *Political Economics – Explaining Economic Policy*, MIT Press. https://mitpress.mit.edu/authors/torsten-persson
63) **Persson, Torsten & Tabellini, Guido** (2003), *The Economic Effects of Constitutions*, MIT Press. https://mitpress.mit.edu/authors/torsten-persson
64) **Persson, Torsten & Tabellini, Guido** (2000), *Monetary and Fiscal Policy –1 Credibility*, MIT Press. https://mitpress.mit.edu/authors/torsten-persson
65) **Persson, Torsten & Tabellini, Guido** (2003), *Monetary and Fiscal Policy –2 Politics*, MIT Press. https://mitpress.mit.edu/authors/torsten-persson
66) **Puts, J** (2012-102 pages), *Balancesheet Optimization Under Basel III*, Amsterdam (Netherlands): Vrije Universiteit. http://www.math.vu.nl/~sbhulai/papers/thesis-puts.pdf
67) **Timmermans, K** (2012-30 pages), *Balancesheet Optimization Under Basel III*, Amsterdam (Netherlands): ING Investor Day. https://www.ing.com/web/file?uuid=09c803d9-79a1-47ec-bfe5...owner...
68) **Weston JF, Copeland TE & Shastri, K.** (2004-Textbook), *Financial Theory and Corporate Policy:* NY (US): Addison Wesley. http://www.amazon.com/Financial-Corporate-Copeland-Kuldeep-Paperback/dp/B008YSUE4M/ref=sr_1_1?s=books&ie=UTF8&qid=1429381700&sr=1-1&keywords=weston+copeland
69) **Zenios SA.** (2002-350 pages), *Financial Optimization:* Cambridge (UK): Cambridge University Press. https://books.google.com/books/about/Financial_Optimization.html?id=-FJdqjZ0qSAC._

Finance Construction-8, *Tim Asikin, Steve Asikin, Indra Senihardja*

B. Intellectual Properties:

1) **Indonesian Banker Certification 1993**, *Sertifikasi Bankir Indonesia 1993*;
2) **MATHFINPLAN** (Mathematical Financial Planning);
    Perencanaan Keuangan Matematis
3) **BANK MATHPLAN** (Bank's Mathematical Planning);
    Perencanaan Matematis Bank
4) **TECHNO-ECONOMISTAT** (Technology for Economical Statistics);
    Teknologi Statistik untuk Ekonomi
5) **FINANCIAL GEOMETRY** (IT Program); *Ilmu Geometri Keuangan*
6) **BAK DOBEL** (Car Gasoline Tank: Left and Right Side Fuel Fill-in).
    Tangki Mobil yang bisa diisi dari Kiri atau Kanan
7) **Mister GO-CHENG** (Cheap Food Franchising). *Waralaba Pangan Murah*

Finance Construction-8, *Tim Asikin, Steve Asikin, Indra Senihardja*

C. SCIENTIFIC PAPERS:

1) **Eichhornia Crassipes**, as Anti Polutant and Fertile Sediment, *Pemanfaatan Eceng Gondok untuk Menetralkan Polusi dan Pengurukan Subur pada Genangan Air*, LKIR, Lomba Karya Ilmiah Remaja, LIPI (1979)
2) **Archimedes Catesian Buoyancy Law**, *Penyimpangan Hukum Archimedes pada Model Pelampung Cartesian*, Lomba Karya Ilmiah Remaja, Depdikbud-RI (1980)
3) **SURAMADU**, Surabaya-Madura Inter Island Bridge, Design Supervisor, *Sumarsono Sumali Engineering Contractor*, Tambak-V, Tandes, Surabaya (1982),
4) **GAZOLINE Taxi-Pool Depot**, Jemur Handayani, Surabaya, *Sumarsono Sumali Engineering Contractor*, Tambak-V, Tandes, Surabaya (1982),
5) **SOEKARNO-HATTA**, Jakarta International Airport, Garuda Maintenance Facilities, *Junior Architect*, As Bulit Drawings, Coinstruction Management, Aerospatiale-Encona Engineering (1983-1985),
6) **ADISUCIPTO**, Yogya International Airport, *Junior Architect*, Preliminary Technical Drawings, Budiono Surasno-Encona Engineering (1986),
7) **BLOK-M PLAZA**, "New Garden Hall", Kebayoran Baru Supermall, *Preliminary Design Architect*, Danisworo-James Ferry- Jasa Ferry-Encona (1986),
8) **NORTH JAKARTA PUBLIC LIBRARY**, Semper, Tanjung Priok, *Chief Architect*, Agung Darma Sarana-Asep Hermawan (1987),
9) **The Banker's Trainer**: A Manual for The Training Head in Banking. *Profesi Bankir Pelatih, Tuntunan bagi Kepala Diklat Perbankan*, (1200 Pages, 1993),
10) **Indonesian Bankers Certification**, a Strategic Move for the National Banking Improvement. *Sertifikasi Bankir Indonesia, Langkah Strategis Pembenahan Perbankan Nasional*, (KOMPAS, 20 Juli 1993).
11) **Indonesian Rupiah's Exchange Rate**, on a Quiet but Steady Movement. *Nilai Tukar Rupiah, Diam-diam Meningkat Pesat*, (MANAJEMEN, Jan-Feb 1994).
12) **The Bank's Credit**, for the Best Practices. *Kredit Praktis* (200 pages, 1994),
13) **Down to Earth Credit Meeting Credo**, *Kiat Rapat Pemberian Kredit yang Realistik*. (MANAJEMEN, Sep-Oct 1994).
14) **SCHIPHOL**, Amsterdam International Airport, 1st Anthony Fokker Weg, Sloten, *Airport Engineer*, Samsung- Fokker-Beurlin, BV (1996),
15) **Ultrapeneurship: The Secret of Starting Business Without Capital**. Ultrapreneur: *Kiat Usaha Tanpa Modal*, (MANAJEMEN, Nov-Dec 1996),
16) **Recipe from the Corporate Raider's Kitchen**, *Menguak Dapur Corporate Raiders*, (MANAJEMEN, Jan-Feb 1997).
17) **The 10-Tips and Tricks of Engineered Conglomeration**. *Sepuluh Rekayasa Keuangan Konglomerat*, (MANAJEMEN, Mar-Apr 1997),
18) **The Management of Succession in Five Parts of the World**. *Manajemen Suksesi di Lima bagian Dunia*, (MANAJEMEN, Mei-Jun 1997),

Finance Construction-8, *Tim Asikin, Steve Asikin, Indra Senihardja*

19) **Auditing**: The Global Language for the 2003's Human Resources. *Audit : Bahasa Global untuk SDM 2003,* (MANAJEMEN, Jul-Aug 1997),
20) **The Elected Parliament 1997-2002**, and the Hope of Professionals. *DPR 1997– 2002 dan Harapan Profesional,* (MANAJEMEN, Sep-Okt 1997),
21) **Disappearance of World's Soft Currencies**, and Proposition for Global Economic Thinking. *Lenyapnya Mata Uang Lunak Dunia dan Usulan Pemikiran Ekonomi Global,* (MANAJEMEN, Nov-Dec 1997),
22) **The Human Resources and Its Accountability**, in Critical Situation. *Akuntabilitas Sumberdaya Manusia di Masa Krisis,* (MANAJEMEN, Jan-Feb 1998), '
23) **The Investment Economic Model**, and the Failure of Growth Economic Theories. *Model Ekonomi Investasi dan Kegagalan Teori Ekonomi Pertumbuhan,* (MANAJEMEN, Nov 1998),
24) **The Exact Equilibrium of Capital Budgeting**, *Persamaan-persamaan akurat dalam Penganggaran Modal Perusahaan.* (MANAGEMENT EXPOSE, November 1998),
25) **The Corruptive Economic Model**, and Its Solution for Long Term Debt's Problem. *Model Ekonomi Korupsi dan Penyelesaian Utang Jangka Panjang,* (MANAJEMEN, Dec 1998),
26) **The Self Equity Budgeting**, and Operations Research in Investments. *Penganggaran Modal Sendiri dan Riset Operasi dalam Investasi,* (MANAJEMEN, Jan 1999),
27) **Actual Impact of Inflation**, and the Need of Geometric Approach in Statistic. *Pengaruh Riil Inflasi dan Perlunya Statistika Geometri,* (MANAJEMEN, Feb 1999),
28) **Multiplication of Money**, to Overcome the Crisis. *Melipat Gandakan Uang untuk Mengusir Krisis,* (MANAJEMEN, Apr 1999),
29) **The Interactive Mathematical Model**, for Multi Constraints Financial Budgeting, *Model Matematika Ekonomi Interaktif bagi Penganggaran Keuangan Multi Kendala.* (SCRIPTA ECONOMICA, Vol. 2, April 1999)
30) **Application of Ethics**, for the Management Accounting Practices. *Aplikasi Etika dalam Praktek Akuntansi Manajemen,* (MANAJEMEN, May 1999),
31) **The Curriculum of Magistrate of Management in Finance**: Its Needs and Practices. *Kurikulum Magister Manajemen Keuangan 1988-1998: Antara Kebutuhan dan Praktek,* (MANAJEMEN, Jun 1999),
32) **The Attractiveness**, Personal Power and Management. *Pesona Pribadi: "Personal Power" dan Manajemen,* (MANAJEMEN, Jul 1999),
33) **The Market Research**, for Magistrate Degree in Management. *Soal Jawab Riset Pasar untuk Pascasarjana Manajemen* (126 Pages, 1999),
34) **The Thesis Manual**, Question and Answer for Magistrate Degree in Management. *Soal Jawab Tugas Akhir untuk Pascasarjana Manajemen* (126 Pages, 1999),
35) **The Risk Management**, Question and Answers for Magistrate Degree in Management. *Soal Jawab Manajemen Resiko untuk Pascasarjana Manajemen* (126 Pages, 1999),

Finance Construction-8, *Tim Asikin, Steve Asikin, Indra Senihardja*

36) **The Credit Manual**, Question and Answers for Magistrate Degree in Management. *Soal Jawab Manajemen Kredit untuk Pascasarjana Manajemen* (126 Pages, 1999),
37) **Enhancing the Morality Structure**. *Solidkan Struktur Moralitas*, (MANAJEMEN, Oct 1999)
38) **Performance of PT. Astra Otoparts**, Plc, in its Press Releases and Public Financial Reports. *Kinerja PT. Astra Otoparts dalam Siaran Pers dan Laporan Keuangan Publik*, (MANAJEMEN, Oct 1999)
39) **The Management of Conflicts**, for the New Indonesian's "Rainbow Colored" Cabinet. *Manajemen Konflik dan Kabinet Pelangi*, (MANAJEMEN, Dec 1999),
40) **Technoeconometric**: An Engineering Elaboration to Matrix Multi Variate Econometrics, *Tekno Ekonometrik sebagai sumbangan teknologi untuk Ekonometrika Matrik Multi Variat.* (MANAGEMENT EXPOSE, November 1999),
41) **Technoeconometric** : A Mathematical Shortcut for Non Linear Bivariate Econometrics, *Tekno Ekonometrik sebagai Usulan Jalan Pintas Matematik untuk Ekonometrika non Linear Bivariat.* (SCRIPTA ECONOMICA, Vol. 2, No. 3, Desember 1999),
42) **Developing "New Image"**, for the New Indonesia. *Membangun Citra Indonesia Baru*, (MANAJEMEN, Jan 2000),
43) **Segregations of Duties**, the Needs of Both Indonesian Governments and Private Sectors. *Pemerintah dan Swasta Perlu Berbagi Tugas*, MANAJEMEN, Mar 2000),
44) **The 812.500 Financial Models**, for the Autonomous Country Governments. *Tentang 812.500 Model Keuangan Otonomi Daerah*, (MANAJEMEN, Mar 2000),
45) **The Forecast of 10 Most Attractive Share Values**, in the Jakarta Stock Exchange, April 2000. *Prakiraan Harga Sepuluh Saham Unggulan di Bursa Efek Jakarta, April 2000*, (MANAJEMEN, Mar 2000),
46) **Let Us Merchandise the Intelectual Properties!**. *Jual "Intelectual Property" Saja!* (MANAJEMEN, Apr 2000),
47) **The Forecast of ten Most Attractive Share Values**, in the Jakarta Stock Exchange May 2000. *Prakiraan Harga Sepuluh Saham Unggulan di Bursa Efek Jakarta Mei 2000*, (MANAJEMEN, Apr 2000),
48) **HEATHROW**, London International Airport, Second Runway, *Q-Basic Algorithmic Engineer*, Beasley-Krishnamoorthy, Imperial College, Cambridge, Post Doctoral Project (2000),
49) **Why the Banking Sector Should be Healthy**, Before Others?. *Mengapa Perbankan Harus Sehat?* (MANAJEMEN, Mei 2000),
50) **Recycling of Wastes as a Negative Costing**. *Memanfaatkan Sampah atau Negative Costing*, (MANAJEMEN, Agt 2000),
51) **The Guidance for Indonesia Corporate Restructuring**. *Kiat Restrukturisasi Perusahaan Indonesia*, (MANAJEMEN, Agt 2000),

Finance Construction-8, Tim Asikin, Steve Asikin, Indra Senihardja

52) **Redefinition of the Ethical Comprehension.** *Pemaknaan Kembali atas Pemahaman Etika,* (MANAJEMEN, Sep 2000),
53) **The Critical View the 1999's Indonesians Central Bank Financial Statement.** *Analisa Laporan Keuangan Bank Indonesia 1999,* (MANAJEMEN, Oct 2000),
54) **Becoming an "Achiever"**, not Just Common "Worker". *Bukan Sekadar "Kerja", Tapi Menghasilkan Karya!* (MANAJEMEN, Feb 2001),
55) **Ten Steps to Real Wealth!** *Sepuluh Langkah Menjadi Kaya,* (MANAJEMEN, Jun 2001),
56) **Creative Financial Breakthrough,** *Seminar Sehari tentang Terobosan Keuangan yang Kreatif,* (Gramedia-PPM dan MANAJEMEN, Jun 2001),
57) **The Marketing Practices of Financial Softwares,** for Publics Listed Corporation. *Praktek Pemasaran Program Perangkat Lunak untuk Keuangan Perusahaan Publik* (Univ Satyagama, Jakarta Juni 24, 2001).
58) **The Mathematical Financial Planning,** *Perancangan Keuangan Secara Eksak dengan Matematik.* (MANAJEMEN, Jul 2001),
59) **The Real Research and Development, not Rework and Destruction.** *Litbang yang Bukan "Sulit Berkembang",* (MANAJEMEN, Jul 2001),
60) **The Treatise on the Advantages and Disadvantages,** of Revolutionary Learning Methods. *Baik Buruknya: Revolusi Cara Belajar,* (MANAJEMEN, Jul 2001),
61) **Better Make an Indonesian "Corruption Prevention" Body,** not Just a "Corruption Watch". *Buat Indonesian Corruption Prevention (ICP), Bukan Indonesian Corruption Watch, ICW!* (MANAJEMEN, Okt 2001),
62) **Preparation of the Worlds Business Leaders,** for our Century and the Century After. *Mempersiapkan Manusia-manusia yang akan menjadi Khafilah Bisnis Dunia Abad ini dan Abad Mendatang.* (Univ Satyagama – Gregorio Araneta Univ, Jakarta, Oktober 27, 2001).
63) **The Good Corporate Governance**, is not just a Morale Condition. *Kepemerintahan Perusahaan yang Baik, Bukan Sekedar Moralitas,* (MANAJEMEN, Nov 2001),
64) **Corporate Healthiness and Cleanliness as a Challenge.** *Bersih, Sehat Perusahaan, sebuah Tantangan* (MANAJEMEN, Jan 2002),
65) **Developing the Cultural Base for Future Competitions.** *Budaya untuk Bersaing di Masa Depan* (MANAJEMEN, Jan 2002),
66) **"Catapult", "Bullet" or "Ballistic Missiles" Approach**, for Corporate Healthiness and Cleanliness. *Pola "Ketapel", "Peluru Biasa" atau "Rudal" untuk Keuangan Perusahaan yang Bersih Sehat.* (MANAJEMEN, Feb 2002),
67) **The Mathematical Invesment Solution Model**, for Indonesian Foreign Debt and Its Corruption, *Solusi Matematika Investasi bagi Penyelesaian Masalah Utang Luar Negeri dan Korupsi di Indonesia.* (MANAGEMENT EXPOSE, Mar 2002),

Finance Construction-8, *Tim Asikin, Steve Asikin, Indra Senihardja*

68) **The Attitude, Skills and Knowledge (ASK)**, in Educational System Approach. *Sikap, Keterampilan dan Pengetahuan Menurut Pendekatan Sistemik Pendidikan,* (MANAJEMEN, Apr 2002),
69) **Strategic Treatise on Regional Autonomy**, in Futurization, Digitalization, Securitization and Globalization Era in Accordance to the Awakening of the Mercantile Nations. *Kajian Strategik Otonomi Daerah : Era Futurisasi, Digitalisasi, Strukturisasi, dan Globalisasi dalam Kebangkitan Negara-Negara Dagang.* (Training for Provincial Government Regional Management, Indonesian Association of Provincial Governments, *Pelatihan Pengembangan Manajemen Pemerintah Daerah bagi Perangkat Pemerintah Propinsi, Angkatan II,* (APPSI), June 27, 2002.
70) **The Suggestion for the Doctoral Course**, for Islamic Financial Management System. *Usulan-usulan Perbaikan dalam Kurikulum Doktor Manajemen Keuangan Islam.* (December, 17-19, 2002, Canadian International Development Agency - CIDA, ADSGM, Universiti Utara Malaysia, Kedah, Da'arul Sintok).
71) **The Defensive Strategy for the Market Leader**, a Nokia Cellular Telephone's Case. *Strategi Bertahan Sang Pemimpin Pasar dengan Menggunakan Multi Merk, Kasus Telepon Seluler Nokia.* (March, 12, 2004, Univ Tarumanegara, Jakarta).

Finance Construction-8, *Tim Asikin, Steve Asikin, Indra Senihardja*

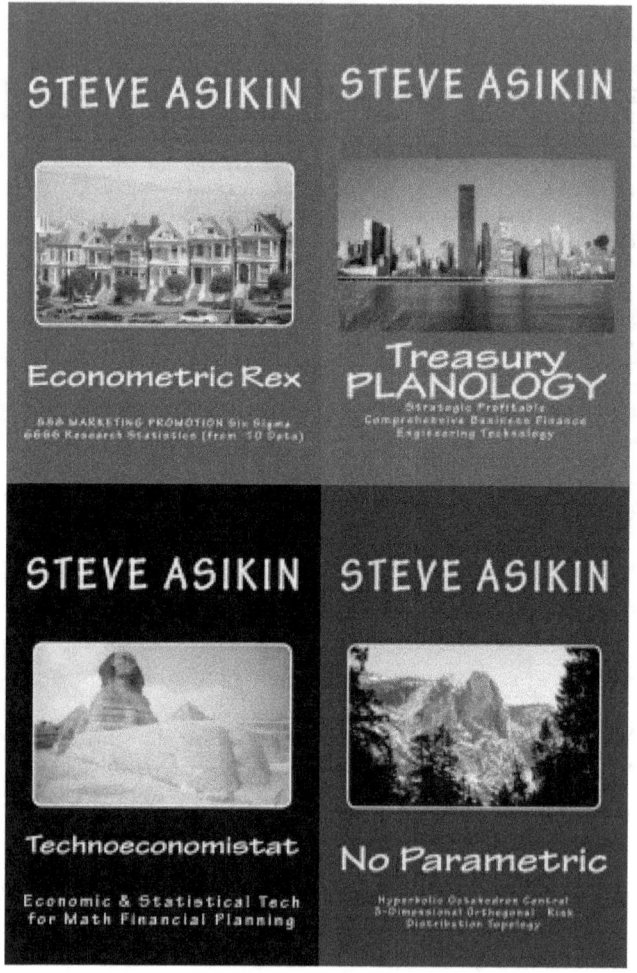

Finance Construction-8, *Tim Asikin, Steve Asikin, Indra Senihardja*

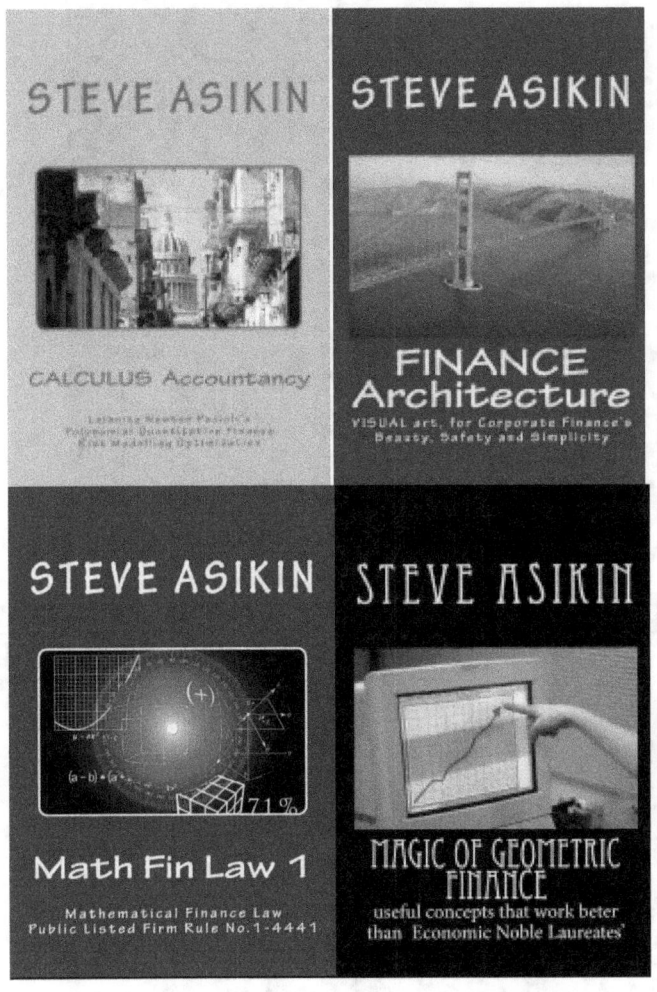

Finance Construction-8, *Tim Asikin, Steve Asikin, Indra Senihardja*

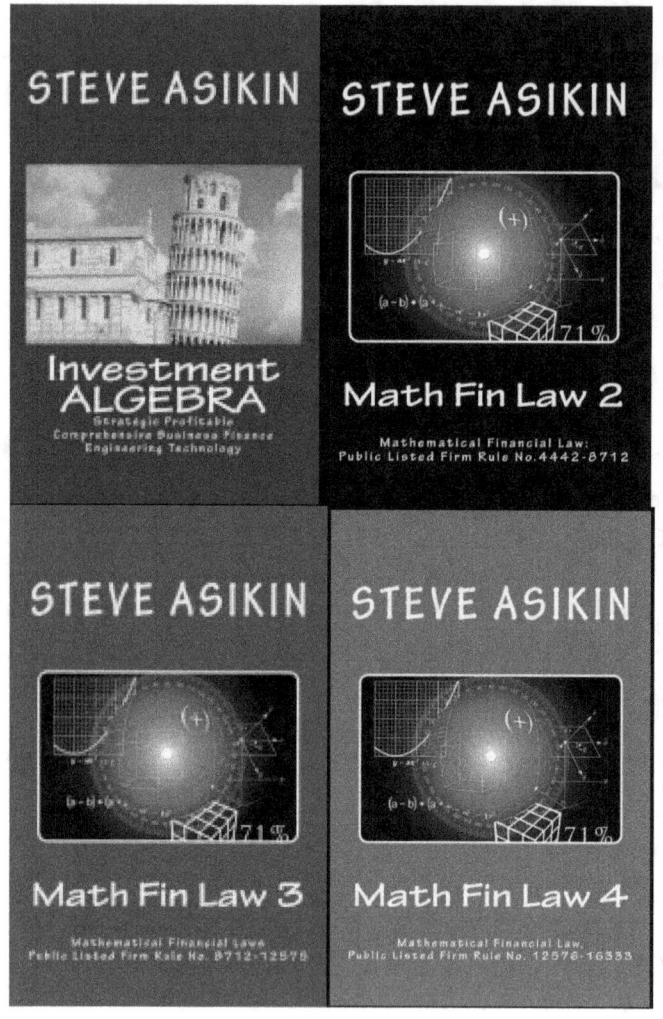

Finance Construction-8, *Tim Asikin, Steve Asikin, Indra Senihardja*

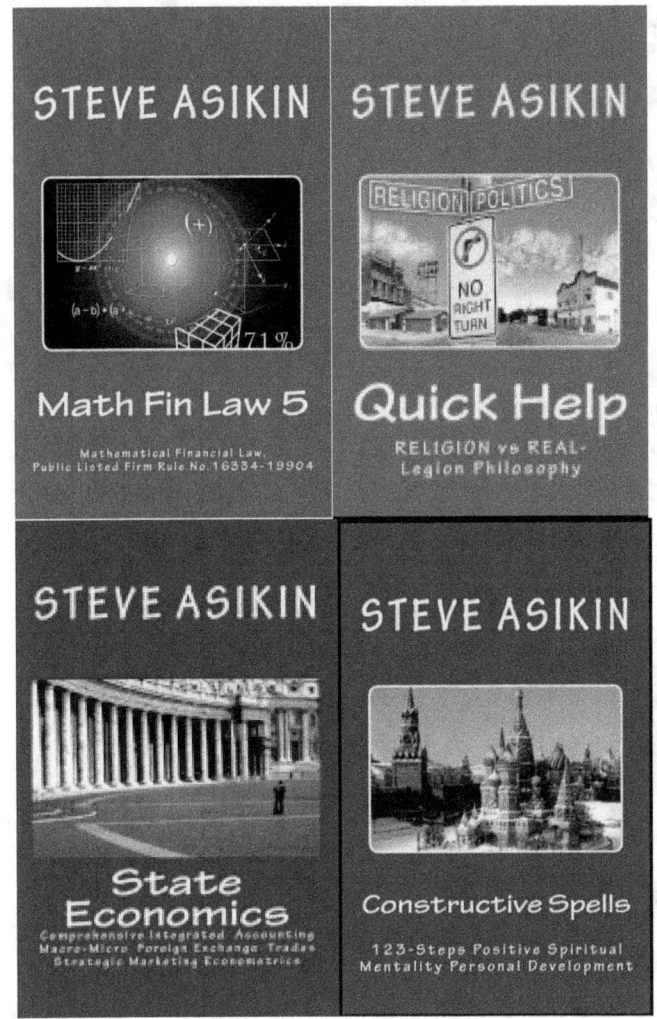

Finance Construction-8, *Tim Asikin, Steve Asikin, Indra Senihardja*

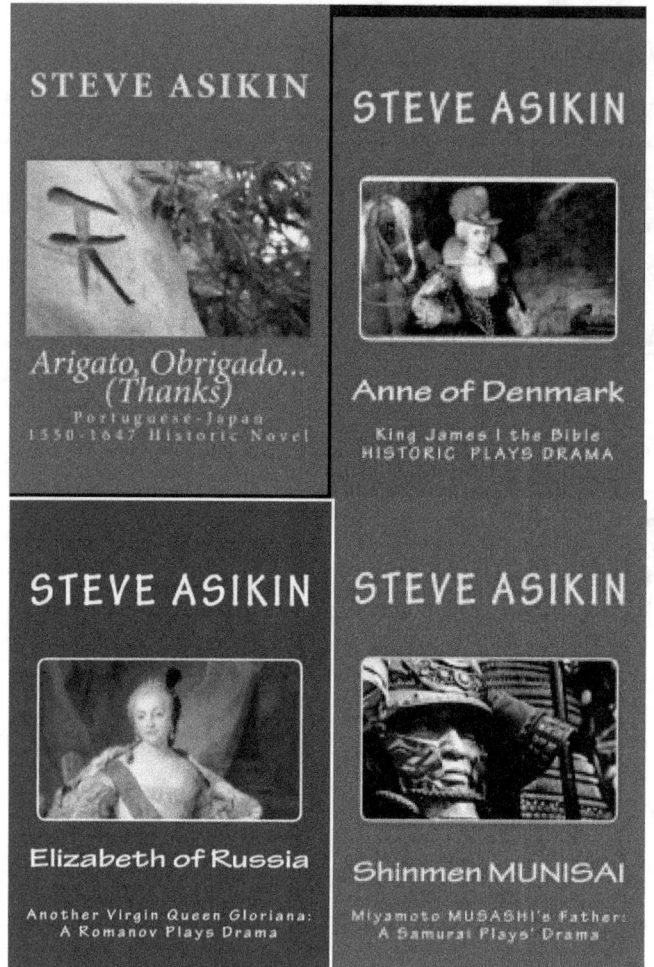

Finance Construction-8, *Tim Asikin, Steve Asikin, Indra Senihardja*

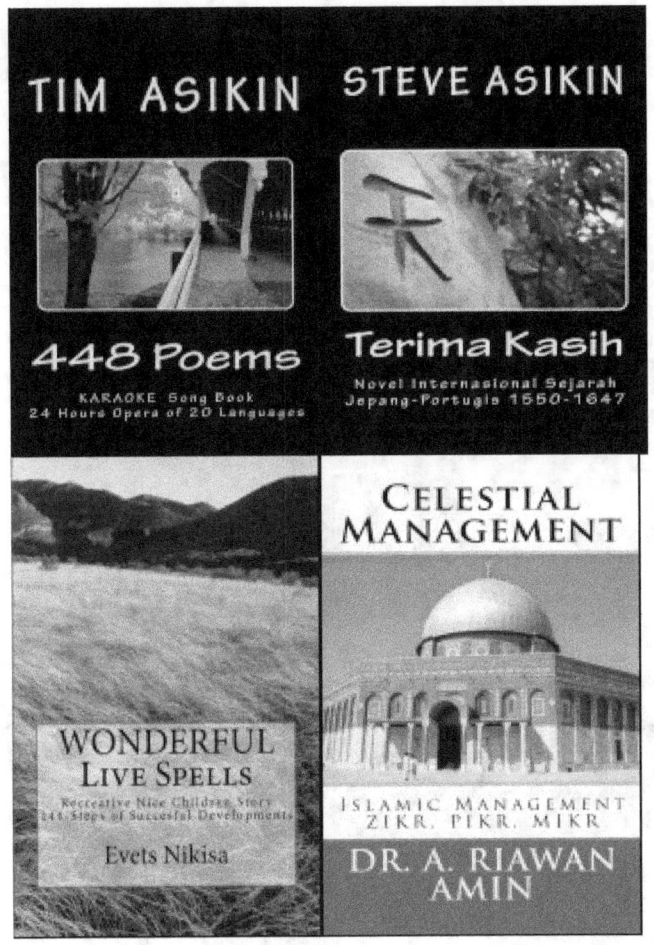

Finance Construction-8, *Tim Asikin, Steve Asikin, Indra Senihardja*

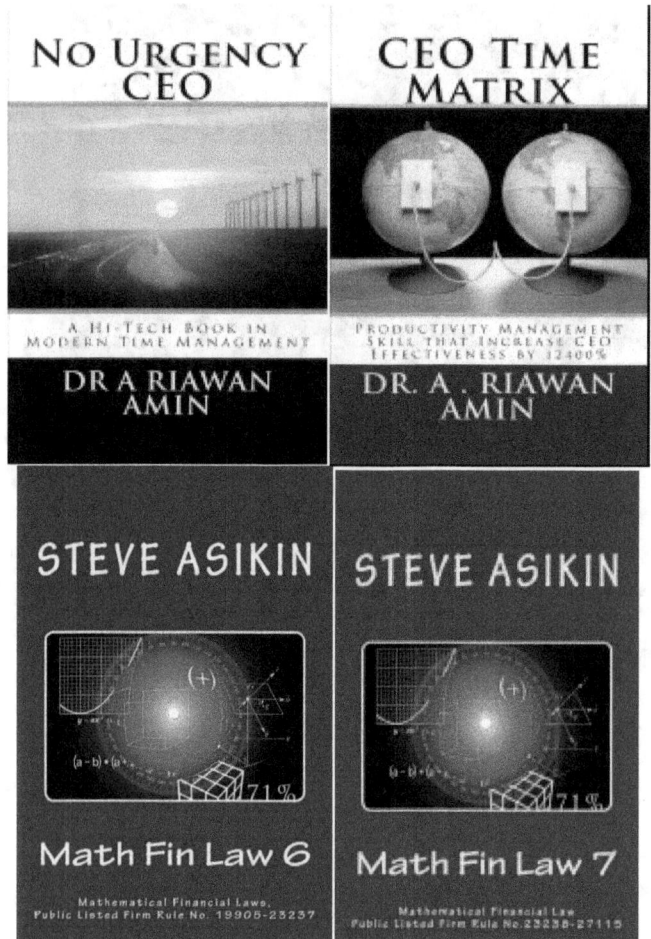

Finance Construction-8, *Tim Asikin, Steve Asikin, Indra Senihardja*

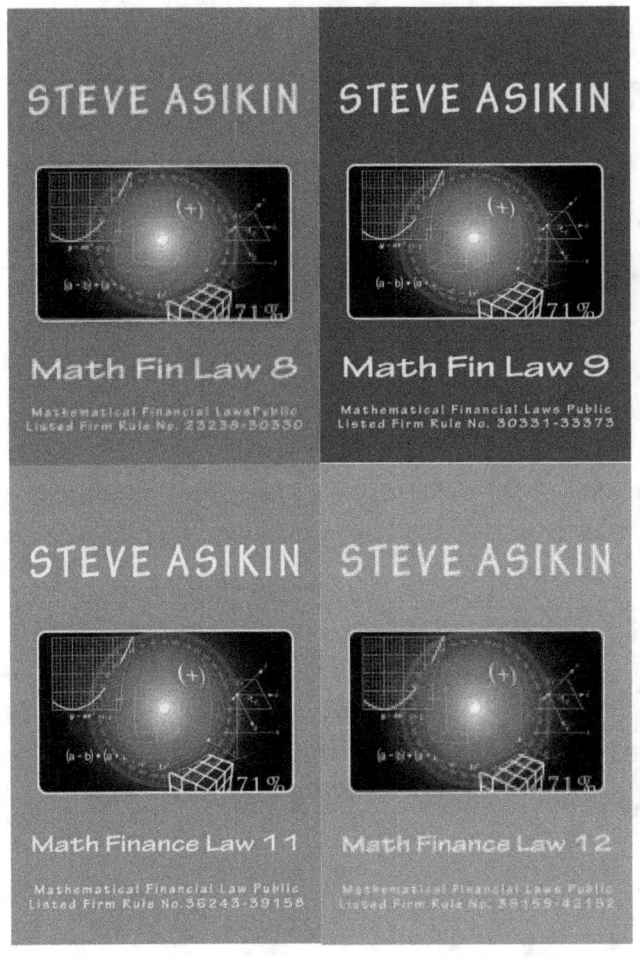

Finance Construction-8, *Tim Asikin, Steve Asikin, Indra Senihardja*

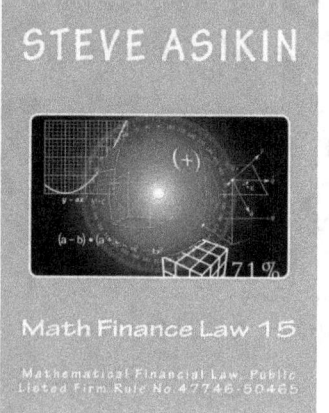

Finance Construction-8, *Tim Asikin, Steve Asikin, Indra Senihardja*

Finance Construction-8, *Tim Asikin, Steve Asikin, Indra Senihardja*

Finance Construction-8, *Tim Asikin, Steve Asikin, Indra Senihardja*